U0176334

good Idea

科普有范儿说

有效提升你的科普表达力
让科普传播更具影响力

杨帆 林曦 王子楠 徐湮 韩海丽 编著

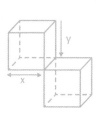

 上海科学技术文献出版社
Shanghai Scientific and Technological Literature Press

图书在版编目（CIP）数据

科普有范儿说 / 杨帆等编著 . 一上海：上海科学技术文献出版社，2021

ISBN 978-7-5439-8350-2

Ⅰ．①科… Ⅱ．①杨… Ⅲ．①科普工作一介绍一中国 Ⅳ．① N4

中国版本图书馆 CIP 数据核字 (2021) 第 123607 号

责任编辑：苏密娅
封面设计：袁　力

科普有范儿说
KEPU YOUFAN'ER SHUO
杨帆　林曦　王子楠　徐湮　韩海丽　编著
出版发行：上海科学技术文献出版社
地　　址：上海市长乐路 746 号
邮政编码：200040
经　　销：全国新华书店
印　　刷：昆山市亭林印刷有限责任公司
开　　本：720mm×1000mm　1/16
印　　张：15.75
字　　数：257 000
版　　次：2021 年 9 月第 1 版　2021 年 9 月第 1 次印刷
书　　号：ISBN 978-7-5439-8350-2
定　　价：78.00 元
http://www.sstlp.com

目　录

第一部分　全国科普讲解大赛

第二部分　科学表演创作与实训

第一部分
全国科普讲解大赛

第一章
全国科普讲解大赛：
科普最强音

一、科普讲解的那些事儿

为什么我们要研究科普讲解比赛的技巧？

想象一下，你接到科普讲解大赛的通知，观众有专业评委，有行业专家，有你的领导和同事，还有其他选手等加起来一共 200 人。你非常希望能做好这次比赛，于是很认真地准备。原本你以为只要把自己在做的事，做成幻灯片，上台照着讲就行了，这都是你习以为常的事了。但是当你真正走上比赛舞台时，你没想到的事还是发生了。评委对你的讲解所给的分数并不高，观众也都在低头玩手机，你在比赛中呈现的效果很不理想。你在想，话我都会说，究竟是哪里出了问题？

实际上，科普讲解是一种需要面面俱到且非常复杂的创造性活动。你要考虑稿件怎么讲才能吸引人？上台以后人站哪里、手摆哪？怎么说才能吸引观众打动评委？是知道的内容全盘托出还是只交代一项重点？怎么样才能通俗易懂地讲清科学原理并引发思考等，当你意识到自己要面对这些问题时，却发现从没有人告诉过我们应该怎么做。于是在我们没准备好的情况下登台比赛，成了一次糟糕的体验，以至于以后我们越来越害怕去比赛，去登台面向公众讲话了。

讲解是一种从 0 到 1、艰难但又充满创造性的活动。由于讲解比赛通常是在现场举行，既不能像网络视频那样倒退回看，也不能像阅读文章那样反复咀嚼，所以对选手的要求更高，需要在很短的时间做到内容吸引人，表现打动人，氛围感染人。同样的一个知识，有的人可能讲了一大堆也未必能使观众听明白，而有的人可能一两句话就把原理描述清楚。对于正在备赛或者准备参赛的选手而言，舞台上讲解的呈现方式可能千变万化，但目的只有一个，就是你讲解的内容，能不能说服观众并获得他们的认同。

我和我的伙伴从事科普讲解培训多年,发现好的科普讲解都是讲求技巧的,能够引导观众透过现象抓住问题的本质,揭示隐藏在事物背后的联系与规律,如果你擅于多角度、全方位、立体化传播科普知识,将会为社会创造更好的价值。这也是我们的初衷,帮助你掌握科普讲解、科学实验展演等比赛的方法,拥有当众讲话的能力,使你在舞台上更加游刃有余。

二、全国科普讲解大赛概况

随着《中华人民共和国科学技术普及法》的颁布实施,特别是《国家中长期科学和技术发展规划纲要(2006—2020 年)》和《全民科学素质行动计划纲要(2006—2010—2020 年)》的制定与实施,我国科普事业迎来快速发展时期。科普讲解能力是科普人员基础能力的重要内容,为了提高科普讲解能力,加强科普传播人才队伍建设,科技部于 2014 年启动了全国科普讲解大赛,尝试通过竞赛的方式激励科普讲解者加强讲解能力培养,提高科普讲解水平,为科普场馆服务能力的提升奠定坚实基础。全国科普讲解大赛是全国科技活动周的重大示范活动,也是目前全国范围最大、水平最高、代表性最强、最具权威性的科普讲解比赛。大赛旨在为全国科普传播者、讲解人员、科普志愿者和科技爱好者搭建学习交流的平台,提升各科普场馆、科普基地的科普传播能力,营造全社会崇尚科学的氛围,提高全民的科学素质。它的举办体现了各级科技主管部门对科普及科普讲解工作的高度重视,也体现了科普讲解日趋专业化趋势,促进了我国科普事业积极发展。

全国科普讲解大赛自 2014 年首届开始,已连续七年在广州市举办,由全国科技活动周组委会主办,广州市科学技术局、广东科学中心、广东广播电视台(现代教育频道)承办。每届大赛都扎实创新、精彩纷呈、亮点突出,在代表性方面取得了长足进步,为全国科普工作者和科学传播爱好者搭建了一个难得的、十分重要的业务交流平台。

全国科普讲解大赛分预赛和决赛两个阶段进行。预赛由各地各部门自愿组织报名参加,各省、市、自治区、国务院各部委、各直属机构推荐 3 名选手参加决赛。决赛分半决赛及总决赛两个阶段:半决赛分三组进行,每组决出 10 名选手晋级总决赛,争夺全国"十佳科普使者"称号。其中,半决赛比赛内容为自主命题讲解和随机命题讲解,选手分成 3 组进行角逐,共 30 人进入决赛。决赛由自主命题讲解、《中国公民科学素质基准》科技常识测试、评委问答三个环节组成，不仅比拼个人擅长的科学内容，更要接受临场随机应变能力的考验。另外，为保证评判的综合性和专业性，半决赛与总决赛评审专家由大赛组委会在公证处全程监督下摇号抽取确定，确保大赛公平、公正、公开。比赛成绩采取现场打分、亮分的形式，公证处将对赛事全程进行监督。目前，参赛选手规模和覆盖面越来越大。

从地区覆盖面看，2020年全国科普讲解大赛吸引了来自全国53个省、市、自治区和国家有关部门232名选手参赛，无论是参赛队伍、参赛选手、参与人数，还是社会影响，都创历史新高，由此可见，该项赛事社会覆盖面越来越广，品牌影响力不断增强。

从专业学科领域看，本届参赛选手中近40%具有硕士研究生以上学历，他们来自航空航天、交通运输、卫生健康、公安消防、生态环境、气象、银行、海关、体育等不同行业和领域，参赛选手中不仅有经验丰富的讲解员，还有许多跨领域的科普传播者，包括科研院所研究员、高校教授和学生、医院医生护士、科技企业的高管和社会志愿者等。

从参赛选题看，选手们的选题也更丰富，既有战"疫"高科技、大国重器、5G、AI和区块链等尖端技术，也有与大自然和日常生活息息相关的各种科学现象解密。

从展现形式看，能巧用实验、表演、脱口秀等形式，辅之以动画视频、音乐和PPT等丰富多样的多媒体手段，生动诠释了深奥的科学原理，让大家领略科技创新的魅力，极大地增强了讲解效果。从赛事环节设置看，半决赛设置了20个随机命题讲解主题，在考核选手的知识面和随机讲解能力的同时，还巧妙展示了我国前沿科研重大成果和进展；而决赛设置评委问答环节时间为2分钟，就选手的自主命题讲解内容或科学素质进行提问，选手在与评委的你来我往之间，展示出丰富的科学知识储备和敏捷的即时应答能力。总体看来，贴近民生、紧跟社会热点、主题鲜明、科学创新是大赛科普讲解的特色和亮点，赛场成为对公众科普的新平台。

全国科普讲解大赛是我国高水准的科学传播盛事，是全国各省市区科普场馆和科普工作者之间加强交流、提升能力、增进友谊、谋求发展的盛会。它的成功举办，是深入实施《中华人民共和国科学技术普及法》、宣传《中国公民科学素

质基准》、加强国家科普能力建设的有力举措;有益于选手们增知识、常识、见识、胆识,学会赏识,开阔视野,主动适应不断发展的新要求,做到与时俱进;有利于在全社会广泛普及科学知识、弘扬科学精神、传播科学思想、倡导科学方法,推动公众科学文化素养的提升;有利于展示我国科普行业良好风采,并以此为契机提高我国科普讲解水平,促进我国科学传播专业化发展,提高我国科学传播能力,推动我国科普事业更大地发展。在大赛过程中,选手们都表现出非常专业的水平,而且具有敬业精神,他们向社会和公众传播科学的力量,传播强大的正能量。

三、全国科普讲解大赛规则解析

作为国家级的重大科普讲解赛事及全国科技活动周的重大示范活动,全国科普讲解大赛自 2014 年创办以来,每年均根据全国科技活动周的主题开展科普讲解活动。每年的大赛主题均是从国家科普战略的定位出发,以在全社会广泛普及科学知识、弘扬科学精神、传播科学思想、倡导科学方法的基本科学普及目标为宗旨,根据科普发展趋势,每年各有侧重点,熟知国家科普发展趋势有利于更好地解读每年大赛的主题。

年　度	主　题
2014	科学生活　创新圆梦
2015	创新创业　科技惠民
2016	创新引领　共享发展
2017	科技强国　创新圆梦
2018	科技创新　强国富民
2019	科技强国　科普惠民
2020	科技抗疫　创新强国
2021	百年回望　中国共产党领导科技发展

全国科普讲解大赛的内容每届略有不同,选手应根据自身专业特色、工作性质以及个人兴趣爱好选择科普点,结合当下社会热点及科技前沿创新进行深挖,研读大赛文件,了解大赛规则和主题,大赛事中的每一个环节对于选手来说都可

能是突出重围的亮点,也可能是与优秀奖项失之交臂的痛点。

1. 自主命题讲解

自主命题讲解由选手自行确定一个科普内容命题进行讲解。自主命题选题工作是大赛备赛帷幕的拉开,决定了选手的讲解方向、风格和发展空间。讲解时,选手必须借助多媒体等多种辅助手段进行,丰富舞台效果。从评分标准上看,讲解主要从内容陈述、表达效果、整体形象三方面评分,要求内容必须包含自然科学和技术知识,否则不得分。在赛前准备阶段,选手需要紧扣评分标准,选择合适的主题,撰写讲解词,并形成自己的讲解风格,搭配合适的讲解服装。其中突出讲解主题、营造氛围是重点。此外,自主命题的辅助手段准备,包括幻灯片、道具、服装等,也将直接影响该部分效果的呈现。

2. 随机命题讲解

随机命题讲解环节主要考核选手的随机应变能力和对相关问题的个人见解,要求讲解内容与选题内容密切相关,历届大赛中曾以图片、视频的形式公布选题,候选命题 20 个左右,由选手现场随机抽取确定。讲解内容必须与图片内容密切相关,如讲解不足 1 分钟扣 2 分,超时多于 10 秒(含 10 秒)讲解终止并扣 2 分。评分标准为主题理论一致、内容重点突出、密切联系生活、讲解思路清晰,选手的随机应变能力和对相关问题的个人见解是考核重点。

在赛前准备阶段,选手需要把握该环节的考察重点,对随机命题的相关主题进行思考和准备。选手可针对每道选题拟出提纲,建议从分析候选命题的定义或原理出发,阐释特点或功能,最后发散至生活中的应用或未来发展等。

3. 科技常识问答

科技常识问答环节主要考察选手的科技素养与知识水平,比赛时由选手随机从题库中抽取两道题目进行回答,题库为《中国公民科学素质基准》中的相关内容。科技常识测试每题限时 10 秒,主要考察选手的科学素质与知识水平,比赛时由选手随机从题库(《中国公民科学素质基准》)中抽取两道题目进行测试,回答正确不加分,回答错误 1 题扣 1 分。选手需对该环节保持警惕,做好充分准备,赛时仔细读题,保证答案的正确性。从历届赛事来看,不乏表现较为优秀的选手在这一环节出现失分的情况。须知在大部分选手都能回答正确的情况下,

该环节的任何一个失误都有可能导致不理想的结果。

4. 评委问答

　　评委问答环节主要就选手的自主命题讲解内容或科学素质进行提问。该环节主要考核选手的随机反应能力，以及对自主命题掌握的深度和广度。评委问答环节时间为 2 分钟，就选手的自主命题讲解内容或科学素质进行提问。评委问答是大赛最难把控的环节，十分考验选手的相关知识储备和随机应变能力。

第二章
精心备赛：
不打无准备之仗

一、少即是多，你的时间只有4分钟

1. 简练中深刻

目前全国科普讲解大赛的时间限制上统一为 4 分钟，这 4 分钟已经成为各系统选拔赛的固定时间。你一定很好奇，为什么不是 10 分钟或者 20 分钟呢？这是因为人的注意力非常短，有研究表明在碎片化阅读时代，超过 5 分钟的时间人将会失去兴趣。4 分钟的时间用来做表演、话剧、实验会短了点，但如果是一场语言讲解的展示，这个时间刚好能让人接受，能立刻用简短的话语把高度提炼的思想分享给观众，千万不能因为时间短而掉以轻心。

作为赛事的主办方，经常会听到许多选手和我们聊起"4 分钟时间太短了，我研究的内容，能讲上个一天，4 分钟能讲什么？"这让我想起了一个故事：前英国首相丘吉尔是非常善于当众讲话的。曾经有一个演讲爱好者问丘吉尔：敢问阁下，作两分钟演讲，要多少时间准备？丘吉尔答："半个月。"又问："5 分钟演讲呢？"答："一星期。"问："一个小时呢？"答："无须准备。"

这个故事恰恰说明了，时间要求越是短的讲解比赛，对选手的要求就越高。以 2020 年国赛为例，来广州参加总决赛的有 234 名选手，而全国各地区开展的海选赛事更是突破了一万人，参赛选手数量创新高。试想一下，假如每个选手都有 20 分钟的讲解时间，那么或许需要比个几天几夜，选手、评委、观众都会疲惫不堪。其实在 4 分钟的时间里，你能通过精简的语言认识人工肺膜（ECMO）的作用，了解到珠峰测高亲历者为你讲述勘测工具的使用，掌握大楼减震器如何避免高楼摇晃。全国科普讲解大赛就是要在 4 分钟里掀起一阵高效率的头脑风暴。而那些没有机会在现场听讲解的观众，再忙也可以抽空观看 4 分钟的视频，

并不会耽误太长的时间。

4分钟,是一个精简、淬炼、修行的过程,会让讲者反复思考措辞,思考他们最想讲清楚的是什么,让他们用最简单的文字表达出科普中最深邃的思想,观众也会认真思考讲者的话,再配合上得体的肢体动作,从台上到台下形成有效沟通,整个讲解清晰而又有趣,这就是科普讲解大赛的优势。

你一定要记住,少即是多。尊重你的观众,他们给予你两种当今非常稀缺的重要物品:注意力和时间。他们来听你讲解、来做评委给你打分,不是为了让你自我感觉良好,而是通过你的语言,确确实实为科普传递有价值的信息。这是你站在台上的目标、任务。

根据比赛的规则,比赛时间为4分钟,超时10秒扣2分,不足3分钟也要扣2分。可别小看了这2分,比赛越往后越激烈,比分有时仅有0.1分之差,2分足以让你掉到10名以外。不足时的扣分情况很少见,但是超时扣分却很常见,如果是因为超时而被扣分是很可惜的。有心理科学研究证明:聆听陈述的人们往往会存储相关数据,一来是内容足够吸引人们的注意力,二来以备未来之用,能从中获取值得学习的内容,而太多的信息会导致"认知超负荷",从而推进观众的焦虑度。这就意味着,如果你说个没完没了,滔滔不绝,观众就会开始抗拒你。以下是一些建议,有助于你有效合理地安排讲解时间:

2. 永不超时

始终清楚自己只有4分钟时间,这决定了你可以讲解的信息量。让人听起来舒服的语速是每分钟180—220字。比赛规定时间4分钟,那么你需要根据自己的语速设计字数为800—860。永远不要想着踩着时间点完成讲解,你永远不知道舞台会有什么意外发生,翻页笔失灵?麦克风没声?屏幕故障黑屏?计时器提前数秒?幻灯片放不出来?这些意外会使你在舞台上的每一秒都变得无比珍贵。

3. 分解你的讲解

把你的讲解内容分解成各个部分很重要。在汇总起来形成优秀的讲稿之前,每个部分一定要经过打磨和调整。从开场白导入,到原理解释,到生活中的应用和结尾的升华,每一个部分应该设计精确,分配合理。

如果你的讲解时间是4分钟,共240秒,你可以这样分解它:

开场白:40秒—60秒;

原理展示：120 秒；

应用：30—40 秒；

结尾：20 秒。

这个时间较容易抓住观众的注意力，你对总体架构有把握，不至于在某个环节占用时间过于突出，从而导致观众失去兴趣，按时结束每个段落很重要，可以避免在比赛中因超时失分，也可以避免观众因缺乏形式的变化而导致注意力持续下降。

强调 4 分钟并不仅仅是把内容压缩到 4 分钟之内，而是要呈现最为精彩的 4 分钟。如果你能让观众在这段时间里始终兴趣盎然，那么你将有机会赢得更多的掌声。

二、紧张感从何而来

你有没有遇到过何种情况，明明你对自己所讲的内容已熟记于心，准备充分，但是上台那一刻，你还是讲着讲着就忘词了。

我也曾遇到过登台忘词的时刻，甚至不是一两次，忘词似乎就像一个魔咒，从登台那一刻就紧紧绑着我们，就算脑子里再怎么拼命回忆内容，却怎么都说不出来。之所以会有这种情况，相信我们都心知肚明，是"紧张"这个老朋友在作怪，这种情绪似乎贯穿了我们整个人生。

人要是紧张起来，连国界都不分。根据美国国家心理卫生研究所做过的一项调查，人们最常感到紧张情绪，公众讲话排了第一位，第二位是死亡，据说高达 74％的美国人害怕当众讲话，甚至有一小部分人紧张得从来不敢当众讲话，以这个数据作为参考，在我国这类有当众讲话恐惧症的人数也存在一定比例。我们应该认识到当众讲话紧张是一种极其普遍的现象，人的紧张情绪是正常心理反应。马克·吐温曾经说过："这个世界上有两种人，第一种是紧张的人，第二种是假装不紧张的人。"即使是最擅长当众讲话的知名电视节目主持人，也都有紧张怯场的时刻。紧张并不可怕，适当的紧张造成的压力可以帮助你更好地发挥状态。但是被紧张过度支配的话，你可能就会对站在台上面向观众充满恐惧，影响了你正常的发挥。

在登台讲解时、在众目睽睽下，不少人都会产生紧张情绪，面对舞台和观众

所产生的恐惧可能会带来这些问题：

- 害怕上台
- 大脑空白
- 说话卡壳
- 身体晃动
- 手势不当
- 语速变快
- 声音变小

有些选手具有专业的知识，游刃有余的处事技巧，可是上了台后，心中忐忑不安，紧张的脑子一片空白，结结巴巴；还有些选手台下交流语音一切正常，沟通自如，可是，一上台讲话声音颤抖，甚至声音越来越小。这些都是紧张所带来的负面影响。人为什么会紧张呢？

其实，这种恐惧是写在我们的基因里的。请你想象一下，假如我们现在穿越回到 30 万年前，你此时眼前的景色非常漂亮，青山绿水蓝天白云，让人流连忘返，你看还是不看？要知道 30 万年前的环境可不像现在这么好，山里水里草里藏的都是野兽，上百只眼睛盯着你看，此时的你第一反应就是如果再不跑，你就会成为它们嘴里的美食，更恐怖的是，它们的眼睛会一直盯着你不放。你就一直处于被注视的状态，而你一直害怕他们要吃你，这个时候不紧张不恐惧那才是奇怪的。

由此可知，紧张是一种有效的反应方式，是应付外界刺激和困难的一种准备，有了这种准备，便可产生应付瞬息万变的力量。如果没有紧张情绪，在遇到危险时，就不能迅速做出反应，马上成为毒蛇猛兽的口中食。可以说紧张是我们与生俱来的本能，这种本能曾经帮助我们的祖先在无数危险的境况下逃脱并生存下来。于是，紧张的基因就这样遗传了几十万年，不可能轻易摆脱。回到现在来看，虽然已经没有古人要面临的危险了，可是紧张已经变成沉淀在基因里的东西。我们的紧张感从何而来呢？其实，这是一种自我的过度关注。现在让我们重新认识一下紧张，紧张不是一件坏事，俗话说："有所欲必有所惧。"人们会随着不同的讲话对象和场合而紧张，紧张是一种情绪，不管是什么情绪，都是具有能量的。适当的紧张可以让你更兴奋，分泌更多激素，也更能让你重视。前提是，你得克服紧张。你可以通过锻炼来控制紧张的外在表现，同时提高应变能力。

那些懂得利用紧张的讲者，有时在台上说话时很可能比台下发挥得更好。所以，只要用好的方法去调整和训练，就能将紧张不安的情绪变成一种正能量，让你慷慨陈词畅所欲言。

通常来说，在比赛期间人会紧张是因为 4 种原因：缺乏自信、陌生的环境、陌生的观众、陌生的内容。

1. 缺乏自信。很多时候，由于自我意识的存在，人们非常关注自己在他人眼中的形象，人生的很多误解、苦恼来自我们没有区分清楚"想法"和"事实"，总是把自己的想法想当然的当成了客观事实。当别人都坐着，你站着，你和别人不一样，这时你的不安全感出现了，你就会想如果我讲得不好怎么办？如果观众不喜欢我的讲解怎么办？其实观众多数不会太在意，你只需要告诉自己此刻的我已经准备好了，不要太在乎别人的评价和看法，降低内在欲望，不过分在意自己的表现。

2. 陌生的环境。相信你遇到过这样的问题，明明熟记稿件，还很认真和团队成员一起练习，可是在上台的时候还是紧张得一塌糊涂，突然就大脑一片空白了。这是因为，你准备的环境跟实际环境不一样，练习虽然有帮助，但依然会紧张。解决办法就是你要提前熟悉环境，提前预演。建议提前到现场彩排。到场后你要做这几件事：到讲台上走一走，找到立脚点，看一看观众席，感受一下被人注视的感觉，了解评委、观众的位置，佩戴好耳麦，调试好舒适的佩戴方式以及测试音量大小，拷贝幻灯片并试用翻页笔，如有视频还要检查更换电脑后是否能正确播放。舞台前方会设有两台电视机，一块屏幕是讲解时间倒计时，另一块屏幕显示幻灯片，不同的场地和舞台的距离也有所不同。对设备、会场的提前熟悉，能减少意外情况，让你心里有所准备。如果你不能提前来现场，也要请领队、团队成员拍摄现场视频、照片给你，并请对方测试一遍幻灯片的播放情况。所有的熟悉都是为了建立心理优势，把客场变为主场。

3. 陌生的观众。你和家人、好朋友聊天从来不会紧张，但和陌生人讲话时就会相对谨慎一些，和领导对话时，就会变得比较紧张。而当你不了解对方，比如比赛时面对的是台下的评委、对你有所期待的观众，当你从对方那里感受到压力的时候，就会非常紧张。因此，要解决面对陌生人的紧张感，最好就是要和观众熟起来。说起来容易，做起来难，我们应该怎么做呢？如何做到与紧张和平相处呢？一是了解你的观众都有谁。台下的观众只有一个目的，就是来听你讲解

的,你只要精心准备好内容即可,他们的需求都写在评分规则里。二是设置积极的自我心理暗示。这是消灭紧张的有效办法。这里说的积极心理暗示就是,暗示自己台下坐的都是自己的朋友、邻居、亲人。你想,台下坐的都是认识的人,你还会紧张吗? 你肯定会谈笑风生、淡定自如。你要对自己做积极心理暗示:来的都是亲人。有些专家会建议你,如果感到紧张,可以想象观众都是白菜、西瓜、西红柿等,你就不紧张了。其实这种办法姑且算是一种克服紧张的方法,但是却有一个弊端,你和瓜果蔬菜能对话吗? 你说话,白菜不会搭理你,所以把观众想象成是西瓜、白菜、西红柿,不利于我们和观众进行交流。因为对于讲者而言,最重要的是和观众建立连接,也就是要让对方在短时间内被你吸引,记住你,对你产生信任。讲解比赛是交流思想的舞台。所以与观众建立互动,可以适当消除尴尬引起的紧张,增加共鸣。还有一种方法是可以叫上啦啦队来为你助威。当你不知道该看谁时,你可以看向自己的团队,对他们报以微笑,他们也会给予你最热烈的回应,把赛场变为自己的主场。在篮球比赛中,主场进行的球队,比赛时会占据心理优势。因为球员对比赛场地更加熟悉,现场会获得支持主场球员的球迷、啦啦队,球筐也是球员平时训练所熟悉的,因此在主场打球的球员将会获得更好的发挥,这就是对环境、观众熟悉所带来的主场优势。记住,把每个观众都当作亲人、朋友,微笑相对。

4. 陌生的内容。前三点需要花费的时间不算多,你真正要下功夫的是要对自己的内容非常熟悉,滚瓜烂熟。你所说的内容要尽量口语化,具体来讲就是先口述,通过录音形成文字稿,根据这个文字稿再不断练习,练习中不断修改更新。避免背诵式的讲解,要像讲故事一样来组织语言。日常多进行预演,练习的时候,你还可以尝试多次录音。每一个段落的第一句特别是开场的第一句话,一定要熟记。人的紧张通常都只是在开始片刻,只要你的第一句顺利说出来,后边的内容就会渐入佳境,紧张感慢慢消除。除了比赛外,你在外出开展讲座、培训时可以充分利用好第二、三点。比如提前半小时到场,对设备进行检查,感受环境。笔者曾有一次外出培训,自己带的电脑与对方的显示器无法兼容,拷贝进对方电脑里的幻灯片无法播放,但因为提前到达,现场临时把课件转换成 PDF 文件才确保了授课顺利进行。幻灯片最好能在手机、网盘(邮箱)、U 盘中各存一份,以防意外情况。如果有先到的学员你也可以和他们多聊几句,比如他们遇到了什么问题,他们希望从今天的培训中获得什么。一来可以了解他们的需求,二来我们建立了熟悉的关系，在授课中也可以更好地交流沟通，消除紧张感。其实，登台前，清理负面情绪的方法还有很多，比如，调节呼吸、进食。有些人习惯喝咖啡，让咖啡的苦味帮助自己保持清醒；有些人习惯吃些东西，觉得美食能够带来好心情；还有些人习惯找朋友聊聊天，以此来舒缓心中的不快。无论什么样的方法，你都可以建立一套属于自己仪式感的固定动作，在登台前完成这套动作，增强自信心。舞台上的方寸之地，是一个没有硝烟的战场，在这个短暂的战场上，我们必须保持最佳状态，才能获得最终胜利，提醒自己，把紧张的程度降下来，让它不再能束缚你，让它不会成为取得胜利的最大障碍。

三、练习、练习、再练习

1. 练习是最基本的动作

对于讲解练习来说，把讲解稿背下来是最容易也是最基本的事，当你以为自己已经背得滚瓜烂熟，就等着上台了，这是自我感觉良好，也是错觉。如果你真的准备这样上去，恐怕现场会和你想的不一样。优秀的讲解没有捷径，一定有大量重复训练为保障，所以在登台前，我们要花大量的时间做准备，这也恰恰是很多人都忽略掉的环节。练习不单只是一个背诵讲稿的过程，更是熟悉整个讲解流程的时刻。

展示中国女排精神的电影《夺冠》中有一个场景让我印象很深刻。中国女排在日本女排世锦赛前，与江苏男排进行了一场切磋。比赛过程中，主教练命令女排拿出总决赛的姿态来对阵男排，在女排全力以赴的进攻下也迫使当时国内成绩最好的江苏男排拿出来全部实力来对抗。而且男排主教练还提出了一个要求，把现场所有的聚光灯打开，一时间，女排双眼被光照得没法睁开，这是她们第一次发现，球场上除了球、对手、观众外，还有这种"X因素"影响比赛。主教练则再次提醒她们，今天的球虽然是一次友谊赛，但是所有的标准规格全部参照国际大赛执行。在那个物资匮乏的年代，为了打好每一次比赛，我们必须做好充分的准备。

当你来参加科普讲解比赛时，你会发现所处的舞台和你平时的舞台面积大小完全不一样，也许舞台上方都有氛围灯，但是颜色亮度也有不同，还有不同于

你平时操作的翻页笔、麦克风、显示屏，这些都是属于现场的"X因素"，而我们无数的练习，就是为了当意外来临时，我们能从容淡定应对，这既是我们智慧的体现，也离不开背后无数次的练习。

4分钟的稿件，你要做到非常详尽的准备，讲稿的每一个字都用心打磨，让自己的话语、音调配合文字，呈现你想要展示的效果。比赛中，因为忘词而中断讲解的选手屡见不鲜。作为观众，你会给予他掌声鼓励他继续完成；作为评委，你会对他的自己讲的内容不熟悉，影响评分；作为当事人，你恨不得当场在讲台上挖个洞钻进去。我记得十几年前登台比赛时，也很担心自己忘词，这是很多选手都会有的感觉，那时我给自己订的目标很低，祈祷上台后千万别忘词丢人就好。

一篇讲解稿出来后，你就需要开始不断地练习。练习的方式其实很多种，有集中式的，也有碎片式的。你可以对着镜子讲，实时对自己反馈；可以录制视频讲，记录讲解过程中的问题；你还可以对着白色墙壁讲，这有助于你更加集中注意力。除此之外，在上下班路上、等电梯的空闲、吃饭刷牙时，你的脑海里可以一遍又一遍地重温讲解内容。当你完全沉浸在这种人稿合一的状态时，你的进步会非常迅速。

2. 从对着物体，到对着观众

虽然你是一个人站在舞台上讲解，但是我更愿意称现在的比赛为"团队作战"。从比赛选主题、素材搜集、稿件润色、幻灯片制作、服装搭配到抵达赛场的后勤保障，如果只是一个人去准备那就要耗费掉你太多时间了，叫上小伙伴们一起为你出谋划策吧。练习也是如此，当你感觉一切准备就绪时，喊上你的家人、同事、朋友、同学一起来听你讲解。给他们看你的稿件，请他们给你的讲解打分，征求他们的意见，然后加以改进，他们的第一感受会对你有所帮助。不过这里要特别提醒，不要全盘接受别人的意见，每个人对"好"的定义是不同的，你要在众多信息中筛选并总结出那些对你真正有帮助的建议，或者找到在这个领域里擅长的人来协助你分析。

3. 收集反馈

了解你的优势和不足很重要。请几位朋友、家人或同事评价你的讲解，问他们讲解中哪部分最好，为什么；哪些方面可以做得更好；他们是否能听明白你所讲的内容；他们是否觉得讲解吸引人，与他们是否有情感上的连接或共鸣？如果你没有观众,那么用手机或者摄像机把自己的排练录下来,就像职业运动员会通过观看自己和竞争对手的录像来取得进步一样。一开始这样做,你可能会感到不自在,你想永久删除这段视频,你会想,视频里的这个人就是我吗?试着自己用评判的角度,站在听者的位置来审视自己的不足,通过循环重复的研究、练习后,你会接受这一模式,并且多次完善,不断改进。

当你作为一名观众来观察自己时,各项细节都会放大,从表情、肢体、声音,你会知道哪些方面做得不错,哪些方面需要改进,你的表达能力会越来越好。无论是从其他人那里得到的实时反馈,还是观看自己讲解的录像,都要去设法收集别人的评论或对自己进行评论。如果有一起与你参与讲解比赛的人,你也可以观察他们身上是否有同样的问题,这些是很有价值的。

在收集观众反馈的时候,你也可以采用以下几点作为标准:

- 身体语言。你的面部表情、手势和姿势如何?
- 讲解的时间控制。你有没有超过规定时间,为什么会超时?
- 语气。你的语气听起来是自然还是颤抖,音量是大还是小?
- 讲解的连续性。你是否即兴发挥说了稿件以外的内容?
- 讲解的速度。你的语速是否过快或过慢?
- 观众的反应。你讲解的内容是否让不同年龄、背景的观众都能接受?

当出现以下情况时,你会知道自己已经准备好了:

- 你的话语听起来非常自然,讲解中没有尴尬的停顿或发音错误,比如:"嗯""啊""呃"等多余语助词。
- 讲解的内容和幻灯片的切换同步,随便哪一段你都可以信手拈来。
- 自己听自己讲的内容会感到兴奋、激动。与观众眼神的交流,表现得大方自然等。

当然,每个人都不一样,各自的练习方法也不相同。无论你的方法或仪式多么独特,都要坚持练习,不断根据反馈做出调整,改进你的讲解,直到登台,观众的掌声会是最好的反馈。

四、好讲解离不开脱稿

你有没有见过这样的画面?一名选手走上台,手上拿着讲稿,开始讲解没多

久后，他拿起讲稿说："不好意思没背熟词，但是我觉得内容挺好的，想和大家科普一下。"他就这么一直低着头念稿，完全不顾台下的观众，观众或者百无聊赖地发呆，或者低头玩手机，早已神游万里之外。照本宣科是公众表达最典型的"坏习惯"之一，因为它不仅让现场观众感觉索然无趣，更重要的是，一旦成为习惯，它会让你失去当众表达的勇气与信心。

作为参赛选手，登台第一件事就是把稿件烂熟于心。讲解离不开背稿，背稿又离不开写稿，很多讲者会为此头疼不已。曾有学员问我，表示自己工作很忙，稿件能不能请团队代写，自己去背就行。我的建议是绝对不要让人代写讲解稿，因为写稿的过程是记住内容的最好方式，也是稿件不断打磨完善的过程。许多选手的一篇稿件从初稿到最后的成品，修改不下 20 次，甚至推翻主题整篇内容重写的也有大人在。在自己撰写讲解稿的过程中，讲者不仅能加深对稿件的记忆，深入理解讲解的逻辑，还能在撰写的过程中对语气、眼神、手势的融入有更深的认识。亲自写稿并背稿可以说是对讲者最基本的要求。

也有学员曾说，我不喜欢背诵，这显得特别没水平，我就喜欢即兴发挥，背书是小孩子做的事。首先，我对这一点是认同的。因为有一种讲解，叫背诵式讲解，这是比照着稿子念更坏的习惯。照着稿念，你至少不用担心说错，所以还心有余力关心自己的语调。而背诵式讲解，你几乎所有的心力，都在回忆稿件，你把讲解比赛变成了记忆大赛。完全背诵可以帮你应付一两场讲解，但会阻止你成为舞台上真正优秀的讲者。我见过许多在公开场合表达时忘词的人了，或者是说话的时候，内容漫无边际，他以为这是即兴表达，其实观众听到的都是支离破碎的内容。

即兴表达听上去很真实、新鲜、生动，就像是我们边思考边说出自己的想法。但是千万不要以为有些人侃侃而谈是与生俱来的能力，这个世界上从来没有即兴演讲，所有的即兴演讲都是有备而来，是日久积累沉淀的。这就像炒菜，即兴表达，就相当于给大家即兴做个菜，而做的菜其实都是自己已经掌握的菜式。如果要把菜做得到位，肯定需要平时大量的积累，有什么菜可以炒、火候如何掌握、放什么调料以及放多少，如果没有平时的积累，很可能就炒煳了，或者盐放多了。你能讲的东西早就已经存储在头脑中了，有意识层面的，也有潜意识层面的，你需要做的就是把头脑中的信息组织成语言套入框架中，说白了，就是条理清晰地把自己知道的东西讲出来，所有，它还是一个有准备的讲话。

关于背诵稿件,有 3 个方面的建议:

1. 写逐字稿。

曾有人建议写逐字稿不是为了逐字背,只是让你对要讲的内容心里有数。但我认为讲解比赛是个例外。比赛本身对时间有严格的要求,在你登台前,每一个内容出现在稿件里什么位置,怎么说,怎么发声,我相信除了你之外还有整个团队对稿件的审定有了安排。如果敲定了内容,现场根据实际情况自由发挥的话,有可能造成时间不足或者超时的情况,影响你的正常发挥。无论你所讲的主题熟不熟悉,你都应该将要说的话每一个字都要写下来,脑袋里想的和嘴巴里实际说出来的,完全是两码事。

2. 脱稿练习。

前提是你的稿件已经打磨好了,是完全口语化的表达。把稿件每个段落的意思提炼出来,从逻辑框架上对整篇稿件有意识串联,对细节的词要落到具体语气词、停顿、长短音。背诵时要背出声音,按正常音量或比赛时的音量说出来,不建议默背。发出声音,实际上是帮助嘴部形成记忆。这就像锻炼肌肉一样,坚持练肱二头肌,几个月后会看到明显效果。每天练习,你的嘴部肌肉和你的记忆不断在强化,从而让你对内容与表达更加熟练。

3. 结合幻灯片记忆。

这是为了熟悉一下幻灯片和讲稿的配合,顺便熟悉逐字稿的内容。这时候,你可以改正一些比较书面的语言,让它变得口语化。知识是一个细化的过程,从背诵变为讲解,从背下来的内容变成分享出去的知识,这是一个输入—转化—输出的过程,所有背下来的内容就会成为你宝贵的知识财富。

五、知识收集与稿件打磨

讲解内容的好坏,首先取决于讲解知识的多少、深浅和完善程度。人们往往会认为讲解的好坏取决于表达技巧,因此在试图提升个人表达能力的时候,多数人都会觉得自己只要注意学习和掌握舞台技巧,就能够有效提升沟通能力。这导致人们对科普讲解产生了偏差,对于沟通能力也产生了肤浅的认识,一味追求

技巧，讲究方式，容易停留在讲解能力的初级阶段。真正出色的讲者往往具备强大的知识储备。笔者分析近几年大赛，发现无论是地方赛事还是全国比赛，参赛选手的学历水平普遍在本科以上，在全国总决赛中，教授、行业研究员、博士研究生等不在少数，大多数人称得上学识渊博，至少在专业领域内拥有丰富的知识量，而且专业知识水平比一般人要高出很多。

知识量的多少对于人们的讲解效果有很大的影响，如果你想要提升自己的讲解能力，就应该花更多时间提升知识储备。根据你的参赛主题，你应该系统地读书、学习、搜寻整理相关资料，还可以请教行业里出色的人，他们的阅历和经历会为你提供更多讲解素材。比如 2019 年国赛中，公安部的选手雷晶在讲量子通讯时就请教了研究量子力学的郭光灿院士，并且在比赛幻灯片中插入了院士科普讲解的有关视频，更具有权威性。

当你决定好主题并开始撰稿时，为了更好地建立你与观众的联系，请你先思考与观众有没有什么共同的经历、爱好、愿望、志向，从这些方面下手，寻找与观众的共同语言，然后通过使用与观众差不多的语言风格来表述，这样能够极大地增强观众的体验感，拉近与观众的内心距离，引发共鸣。有学员曾拉着我，说自己还是学生，确实不如社会上已经工作的人经历丰富。作为讲者，我们不能只关注到小我、个体，大可把视野放到时代、社会、国家，甚者是经典的书籍、音乐、电影、著名的地标、年度的科技热点，这些都是你和观众正在经历并发生的事，从这些点切入将有效引起观众的共鸣。

讲解比赛的稿件拟订包括以下几个步骤：

1. 确定主题。主题是什么？就是你要讲解中的核心观点。很多人在准备稿件时，主题不突出不明确，几分钟的稿件想展示多个主题或者一个宏观的主题，不易使观众留下深刻的印象。其次是选主题要避免"撞车"，2020 年是特殊也值得铭记的一年，前有新冠疫情暴发，人民群众安全受到影响的坏消息；后有长征五号、北斗三号、珠峰测高等振奋国人的好消息，这些话题是大家关注的热点，是共同话题，选取这些主题做题材容易引起共鸣，但因为参赛面广，很容易相同，同一个赛场里以口罩为主题的讲者就不下 5 位，观众看起来重复，评委听起来疲劳。笔者有幸向重庆代表队领队请教，他们表示这次比赛考虑到会很多人讲疫情相关话题，于是剑走偏锋，另辟蹊径，6 位选手没有一位选疫情话题，分别科普了自己研究领域的专业内容，最终全部获奖。这也是我经常会和学员提到的,比赛有三个比:第一是和自己比,要比以前的自己更优秀;第二是和别人比,和大家比科普讲解的综合能力;第三个是比与众不同,人无我有,人有我优,我在什么内容上比别人更特别。

2. 收集材料。确定好主题后,就需要收集材料了。大致来讲,材料包括事实材料和理论材料。我们常用到的事实材料主要包括故事、例子、数据、道具、实际应用等。而理论材料包括了科学原理、名言警句、法律条文、国家政策等。材料不能东拼西凑,所有的材料都是为了辅助核心主题的呈现。初期可以把所有材料放在一个文档中,通过不断地打磨,提炼出适合表达的稿件。在讲解过程中,材料是形成观点的基础。一旦这个想法形成,它就成为进一步收集材料的基础。与此同时,思想观点的解释也是材料制作的支柱,离开了真正的、生动的、新颖的、典型的、充分的材料来阐明思想的观点,讲解内容将变得乏味无趣。只有大量搜集资料和占有资料,才能使讲解成功。很明显,擅长收集材料是非常重要的。在这方面,要推荐林肯用高帽子收集材料的有趣故事。美国第十六任总统林肯,经常戴一顶当时流行的高帽子,随时将所见、所闻、所感的材料记在碎纸片、旧信封及破包装纸上,然后摘下帽子,放进里面,再把帽子戴上。闲暇之时,便分门别类,加以整理,抄到本子上以备后用。从这种情况也能看出,大多数伟人有随时记录自己灵感及见闻的习惯,一个人之所以伟大,无非是建树多,他们的创作自然需要原始素材,而笔记就是他们的原始素材,这个时代,科技的进步可以使我们随时收集材料、记录灵感,随时用手机里的备忘录记录,尤其可以通过照片、链接等复杂形式记录。需要注意的是,当你找到有用的材料或者想法时,要马上记录。笔者就吃过这方面的亏,晚上躺下来睡不着时,脑海里总会有很多想法涌现出来,但懒惰驱使我躺下,总会安慰自己明早睡醒再写。结果第二天起来,都忘得一干二净。很多好的好点子就这么擦肩而过,让我悔恨不已。所以建议大家一旦有好的想法,就要马上记录,当你开始记录这些想法,就会得到更多,甚至会帮你延伸出更棒的想法。我们记下的笔记未必一定可以用在你的稿件之中,但是它可能是让你产生写这篇稿件的原始想法,或许能唤起创作欲,平时多多记录灵感,是迈向高产创作的第一步。

收集到的材料进行归纳、研究、分析,发现新思路,提出自己的观点和看法。需要注意的是,在与观众建立共鸣时,一定要考虑清楚观众的身份,不同的观众对同一件事情有着不同的认识和态度。比如 2020 年国赛,一名选手讲大数据主

题时讲了段笑话,大意是疫情期间网友抢不到双黄连口服液就去抢双黄莲蓉月饼,笑话的效果很好,台下发出一阵笑声。但是在评委讨论环节,评委认为这个段子和大数据没有关系,认为是跑题了,对最终分数产生了影响。

3. 内容宁可深,不要广。我常劝说讲者们,你这段内容写得不好,删吧,替换别的,不要留恋,细化你的内容具体到某一点而不是整个领域。

千万不要想在 4 分钟内涵盖太多内容,主要表达一个主题。很多朋友常犯的一个错误就是想一次把一生所学都告诉观众。人的注意力是非常有限的,在不借助笔记、录音、录像的情况下,人能记住的东西更是少之又少。总的来说 4 分钟内观众能接收到的内容有限,不用太纠结主题内容的方方面面呈现,一句简短有力的话语胜过絮叨 10 分钟,哪怕内容再好,讲述者再专业。

有一个著名的理论叫"电梯式"沟通,源于著名的麦肯锡公司。该公司曾经为一家重要的大客户做咨询。在最后关头,麦肯锡的项目负责人在电梯里遇见对方的董事长,该董事长问他:"你能不能说一下现在的结果呢?"这位项目负责人没有准备,并且他也无法在电梯从 30 层到 1 层的 30 秒钟内把结果说清楚,最终麦肯锡失去了这一重要客户。此后,麦肯锡要求公司员工必须在最短的时间内把结果表达清楚,这就是在演讲界广泛流传的"30 秒钟电梯理论"或者"电梯式"沟通。"电梯式"沟通和 4 分钟讲解在观念上大同小异,说的都是摒弃长篇大论,直接表达自己的想法,简单明快一些。讲解要简短,当然不是指在台上只说一两个字那样短,而是要在短的同时清楚地表达思想。这不是一件容易的事,但可以让你的表达变得更有效率,也能让你的话语更有说服力。你要做的就是反复打磨,把稿件写好,主题明确,内容深刻,专注于讲好一个原理、一个现象、一个应用,根据我们所说的稿件中应具备的材料,打好一套组合拳。即使你有一个很好的想法,但如果和你整篇稿件风格不搭,那么无论你有多想用它,都应该舍弃它。如果你有很多观点要分享,需要分列提纲,也要让提纲的意思保持一致,比如"疫苗的发展、疫苗的作用、疫苗的好处",而不是"疫苗的作用,感冒时能打疫苗吗、除了疫苗还有什么能保护我们",这样的提纲容易造成观众思维混乱。

最后要强调一点的是,不要直接复制粘贴网络资源,有些讲者在网上看到的解释不错就直接复制下来,结果真正比赛的时候贻笑大方,这一点在随机命题环节尤为泛滥。

比如 2020 年广州市科普讲解大赛随机命题里有一题是"钟南山"。有些选手的 2 分钟介绍就是这样的："钟南山，男，汉族，中共党员，1936 年 10 月 20 日出生于江苏南京，福建厦门人，呼吸内科学家，广州医科大学附属第一医院国家呼吸系统疾病临床医学研究中心主任，中国工程院院士，中国医学科学院学部委员，中国抗击非典型性肺炎的领军人物。曾任广州医学院院长、党委书记，广州市呼吸疾病研究所所长，广州呼吸疾病国家重点实验室主任，中华医学会会长，国家卫健委高级别专家组组长，国家健康科普专家。钟南山出生于医学世家。1958 年 8 月，在第一届全运会的比赛测验中，钟南山以 54 秒 2 的成绩，打破了当时 54 秒 6 的 400 米栏全国纪录。"

听到这些，你都得吓一跳，这不是机器人在朗读吗？如果是观众可以在网上搜到的内容为什么还要听你讲呢？就算是你不了解的内容，你也应该通过多方的途径去熟悉、理解与认识，最后自己口语化地表达出来。

第三章
管理形象：
你的讲解需要令人印象深刻

一、7/38/55 定律

语言，是人类神奇的工具之一。人与人之间的语言交流非常重要，没有语言沟通，一切都将变得非常困难。但是，在讲解过程中，语言的沟通交流固然重要，但是影响观众感受的还有其他的因素。如果你了解了"7/38/55定律"，你在讲解过程中就会有一个全新的表现方式。

美国柏克莱大学的心理学教授艾伯特·马伯蓝比经过10年的研究，得出了这样一个结论：在交流当中的整体表现上，别人对你的观感，只有7％取决于你讲的内容；你说话时候的语气、语调等占到了38％；而你的外形与肢体语言要占到55％，这个比例超出了我们平时的认知。通常，我们认为讲话内容是最重要的，至少会起到50％的决定性。这个结论是否科学，我们在这不作评论，但这个结论至少对我们有了启示，就是要重视讲解时的表现力，当在你上台的时候，你所展示出来的形象，你的声音，会影响观众对你的看法。

这并不是说你的内容不重要，毕竟观众最终对你的评价，还是由讲解的内容所决定的。但是，观众是否能够在第一时间愿意信任你，就取决于内容之外的东西了。

语言的力量是强大的，但是想要让你的语言更具力量，你必须要重视语言之外的因素。尤其是讲解，讲解不是和熟人聊天。在你讲解的时候，你所面向的观众绝大多数都是陌生人，并且是一对多的形式。想要说服观众，让观众对你有个好印象，单单靠语言是不够的。我们必须多在其他的方面想办法，即便做不到加分，最起码不能减分。往往一个人的内在很专业，而外在却不够专业或者毫不在意，都会影响别人对你能力的肯定。在这个讲究品质的同时，更注重外包装的时代，如果外形能为你的内涵轻松加分，何乐而不为呢？毕竟在赛制中，整体形象占到了 10 分。

很多朋友在台上讲解的过程中会遇到以下问题：

- 讲解过程中，将所有注意力放到内容上，竭尽全力将讲解稿背下来。
- 虽然慷慨激昂，但是观众反应平平。
- 自己浑身感觉不自在，双手不知怎么放。
- 评委听的过程面无表情，讲解得分情况不理想，感觉自己没有把想要讲的东西呈现出来，很是懊恼。

大家会遇到这些问题，是因为我们的讲解不仅要说，还要展示。我们必须要意识到，除了讲解内容，你在舞台上所呈现出来的状态也会对最终的讲解效果产生重要的影响。这时，大家应注意到了，之前提到的 7/38/55 定律，7％是内容，38％的语音语调、55％的外形与肢体语言。这里的 7％是指内容本身，而 38％和55％就是听觉与视觉感受的重要性。试想，从观众的角度出发，如果你的耳朵与眼睛没有获得良好的感受，你会对接下来 7％的内容有所期待吗？所以，我们应该在语言的基础之上，重视那些内容之外的东西。我们渴望通过讲解来打动别人、说服别人，将有意思的科学内容传播给在场的每一个人，如果我们做不到让别人喜欢，至少我们的外在不应该让人讨厌。

二、手势：让你的讲解更有说服力

手势是在沟通中最常用的一种基本的体态语，是最能体现讲者魅力的一部分，善用肢体语言，将会增强说服力，提升个人魅力，让你的讲解充满魅力。除了有声语言，这是使用频率最高的信息传播方式。擅长表达的人往往会用不同的手势去表达自己的情绪。手势能以直观的视觉形式，将我们所要说的内容传递给观众。

手势作为肢体语言能大量地传递心理暗示。人不容易被说服，但是非常容易接收心理暗示。人们常常对谈话的内容抱防备心、警戒心，但不会戒备肢体语言传递的心理暗示，肢体语言传递的心理暗示防不胜防。沟通、讲解、授课等语言活动都会大量运用非语言技巧。

初次登台面向观众的新手通常不知道手该怎么放，好像放哪儿都不对，常常有种手足无措的感觉。也有一些人在网上学了不少的手势，但是使用过于频繁或者是用起来很不自然协调,如果没有注意手势的运用,你的讲解就会显得十分呆板,缺乏激情和活力。哪些手势是不正确的呢?

- 手臂和手肘紧贴身体躯干。如果身体一动不动只有嘴动,会像一根木桩杵在那,少了一些灵活,显得非常拘谨。

- 把手放在背后。居高临下的肢体语言会让你和观众产生距离感。

- 双手在胸口交叉、双手或单手叉腰、双手或单手插兜。这会给人以防御意识过重之感,有充分的研究表明,双手交叉抱臂的人被认为不够友善,并且不太讨人喜欢。

- 不要用手指观众。用手指观众会让人觉得很粗鲁,也容易让观众心生不快。如果真的有必要,请掌心向上,五指并拢指向对方。

- 玩弄手里的翻页笔、道具,口袋里的钥匙、零钱。你要控制自己避免做这些小动作。

- 手摸耳朵、脸。孙悟空最常见的手势动作是抓耳挠腮,很多讲者一上台就变悟空了,一会儿抓抓袖子、一会儿摸摸耳朵、一会儿挠挠头发,都会给人不严肃的感觉。

- 端在腹部。很多女性选手登台会双手端在腹部,这个姿势是礼仪人员标准姿势,放在舞台上会显得讲者过于拘谨,放不开。

- 避免用"遮羞布"姿势。很多男性经常会用这种姿势——将双手紧握放置于私处前面,这种姿势会分散观众的注意力,也体现了站在舞台上的人的不自信和不安全感。

手势中要减少无意识的小动作,增强有意识、精准的大动作。手势不仅能强调或解释讲解的内容,而且能生动地表达讲解语言所无法表达的内容,手势在讲解中的作用有以下 4 种:

1. 情意手势。这种手势主要是表达讲者喜、怒、乐的强烈情感,使具体化。比如:讲到火箭发射成功时,讲者拍手称快;讲到非常气愤的事情时,讲者双手握拳,不断颤抖;讲到着急、担心时,讲者双手互搓。情意手势既能渲染气氛,又助于情感的传达,在讲解中使用的频率最高。

2. 指示手势。这种手势有具体指示对象的作用,它可以使观众看到真实的事物。比如讲到"你""我""他"或"这边""那边""上边""地下"时,都可以用手指一下,给观众更清楚的印象。这种手势的特点是动作简单、表达专一,基本上不带感情色彩。这种手势能指示观众视觉可以看到的事物和方向。视觉不及的，可以虚指，比如在室内可以指向上方说"天上飞过的人造卫星"。

3. 形象手势。这种手势主要用来模仿事物，给观众一种形象的感觉。比如讲者到"打印机可以做得像一本书大小"的同时，用手比画一下，观众就具体知道它的大小了。在讲到"手枪可以做得像笔一样"时，用手势配合一下，既具体又形象。值得提醒的是，在讲解过程中不要一直重复一个动作不放，要有开有合，有动有静，有节奏感，应根据你的讲解表达来进行相应的调整。

4. 习惯手势。任何一位讲者都有一些只有他自己才有而别人没有的习惯性手势，且手势的含义，不明确不固定，随着讲解内容的不同而体现不同的含义。

手势要动才叫手势，不动叫姿势，因此手势的位置和手部动作很重要。

手势活动区域	手势表达情感
上肩部以上	表达积极、肯定、希望、号召
肩部至腰部	陈述说明、温柔平等
腰部以下	表示消极、否定、悲观

手势在不同区域的使用，所展现的情感是不同的。想象一下，如果你走在路上，远方有个熟悉的朋友，你肯定是把手举高向对方挥动，如果放在腰部以下挥动，不仅看不到，路人还会觉得你很奇怪。这就是手势结合内容要放在合适的位置。

手 势	动 作	含 义	例 子
手心向上	想象自己的胸前抱了一个球，说话时在胸前移动	包容、真诚、善良、开放，容易让人感到舒服自在，更容易接受你的内容	大家好，今天我想和大家分享关于"长征五号"的故事……
手心向中	想象自己的胸前抱了一个盒子，说话时在胸前移动	权威、专业	在这个领域我研究了很多年，我发现……
手心向下	双手在胸前位置，向下压	对所讲内容深信不疑	我们国家的科研水平走在世界前列
拇指和食指并拢	两根手指做出捏东西的姿势	具体信息、某个细节	这颗芯片仅有芝麻大小

我们学习了多种手势,是为了在不同的场景运用不同的手势,但如果全场只用固定 1—2 种手势,会让观众感觉乏味。讲解手势贵在自在,切忌做作,不需要刻意设计。在讲解的过程中手势不要太频繁,否则观众的注意力会被手部动作所吸引,影响讲解内容的传播效果。

三、笑容:让观众感受到有温度的你

讲者的面部表情是一个有意思的话题。因为上台紧张的缘故,很多第一次登台的讲者是面无表情的。倒不是讲者过于严肃,而是没有意识到公众表达时要做的表情管理。但是正是因为讲解过程中的面无表情,就会显得没有亲和力,缺乏感染力。

你要知道你的脸是观众的第一个焦点。大多数时候你的脸与你的情绪是一致的,因此让它与你的讲解内容相匹配很重要。观众会把你的面部表情、你的情绪和你当时所说的内容联系起来,你的面部表情会让观众对你的讲解内容留下特定的印象。表情在讲解当中是非常重要的,这不仅因为它是一种技巧,更因为它是我们人类的本能。

人们在表达自己情绪的时候,情不自禁地使用表情是一种本能,而根据表情来判断对方的情绪同样是一种本能。当两种本能融合的时候,表情也就真正成了传递感情的工具。你用表情所表达出的情绪,更容易被人们接收,更容易被人们记住。所以,在讲解的时候,你的表情能够直接传递出你的情绪。所以,在讲解的过程中,都应尽量保持微笑,微笑是讲解中面部表情的核心,这样不仅能增强讲者的自信心,还能缓解自身紧张的情绪,同时能增强讲者的亲和力,提升观众缘。

表情不仅是表达情绪的最佳方式,还是讲解中不可缺少的重要内容。从你开始起步走上台的时候就要面带微笑,在讲话过程中要面带微笑,讲完话后走下台时还要面带微笑。通常情况下,微笑的表情占讲解总时间的 80%。当你走上台以后,通过微笑能提升你的亲和力,迅速和观众建立起联系。即使浅浅的微笑也能产生大影响。它让观众不仅认识到你是友好可亲近的,而且感受到你很高兴做这个讲解。

我们在讲解的时候,总是会提到各种各样的案例、数据、故事。这些内容或许是我们的亲身经历,或许是我们从别处听来的,但不管是哪一种,都必须在讲述的过程中加入恰当的表情。笔者曾见过许多这种情况,讲者从后台准备到站在舞台上,脸部始终处于紧绷状态,没有任何表情,导致整个人都处于紧张之下,而观众也能通过你的表情感受到你的紧张,双方都处于不热情的氛围中。

有一个简单的微笑小技巧:面部放松,轻轻抬起你的眉毛,嘴角轻微向上扬起。微笑应发自内心,训练时想着快乐的事情,或者配上优美的乐曲,还可以用嘴咬一根筷子,眼睛盯着一个点尽量不动坚持一分钟,通过一段时间的训练,面部表情就会很自然。微笑可以通过私下练习改善,每天对着镜子念100遍"引"字,这个微笑的小动作可以帮助你有效提升亲和力。如果你实在没法笑起来,那也别勉强自己,毕竟违背自己内心的表现是不自然的,皮笑肉不笑反而让观众不自在。这其实也告诉我们,真正的微笑,应该是发自内心的,如果你总是想着上台是件让你不自在的事,那你自然笑不出来。

在这,笔者还需强调的一点,在讲解中并不一定总是露齿大笑,这要取决于你的演讲主题。如果你是在说一个严肃的内容,那就千万不要满脸笑容。但是,也不要因为你的演讲主题是严肃的而神情呆滞,要让你的观众看到你的笑容和表情的变化。在正确的地方微笑,在有需要地方要转换成严肃的表情。这种对比如果能做得很自然,那么就可以起到强调你的观点的作用。

最后,要想做好表情管理,也要在生活中时刻修炼自己,对人对事不骄不躁,微笑从容应对,久而久之,你也能成为一个保持微笑、热爱交流的人。

四、眼神:与观众建立深度交流

与观众做眼神交流,是大家觉得很难踏出的一步。看评委,害怕;看观众,紧张,一不小心连词都忘记了。很多人在刚开始讲解的时候是不敢与台下的观众对视的,因为这会使自己更加紧张。在讲解过程中,有的人过于依赖PPT,一直盯着屏幕看;或者一直只看一个地方,目光呆滞;或者不敢与台下观众对视,回避眼神的交流,显得眼神飘忽不定。这些都是眼神交流中存在的问题,这难免会让观众对你产生怀疑。

实际上,和观众对视这件事情是必须做的,但是想要做好却非常困难。眼睛到底应该看哪里?看多久?怎么看?眼神的交流是建立信任和信心的有效方

式,在整个讲解过程中,运用眼神接触的技巧是很重要的,可以增强你的信心,帮助你建立一种和蔼可亲的形象。眼神交流还有助于吸引观众,它也是衡量反馈、洞察环境的好方法,以便你做出相应的调整。要知道人的感觉是非常敏锐的,即便你脸上挂满笑容,但如果你的眼神没有笑意,其他人就会察觉到。所以,你在讲解的时候,不仅要注意表情,更要注意眼神。

在登台讲话中还有一个普遍的现象是讲者只和某些观众进行眼神交流,比如:

- 专心听讲者讲解的观众。
- 讲者认识的观众。
- 第一排评委席。
- 离讲者距离近的观众。

科普讲解比赛是一对多的语言活动,如果总是和固定观众做眼神交流的话,会让其他观众产生被忽视的感觉,缺少了交流,就会使他们的注意力从你的身上转移,眼神的交流也不可以是漫无目的的,任何时候进行眼神交流,都有它特定的需要。在进行眼神交流的时候,绝不能只看少数的观众,要用自己的眼神和大多数观众交流。眼神的交流不能漫无目的,任何时候进行眼神交流,每一个眼神动作都有它特定的需要。或许是讲解当中有非常重要的内容,或许是有一个情感爆发点,或许是吸引观众对你的注意力。我们无法照顾所有的观众,但是我们可以尽力让观众感受到我们的真诚。

常见的眼神注视有 3 种:

1. 点视。你望下观众席的某个人时,你的眼神要与他进行接触,你能感受到他也在看你,当你们彼此都有目光交流时,眼神停留时长在 2—6 秒,这是最佳的时间,既实现了眼神的活动,又不会让观众觉得不舒服。如果长时间盯着某位观众,对方会被看得不好意思,如果太短,会显得眼神很飘。当你表达完一段句子后,再将目光移向下一个人。

2. 虚视。这是讲者观察时现场观众时运用的一种转换性的目光,就是讲者的眼睛好像看着什么地方、什么观众,但实际上什么也没看。虚视尽管什么也没有看在眼里,但它是良好的观察力的一种过渡。有讲者找到我,说自己太紧张了,一看到别人眼睛就特别胆怯。我会建议用虚视眼神,这种方法使用频率会比较高,尤其是对舞台经验没那么丰富的选手来说,它能帮助讲者克服紧张,显示出彬彬有礼、端庄大方的神态，又可以把思想和精力集中到讲解的内容上，不用在意台下的目光。

3. 环视。就是有节奏或周期性地把视线从会场的左方扫到右方，再从右方扫到左方；从前排扫到后排，再从后排扫到前排，不断地观察会场，与所有观众保持眼睛接触，增强相互间的感情联系。比赛场地过大时，比如国赛的场地可以容纳近千人观摩，你是没法和每一位观众都有眼神交流互动的，那么我们就可以用环视看向不同的方向。可以想象观众席是远处的某一个点，通过移动这个点来环视现场所有的观众。环视最捷径的方法就是英文字母"W""M"。环视就是以这两个字母的书写方式为视觉路径，按照现场观众所坐的位置，左上↖、左下↙、中上↑、右下↘、右上↗，或者左下↙、左上↖、中下↓、右上↗、右下↘的方向移动，你就可以和每个方向上的一片观众进行眼神交流，从而覆盖全场。尽量不要在语句的停顿处环顾观众，因为当你并没有在说话的时候，你的肢体动作看起来会像东张西望。

要强调的是，视线的运用是各种方法综合考虑，交叉互用的，既要按照内容的需要，又要压着情感的节奏，它应与有声语言形式、手势、身姿等密切配合，协同动作，以求能展现更大的效果。孤立的眼神会显得单调无力，不能充分实现传神达意的作用。如果你想体现出独特见解，呈现自己的讲解个人风格，眼神将会有助于提升你的个人感染力，使整个讲解充满质感，直击观众内心。

五、形体：大方得体，气势非凡

你留给观众的印象不是从你张嘴说话时开始的，而是从你进入房间的那一瞬间开始的，气场这个词我相信大家都不陌生，但是气场是由什么产生的呢？一旦观众看见了你，就会马上在心里生成对你的第一印象。第一印象十分重要，请给观众留下好印象，请穿戴整齐，步伐自信并合乎礼仪。

在你走向舞台中间，所有人的目光都会落到你身上。因此，不要在这个备受瞩目的时刻做任何多余的工作或者在麦克风里发出噪音。在候场时，你要检查麦克风是否已经打开。笔者见过有选手在后台麦克风未测试好，上台就开始讲解，以至于自己的声音没能通过音响放出来，慌乱之中也找不到开关，最终影响了发挥，让场面一度尴尬。在彩排期间，如果你想测试音量，那么不妨说"大家

好，下午好，123，测试，test"。不要对着麦克风吹气或是拍打它。如果你想检查麦克风的音量效果，只需要问坐在最后一排的观众："音量合适吗？"如果不合适的话，他们会告诉你的，然后你可以请现场负责设备的工作人员帮你调整。不管面对什么样的情况，都不要站在那里盯着麦克风不停地重复："喂，喂，有人吗？"你所发出来的噪音也会影响现场观众对你的评价。在我看来，拍打麦克风是十分不礼貌的，你的声音最终呈现的效果好坏离不开麦克风的质量，请善待现场每一件工具。

在讲解与展示时，我们通常是站立的，人在紧张的时候，会不自觉地双腿合并站立，这时的你身体容易晃动。正确的做法应该是：你的身体要站直，双脚略微分开，与肩同宽，将体重均匀地分配给左右脚，双手自然下垂，放在身体两侧，其中一只手拿着翻页笔，这样做能让你有站得"很稳"、能控制局面的感觉。

要记住，当你走上舞台上时，你应该有一个很自信的亮相。最自信的姿势是挺胸抬头，勇敢地展现你的个人风貌，这样你才真正拥有了这个舞台，你越是不敢展现自己，越是想降低自己的存在感，你就会越害羞越紧张。

男同志要特别注意一点，在舞台上，如果其中一条腿稍微重心偏移，呈现"稍息"的放松状态，会让讲者看起来无精打采。所以，站在台上时，两条腿始终都要站直。

当一切准备就绪后，你就可以登台了。但要特别注意的是，此时你不要一走上台就马上开始讲解，甚至是还没有站定就已经开始说。当你来到落脚点时，在正式开始发言前，你应该向大家报以微笑，停顿1—2秒，此时可以与观众眼神交流，让他们稍等片刻，深呼吸一口气，再开始你的讲解。这样的做法可以让你看起来气场十足，而不是在给人一种匆忙上台的感觉，而停顿也有利于观众安静下来，开始倾听你的讲解。

现在，开始你的精彩展示环节。在讲解的过程中，你可以通过在舞台上的走动来展现你的自信，一个善于在舞台上表达的人和初上舞台的人最大的区别之一，就是看他敢不敢在舞台上走，敢于在舞台上走动的人一定是放松、淡定并享受舞台的一切。但如果走动太频繁甚至是来回踱步，会让观众的注意力落在你的身上。建议可以在一个段落衔接另一个段落时，或者是意思的转折点时，或者是结合讲解内容及PPT展示选择小范围的走动，但是在适当的时候，例如讲述关键的内容，你一定要回到原本站立的位置，通常是舞台中心点。其实每次的走动都是在向观众释放一种信号：我要开始讲新内容了。

当你的内容讲完后，这时你要注意了，你的讲解还没有真正的结束，不要立刻离开舞台，留在自己的位置上，和观众直视 1—2 秒钟，如刚才掌控你的讲解一样，享受观众最后一次送给你的掌声，面带微笑，用表情告诉大家自己很高兴来到这里。转身退场离开舞台的步伐要干净利落、充满自信，就和你上台时一样。最重要的是，不要发出任何声音，或许此时你的麦克风还没有关。比如"啊，终于结束了""哎呀，真是好紧张啊""你刚才看到我讲的内容了吗"，当你以为自己在和后台的朋友分享你的感受时，殊不知还通过麦克风和全场的观众分享了你的感受，而此时评委正在给你打分，良好的讲解效果就这么被破坏了。

最后，通过以下这套训练方法，能让你的形体变得更好。

1. 靠墙站。背靠墙，尽量让身体的头部、肩、臀、脚后跟等部位贴向墙，每次站 10 分钟，可早晚练习。

2. 拉脖子。想象头顶有根绳子向上提并将颈椎拉直，同时注意做到不抬下巴，也不压出双下巴，两肩打开下沉，肚脐眼向后靠，尾椎骨向内收，尽量使颈椎、胸椎、腰椎、尾椎在感觉上成一直线，膝关节用力站稳，自然呼吸，有空即可练习。

3. 半脚尖站。两手轻扶椅背或窗台，双脚并拢，尽量夹紧，把臀部、肛门尽量往上提收，肚脐眼向内收，但不能憋气，自然呼吸。两肩尽量打开，脖子拉长，眼睛盯着一个点尽量不动，两嘴角往上翘，尽可能露出八颗牙齿，每次练习 2 分钟，可每天早晚进行，坚持一段时日。

4. 沉肩练习。两腿分开，两手自然放在身体的两侧，感觉肩上有石头压着，尽量往下沉，两手尽量向下伸去摸膝关节，随时可练习。

六、服装：如何用服装增强魅力

比赛服装穿什么，是一门学问，它占到观众对你整体视觉的 85%，你的着装将会影响他们对你的信任。科普讲解大赛作为一个正式的场合，穿着正式肯定比穿得随便一点更得体。

对于男士来说，所谓的"正式"非常简单：西装、领带、衬衫、皮鞋这 4 样少不了。

对于女士来说,职业点的裙子是不错的选择,款式可以多变,连衣裙加小西装的搭配,也是可以应付任何场合的绝配,穿上西装显得正式而职业,脱下西装显得高雅而得体。一个比较通用的原则是,你所在的单位的正式工装是什么,你就可以穿什么。这一条特别适合科普场馆、医疗系统、解放军、公安等。

着装的关键是简洁干净清爽。所谓"干净"不是指你的衣服干不干净,台下观众坐那么远也看不清你衣服有没有污渍,是不是很久没洗。当然,在正式场合,穿着干净没有异味的衣服是最基本的礼仪。这里的"干净"是指整个人看上是否清爽利落。头发梳理整齐,妆容整洁雅致,服装质感有讲究,衣服熨烫平整无褶皱。

通常来说,在正式场合,全身上下着装的颜色不要超过3种。这3种颜色分别是主要色、次要色、点睛色。颜色应该尽量保持精简,凌乱的颜色会模糊人的存在感,让人觉得缺乏专业度。比如,程序员喜欢穿格子衬衫配牛仔裤,其实这样的搭配在讲解大赛的舞台上也屡见不鲜,但这类选手都没给人留下很深刻的印象。

其次,高明度或高纯度的颜色会让人显得精神,让人感觉你的观点是清晰、准确的,非常适合在大赛的舞台上作为着装的次要色或点睛色。白、柠檬黄、淡黄属于高明度;三原色:红、黄、蓝属于高纯度。要特别提醒男士的是,正式场合西装可选藏青色、深灰色,不建议选择黑色。从严格意义上来说,黑色过于严肃,在正统西装文化中只有在极为庄重的场合中才会去穿着,比如黑色西服套装最为适用的场合就是:葬礼。而且黑色与大家的认知恰恰完全相反,它不属于服装的主流色系。

最后,合体比较修身的服装会让你显得更专业干练。不建议选择太短的裤子以及白色的外套,这样会让你看起来太过休闲。此外现在的比较流行搭配比如松松垮垮的衣服、袜子包着裤子等,都会给人一种随意不自信的感觉。

以下是些通用的着装注意事项:

不要穿着崭新的衣服参赛,你的身体还没有完全"适应"新衣服,这会让你感觉僵硬和不适。另外,还有什么比讲解中途弯个腰就导致纽扣掉落或衣服开线更让人尴尬的呢?就算是为了比赛新买的衣服,你也应该提前多穿几次,让它变得更舒适,方便你做更多的姿势。裤兜里不要放手机、杂物,鼓鼓囊囊的裤子会显得特别不利落。

七、如何在舞台上保持最佳状态

参加科普讲解大赛是一项持久战,它不仅烧脑,还要花费我们很多精力体力。从区赛、省赛、各系统选拔赛,到国赛,时间的跨度之大可长达数月。特别是2020年受疫情影响,部分地区从初赛到最终参加国赛足足间隔11个月之久。漫长的备赛时间会让选手疲惫不堪,精神压力变大。除了日常的沉淀积累、厚积薄发外,比赛前夕保持一个好的竞技状态也尤为重要。

以下的几点注意事项将帮助你建立更好的状态:

1. 相信自己。每个人都有不足的地方,可能声音不好听,可能经历没有别人丰富,可能道具没有那么生动,但不要拿别人的优点对标自己的短板,按照原先计划部署的内容,做好万分的准备才是最有把握的。无论遇到什么困难,时刻都要相信自己。

2. 好好保护你的嗓子。就算你没有服装,没有手势,没有幻灯片,但是你不能没有声音。比赛前半个月,作息规律,保护嗓子,你应该戒掉辛辣、油炸、刺激性食物,多喝热水,始终让你的嗓子处于温润的状态。甚至是做到少说话,嗓子不用就不会累,把声音全部留给比赛的讲述。临上场前可以喝一口热水,这将有助于你更好打开嗓子。不要喝碳酸饮料,更不要喝酒。

3. 蜂蜜柠檬热茶对咽喉非常好。咖啡、功能性饮料能使人感到亢奋。茶叶尤其是花茶能使人放松。如果手上什么都没有时,一杯热水是最好的。不要着凉、不要熬夜,不要吃上火食物,保持清淡寡素的生活,把一切的注意力都在比赛上。还要拥有健康的心理,有些选手赛前过于焦虑影响睡眠,所以要提前做好心理疏导,勿被赛前紧张、负面的情绪所干扰。

调整好自己的身体和心理,这将会影响你整个人的状态。

八、测试:你准备好登台了吗

下面的测试用于测评你登台时的表达能力。请根据下面每一项陈述与你自身的实际情况进行比较,判断自己的讲解情况。

1. 在进行讲解时,我会提供足以让观众相信的论据。

2. 我分析观众的需求,对他们的决策风格和对我的想法的接受程度进行评估。

3. 我的讲解内容有独特、创新之处。

4. 我有一段合适的开场白。

5. 我的原理讲解部分通俗易懂、深入浅出，能结合例子解析。

6. 我有意识地将讲解的主题限制在一个。

7. 我的讲解有权威研究支撑。

8. 当我引用故事、数据时，这些内容会给观众震撼，令人难忘。

9. 我鼓励观众根据我的讲解展开行动。

10. 我有意识地和观众建立积极的关系并加强互动。

第四章
聚焦内容：
管理观众的注意力

一、好的开场就是成功的一半

俗话说"良好的开端是成功的一半"，可以说一个好的讲解离不开精彩的开场，讲解开场白是讲者向观众传播的第一个信息，是与观众之间沟通的第一座桥梁。开场白，是讲解中非常重要的一个环节，它将直接连接现场观众的情绪、观点等需求。它决定了观众要不要选择听下去。一个好的开场白可以帮助你解决4个问题：1. 吸引观众的注意力；2. 激发观众的好奇心；3. 引导观众进入讲解场景；4. 建立良好的互动关系。

我想大多数的开场白是这样的："大家好，我是……我讲解的题目是……这个原理是这么一回事……"这是最常见也最保险的开场白，虽然观众不会排斥这类开场白，但是如果在比赛中一整天选手都以这样的方式开场，难免会让人觉得缺乏新意。

当你亮相在观众面前时，你有想过观众在做出是否听你讲解决定之前会在你身上花多少时间吗？目前已有研究告诉我们，你能利用的只有7秒，这是观众参与度最高的时候，此时的你在关键的这7秒要占据有利地位，要引起观众最大兴趣，一旦这段黄金时间过去，观众没有被吸引，他们的注意力会从你的身上转移到其他的人或物上，那么当人们认为你的讲解内容无趣或者不重要时，或许你就再也没有机会激发那些已经走神的观众的好奇心了。遗憾的是，我遇到过大多数的选手都会有一个通病，开场白往往都比较枯燥，一开口就让人能想到下面会讲什么。接下来的讲解就像一场艰苦的战斗，你要竭尽全力重新获得他们的注意力，但效果往往不佳。你要清楚，这个时代最稀缺的就是人的注意力，当观众发现手机上的内容比你说的内容更有意思时，当你看到台下坐着的都是低头的观众，这注定是一场失败的讲解。所以说，好的开场白至关重要。

比如 2020 年的国赛选手、来自广东科学中心符永浩,以评书的形式讲解了有关大数据的知识,他是这样开场的:

"庚子年初,疫起荆楚,神州大地共一心,前赴后继把病除,列位看官台前坐,听我把这故事说一说。上回书说到,这新冠病毒是来势汹汹,不出数月,就把地球染的一片赤红,一时间神州大地人人自危,当务之急便是赶紧派遣一名英雄深入病毒大本营,探虚实,辨真假,这位英雄正是鼎鼎大名的大数据。"

在开场白里,他先是简要回顾了 2020 年的疫情,再引出讲解主题:大数据。他的亮相十分有特色,全程于桌后讲解,道具配有折扇和醒木,服装为长衫,他以一种中国传统口头讲说表演艺术形式,不仅在内容上打动了评委,也在表现形式上吸引了大家的眼球,获得了评委与观众的一致好评。当你开始讲解时,你精彩的开场白将会为整场讲解奠定基调,所以你要有一个精彩的开场白,让观众为他们将要听到的内容做好准备。只要你一开始能抓住他们的注意力,激起了他们的兴趣,那他们将会对你接下来所讲的感兴趣,记住你的内容,比赛中的评委将会为你打高分。

如果在开场适当使用视频或图片,一定要确保能有助于讲者激发情绪,视频可以大幅提升观众的体验。但是视频不能太长,否则观众会变得不耐烦,观看视频的时间越长,观众会越难集中注意力,甚至会让观众产生一种究竟来我是听讲解还是来看短视频的错觉。曾经有一位选手在 4 分钟的时间里播放里 2 分半的视频,虽然视频制作精良,但是大部分的时间都是在观看他的视频,最终他的赛事成绩也不出意料的不尽如人意。建议播放视频时应保持同步解说,视频时间不宜过长,避免拖沓冗余,把控好开场的节奏。选取的视频要能让观众找到新鲜感,能快速吸引观众注意力,让大家的目光聚焦在台上。

关于开场白需要注意的地方:

1. 不要过多介绍自己。在讲解比赛中,最重要的是内容,而不是你个人,你是谁不重要,重要的是你说什么。讲者应尽量淡化自我介绍。某次参与评委工作,一位选手用了两页幻灯片以及满满的头衔来介绍个人荣誉与成就,1 分多钟过去还没进入主题,究竟这是面试现场还是讲解大赛?在讲解的舞台上,应以科普讲解为主,淡化个人过往经历,重点展示你的讲解内容与展示手法。不及时进入正题,观众会越来越不耐烦。我一般给选手的建议是在幻灯片首页的标题下方写上你是谁、来自什么单位就够了。

2. 不要在讲解中感谢任何人。"谢谢 CCTV,谢谢组委会,谢谢单位领导,谢谢父母,谢谢某某",这样的话是不是很熟悉,我在许多不同类型的比赛里都曾听过有人这样开场。他可能以为这样会很幽默,但是作为一个老段子,它明显有些过时而且让人觉得尴尬。如果是刚刚进入赛场的朋友,会误以为现在进行的是年度表彰大会。你不用在讲解的过程中感谢,等你拿奖了以后,你自然会发自内心感谢那些帮助过你的人。

3. 不要道歉。你可能也听过这样的开场白,"评委老师们,不好意思,今天有点感冒嗓子不舒服声音出不来""我准备的还不够充分,可能会忘词,请大家见谅",如果你没有做错事,你不应该道歉。道歉,只能说明你准备得还不够充分。讲解是有温度的,但赛事是冷酷的,如果你呈现的状态不是百分之百准备好了,那么在比赛中别人也会降低对你的期待。你一上台,你的讲解状态就应该是热情、自信、充满活力的,请积极展示你的正能量。

4. 从小事开始说起。讲解是一个爬山的过程,从山底下开始,结束于山顶。开场白就是开始爬山,半山腰就是你的原理解释以及各种材料支撑,山顶就是完美结束的地方。所以开场我们不可以一下子就拔到最高,我们的民族怎么样,我们的国家怎么样,我们的世界怎么样,这就像直接开直升机坐到山顶。你可以从身边的小事、人物、现象、细节说起,一步一步带领观众走向山顶。这比一开始就讲大道理、大概念要强 100 倍。

语言最迷人的地方,是别人记住你的话语并付诸行动时,你在无形中带来了改变,产生了影响力。一个精彩绝伦的开场,可以帮你的演讲拿到预判分。开场的方式有很多,提出问题、讲述故事、引用名言、插入图像、播放视频、数据展示、令人吃惊的声明、讲述个人逸事或经历、提供专家意见或证明、添加音效、展示实物、论据证明或成功故事。

接下来会和大家解析部分常见的开场白方式。

1. 提问

讲解是一个传递思想、普及科学的活动,如果讲者只是单纯的灌输知识,那么和工具有什么区别呢?爱因斯坦曾经说过:"提出一个好问题比解决问题更重要。"在讲解的开始提一个有价值的问题,就能引起观众的持续关注。

人的大脑有一个机制,只要他在听你说话时,只要一听到问题,本能就会驱

使他去思考。因此提问是一种非常常见的互动形式,效果很好。当然,一个好的问题远比好答案来得有用,当观众发现你的提问并不是那么有趣,他可能就对你的题目失去兴趣。比如你要是问大家,你们知道人为什么要喝水吗? 这个问题也许会引起一些观众大脑的反应,但是如果只是常规的介绍喝水的重要性,观众会失去注意力。也就是你的设问如果不具思考价值,不但会让现场陷入冷场,还会使观众失去注意力,认为你接下来讲的东西没有价值,对你的讲解效果会大打折扣。

用问题开始讲解是一种快速打开局面的方式,也是一种很好的互动方式。为了呈现出你更好的答案,首先提出好的有意义的问题显得尤为重要。只要一听到问题,观众的大脑就开始转动,有所反应。但每个问题都是有特定的目的,经过精心设计的。讲者想得到怎样的回应,想推动整场讲解向着怎样的方向发展,都要有针对性地设计问题,用问题吸引观众、引领观众,推动讲解取得预期的效果。

举个例子,比方说现在有一场科普讲座,你要向大家介绍维生素 C。如果你开门见山就说:"我今天跟大家介绍一下,维生素 C 对人体的重要性!"这种纯知识点的输出方式,听起来很不吸引人。讲解本质是一种沟通,但不是单向的沟通手段,单向沟通很容易变成单纯说教。只有互动,才能形成台上、台下的双向沟通,从而赢得观众的情感共鸣,带动观众的"脑动""心动"和"行动"。

所以,你不妨换一个方式,当确定了你想讲的主题后,你可以把它包装成一个令人好奇的问题。

比方说,你可以问:"大家有没有想过一个问题,为什么影视作品当中的海盗,永远都是一口烂牙呢?"好,当你问出了这个问题之后,观众的心里面就会嘀咕了,烂牙是怎么回事? 你要陪着他们的思维一起往下推测,你可以继续说:"影视作品里的海盗,一口烂牙,是因为当时的医疗比较落后吗? 那确实,在海盗的时代里,医疗条件比较落后,但是同时代其他行业,比如神父,比如商人,或者同样是水手的海军,就没有被刻画成一口烂牙。那是因为当时海盗太穷了? 可是海盗整天打家劫舍,不应该这么穷啊,对吧? 又或者,是因为海盗的身体就是很差吗? 那就更奇怪了,因为海盗明明是骁勇善战的人,不像是身体素质特别差的样子啊,对不对? 那到底为什么在大家的印象里,在各种影视作品的描写里,海盗都是一口烂牙呢?"好,说到这里,你不仅问出了问题,还把这个问题诸多可能性的答案,都帮观众一一排除了。这个时候,观众的好奇心就会被拖到一个比较高的位置,你就可以引出今天讲解的主题了,"都是维生素 C 的关系"。这就是通过抛出问题、引发好奇、引导思考,从而引出讲解主题。

以下几个例子是 2020 年国赛选手为开场白设计的提问:

王亚雯:"2013 年,一艘俄罗斯船只在南极洲被冰层围困,茫茫冰海急需救援,这时中国破冰船'雪龙号'来了,它驾足马力撞向冰层,可是这一撞却被卡住了,这场轰动一时的国际救援历经劫难,虽然最终成功,但也暴露出极地科考面临的世界性难题——破冰。破冰之路难在哪?"

伏天晖:"听,声呐正在搜索潜艇,潜艇必须保持隐蔽,稍有不慎,就会葬身海底。您知道潜艇在水下连续航行的最长纪录是多少天吗? 告诉您,90 天,并且这个纪录是由中国海军创造,在这么长的时间里我们的潜艇队员是如何与外界通信的呢? 今天就请大家和我一起了解一下潜艇通信的三大绝招。"

王灿:"今天我要为大家揭秘纸质文物的不老秘诀,我们常说爱美之心,人皆有之,就像各位美女们经常会在网上买护肤品,为的就是希望自己能够青春永驻、容颜不老,其实博物馆的纸质文物也有自己的一套不老秘诀,接下来我就带大家一起一探究竟。这里是红岩革命纪念馆的文物修复室,也是文物的美容院。桌案上就摆放着一本 1961 年手版的红岩小说,由于年代久远,可以很明显地看到纸张已经出现泛黄、发脆的现象,这是为什么?"

张琪:"屏幕中显示的画面发生在今年 7 月 23 日,中国航天人在这一天干成了一件举世瞩目的大事,大家知道是什么吗? 没错,正是'天问一号'火星探测器的成功发射,有一句响亮的口号叫作出发,去火星! 火星是八大行星中和地球环境最为相似的星球,它有太阳系中最高的山峰,更令人兴奋的是火星还拥有宽阔蜿蜒的河床,原来这个看起来干燥、荒芜的星球在远古时期也曾遍布河流,它为什么会变成如今的一片荒漠,火星的现在会是地球演化的未来吗? 人类能去火星居住吗? 有很多的疑问等待着'天问一号'去解答,但去火星不是一件容易的事,首先必须要解决的就是大推力火箭的难题。"

这几位讲者都是通过提出问题,引导观众思考,最后再切入主题,这些精心准备的问题不仅可以直切主题,而且可以瞬间吸引观众的注意力,激发观众的兴趣。

提问是开场白中较为常用的互动方式。提问的问题主要有两种分类,一种

是封闭式问题，一种是开放式问题。

所谓封闭式问题，是指提问者提出的问题带有预设的答案，回答者的回答不需要展开，从而使提问者可以明确某些问题。封闭式提问一般在明确问题时使用，用来澄清事实，获取重点，缩小讨论范围。封闭式提问所提出的问题经常使用"是不是""对不对""要不要""有没有"等词，而回答也是"是""否"式的简单答案。比如：

"科研和科普是不是同等重要？"（是）

"国家大力发展科技水平是不是很有必要？"（是）

"人才是第一生产力大家同不同意？"（同意）

开放式提问是指提出比较概括、广泛、范围较大的问题，对回答的内容限制不严格，给对方以充分自由发挥的余地。开放式问题常常运用包括"什么""怎么""为什么"等词在内的语句发问引起对方互动。请问提升科普传播能力都有哪些方法？当前我们在技术研发上遇到的瓶颈是什么？为什么环境保护如此重要？在讲解中，通常把封闭性提问与开放性提问结合起来，效果会更好。不过，有一点需要注意的是，无论是封闭式提问还是开放式提问，你都要自问自答。讲解中你不能在提出问题后真的向观众去要一个清晰的答复，你一看没人回复你就一直不说话等待，那场面就会很尴尬。抛出问题的本质是为了让观众一起思考，而不是故弄玄虚，更不是炫耀自己，这是一种请求，连接台上和台下共同思考的态度。在提出问题并适当停顿后，你自行解释就可以了。

2. 故事

人和人沟通的中，最成功的形式是讲故事。

人爱听故事是大脑基因留传下来的。大约在 100 万年前，我们的祖先开始掌握了对火的使用，这对进化有着深远的意义，火可以取暖，可以抵御野兽，可以用来烹饪，除此之外，火还有一个重要的作用，社交媒介。每当夜幕降临后，火光就会把人们聚集在一起，唱歌、跳舞、讲故事。他们讲祖先的故事，讲自己如何与野兽搏斗，讲今天在哪里又发现了新的洞穴等，人们就是靠讲故事传递经验，才活到了今天。这一幕你一定很熟悉，你看许多人去海边、去大草原，肯定得生个火堆围着坐下来，这都是老祖宗留给我们的习惯。

如果你要讲解的内容确实有可能颠覆观众的固有看法，最好先用一些故事或者案例作为开场白,使他们保持强烈的好奇心,产生听下去的欲望,吸引他们的注意。故事之后,你可以继续摆出相关的事实、数据、原理解释、应用,运用理性思维来阐述你的观点。这样,只要言之有理,你的思想就会通过故事入侵观众的大脑,不知不觉中,完成对他们认知的改变。故事是打动观众非常重要的技巧,比起干巴巴的原理,人们更喜欢生动有趣的故事。

故事作为开场白,可以借助故事本身的生动情节或新奇内容,吸引观众的注意。很多讲者在使用故事开场后,没有评论也不提问,错过了进一步抓住观众注意力的机会。

通过故事开场,讲者可以采用"时事评论"的方式,结合当下的热点新闻,以故事形式讲解吸引注意,通过提问引发思考,并对原理做出解释,最后升华内容。与此同时,一个好的开场故事可以在讲解中不断提及某个细节,通过原理的讲解,使稿件更圆润饱满。

以下几个例子是2020年国赛选手开场白时所使用的故事:

韩康:"2020年2月2日凌晨2点,集合的哨声划破黑夜,我们出发了,迈着整齐的步伐离开故乡,9点落地武汉天河机场,10点第一次看见这个城市,36个小时后火神山医院成了我的新阵地。老徐是我接诊的第一位患者,当见到他的时候他已经气管切开、呼吸衰竭,生命危在旦夕,面对这种情况我们拿出的终极武器就是人工肺膜(ECMO),人工肺膜通俗来讲就是人体之外的第二个肺,被誉为向死神要生命的人工肺膜到底是什么?"

徐伟航:"2020年5月27日,2020年珠峰高程测量登山队最后一次向峰顶发起冲击,为什么要测量珠峰?精确测定的高度有助于科学家研究地球板块的运动规律,使我们对地球的认识更加深刻。如何测量珠峰的身高?一个人的身高是从头到脚的距离,珠峰也是一样,珠峰的脚在青岛观象山的中华人民共和国水准原点,可是它离珠峰的距离太远了,因此我们把珠峰高程测量分为两个阶段,两个阶段的高度相加就是珠峰的实际高度。"

包鹏:"在全国开展'一盔一带行动'的背景下,我用这个题目是不是有人觉得有点血淋淋,别着急,因为4分钟后您一定不会觉得我在夸张,首先给大家讲一个小故事,在1902年纽约举行的一场汽车比赛当中,几名车手为了防止被摔出高速行驶的赛车,用几根皮带将自己和同伴拴在座位上,很遗憾,比赛时发生意外,赛车冲入观众群,并造成两人丧生,数十人受伤的事故,让人惊讶的是这几

名车手却由于皮带的缘故死里逃生,这几根皮带就是今天安全带的雏形。"

高鹏:"说到台风人人都知道,但提到东风波大家可能并不熟悉,2019 年 7 月 3 日凌晨,宁波市宁海和象山被一场突如其来的猛烈降水击中,宁海一处工棚被暴雨引发的山洪冲垮,而就在一小时前工棚内的 30 名人员紧急撤离,与死神擦肩而过,惊险程度堪比电影大片。时间调回到前一天晚上 10 点左右,宁波象山附近海域突然出现一块可疑云团,预报员们敏锐地发现短短几小时前,它还是一块不起眼的云系,而现在它已经变成一个螺旋状的云团,7 月 3 日凌晨,它像爆米花一样突然膨胀起来,并偷偷靠近宁波沿海地区,暴雨倾斜而下,制造这场突发大暴雨的元凶就是今天的主角东风波。东风波到底是什么呢?"

完整的故事要包含基本的要素,要有明确的主人公、时间、地点,以及故事发生的原因、结果和讲者要传达的观点。这几位讲者的故事都清楚交代了这几点。其中,韩康的故事让人印象较为深刻。因为他的故事不仅和大家关注的疫情有关,也非常贴合大赛的主题,共鸣点很强,最终斩获了一等奖。好的故事一定是你亲身的经历,其次是身边的家人、朋友等发生的故事,或者历史上真实发生的事情,通过故事引出讲解的原理就会非常吸引人。

如果讲者不知道该如何收集资料,那么你不妨找出和这个话题或原理相关的故事来展开,通过这种方式让自己的观点更吸引人、更有深度,也会让自己快速进入讲解状态。

3. 互动

成年人和孩子在学习上最大的区别是,孩子能接受直接讲授的知识,而成年人更倾向于实操,喜欢动手去做。一场讲解中,如果只有讲者单方面输出,是比较单调的。在讲解中加入各种互动,让观众形成模仿式的互动,能够激活观众的注意力,并增强观众的参与意识。需要注意的是,因为时间有限,互动形式不要过于复杂,幅度也不要过大,以免引起现场混乱。

互动的形式主要有以下几种:

(1)提问。刚刚已经讲过,此处不再赘述。

(2)举手投票。这一方式常用来支持讲者的观点。投票可以用于调查观众对某话题的了解程度,也可以用来调查观众的立场。从了解观众立场的角度分类,可分为正面投票和反面投票,即赞成票和反对票。注意一定会有观众即不投赞成票,也不投反对票,他们是习惯性的沉默者或是中立者,他们的存在给讲者操纵投票留下了空间。

比如现场有 50 名观众,可以这样问:

认为科学给世界带来改变的请举手。(38 人)

认为科学没有给世界带来改变的请举手。(4 人)

弃权。(8 人)

这时选择哪一种投票方式,就取决于讲者的讲解观点,如果观点是支持科学有用,就可以用正面投票,进行你的讲解;如果是相反观点的,你就可以选择反面投票,并且承认这些讲者的投票方式。不举手的人通常属于被代表的一派,他们中立的态度都可以归纳到你讲解的观点中。在要求观众举手的环节时,许多人会发现台下举手的人寥寥无几。这是因为你缺少关键的一步:你在要求别人举手投票时,你一定也要举起手,并且让别人看到你举手。人总是善于模仿的,观众看到你举手他们会跟着一起举手,从而形成良好的互动效果。

(3)参与示范。参与是一种常用的方式,可以让几位观众参与,也可以让所有观众参与,可以让观众上台参与,也可以在座位上参与,但需要控制好时间。不建议邀请观众上台,因为比赛场地的大小和你演练的场地会有所不同,时间把控上有超时的可能性。可以让观众在座位上,你指挥他们做一些动作,通过动作参与引导他们进入讲解的主题。

比如 2016 年国赛总决赛选手徐湮是这样说的:"今天就请大家跟我一起来做三个实验。首先,举起右手中间的三个手指,轻轻地放在喉咙的位置,和我一起说:'奇特怪异的声音。''1、2、3,奇特怪异的声音!'各位,有没有感觉到什么?没错,我们感觉到了喉咙在振动! 当我们说话的时候,空气经过喉咙,到达声带的位置,使声带产生了振动,便有了声音。不仅是我们说话的声音,所有的声音都是由振动产生的!"

通过现场互动的示范,让整个讲解更加生动、准确,有说服力。现场示范对讲解来说发挥了极大的作用,让复杂原理的传达更加清晰简单。一方面,示范可以让内容变得直观、形象、易懂,更好地帮助观众了解讲解内容。另一方面,示范还在一定程度上增加了讲解的互动性,激发观众的兴趣与注意力。

示范可以放在讲解的开始、过渡、结尾,通过多种表达技巧反复抓住观众的好奇心。讲者在互动参与的过程中,要事先多加练习,确保动作的清晰和简约,

不要添加多余、不必要的动作，以免通过动作给了观众错误信息。在进行示范的同时，讲者要及时地用自己的语言对示范进行解释说明，语言要准确，这样才能保证观众对于看到的和听到的是一致的。

除了引导观众动手以外，也可以引导观众动脑去想象，通过场景的描绘导入主题，这样做法可以引导观众入戏，生动而形象。

比如 2020 年国赛选手张挺是这么说的："地球，是一颗充满活力的星球，每天都会发生上万次大大小小的地震，每当地震来临时，住在大楼里的我们也会跟着晃动起来，而且随着楼层的不断提高，晃动的幅度也会更加剧烈，现在请大家跟我一起想象一下，假设我们身处 632 米高的上海中心大厦，此时突发地震，再加上高空横风的作用，大楼会开始晃动，是不是非常可怕。别担心，为了解决这个问题，科学家们给出了解决办法，请看这一件造型优美的雕塑。"我相信这时观众都把目光聚焦在他所说的雕塑上，通过邀请大家动脑想象，运用场景描绘的方式，虽然此刻我们不站在高楼顶，但是在他的讲解中，我们仿佛置身于高楼顶，感受到大楼的晃动。之后他再通过讲解引导大家进入主题。

最后提醒一下，使用互动的要点是讲者始终要把控制权掌握在自己手中，避免互动过度而场面，更不能为了互动而互动，不要忘记你互动的初衷和目的，一切方式方法以达到讲解目标、增强讲解效果为出发点。

4. 悬念

每一个人都希望自己在台上讲解时，是观众的焦点，是亮眼的明星。而实际情况是大多数人在讲解时，台下观众会觉得十分乏味，产生不了兴趣，这是缺少使用"悬念式"的说话技巧。那些懂得抓人耳朵的讲者，从来不会平铺直叙地讲枯燥的科学原理，而是不断地想办法吊起别人的胃口，他会在开始时抛出一个悬而未解的问题，引发观众强烈的好奇心，观众的心里都会在想"为什么会产生这样的现象？""这个原理是怎么回事？""后来呢？"

人有强烈的探索欲和思考精神，好奇心是人类的天性，一个前所未闻的事物，一段从未有过的经历，一个不按常理出牌的现象都能很好地吸引观众的注意力，一旦他有了疑惑，就非得探明究竟不可。讲者可以在开场设置悬念，适当抛出悬念，使观众有继续听下去的欲望。当然，制造悬念不是一直故弄玄虚，吊着别人胃口，而应该在恰当的地方解开谜底，满足对方的好奇心，让观众保持兴趣听下去。所以，在讲解中，为了激发观众对科学的好奇心、探索欲，讲者要改变开门见山的讲解方式，将一些信息隐藏起来，留有悬念。

笔者参加 2014 年首届全国科普讲解大赛总决赛时讲的主题是《船吸》，开场是这样设计的：

"屏幕中的图片，相信在座的各位都不陌生，这是一部非常经典的电影《泰坦尼克号》。1912 年 4 月，这艘世界第一大邮轮，号称连上帝都无法让它沉没的'泰坦尼克号'，在大西洋上撞到冰山沉没了，成为了 20 世纪最惨重的灾难之一。"

"但是它今天并不是我们的主角，因为就在那一年的秋天，'泰坦尼克号'的姐妹号'奥林匹克号'，在太平洋上也发生了一起重大事故。当时，'奥林匹克号'正在大海中航行，正巧，不远处'豪克号'和它几乎是平行地高速行驶着，突然之间，'豪克号'像着了'魔'一样，调转了船头，猛地朝'奥林匹克号'直冲过去，就在这千钧一发之际，无论舵手如何操纵都没有用，水手们只能眼睁睁地看着它撞向奥林匹克号。究竟是什么原因导致了这次灾难的发生呢？"

"在当时，谁也说不上来，就连海事法庭在处理这件奇案时，也只是糊里糊涂地判了'豪克号'船长指挥失误。"

"在解释这次事故前，我们不妨做一个实验，用手拿起两张垂直的纸，对着中间吹一下，大家说这纸是分开？还是合在一起呢？根据我们的直觉认为，纸可能会被吹向两边；但事实真的如此吗？请看！这两张纸居然向中间靠拢了。这是为什么呢？"

笔者在开场时先用了"泰坦尼克号"和"奥林匹克号"的故事作为引子。如果直接讲"奥林匹克号"，观众会比较陌生，但是"泰坦尼克号"就比较耳熟能详了。再通过一起两艘轮船在大海中相撞的事故，向观众抛出了一个悬念，是谁制造了这起悲剧？然后通过道具和现场的观众再一次拉起互动，留下第二个悬念，为什么纸会中间靠拢而不是向两边分开？最后进行原理解释、应用介绍，详细讲解了伯努利原理。

笔者在参加全国科技馆辅导员大赛时撰写过一篇关于共振现象的稿件也使用了悬念：

"整齐的队列，雄健的步伐，常常是军队高度组织性、纪律性的象征。

然而，在世界战争史上却记载着不少部队齐步过桥的悲剧。19 世纪初，法国的拿破仑率军入侵西班牙。其中一支部队要从一条铁链悬桥上通过，随着指

挥官的洪亮口令,士兵们迈着整齐的步伐行进在桥面上,悬桥开始剧烈地上下振动起来。当队列前面的士兵即将到达对岸的时候,悬桥突然断了,桥上的官兵和市民纷纷落水,死伤惨重。到底是什么原因造成了这次事故的发生?"

设置悬念通常在讲解开头,或者是讲解的前半部分。在开场白中制造悬念,能在一开始便激发观众的强烈兴趣和好奇心,勾起他们探究的欲望。而在后续的讲解中,一步一步解开悬念,让观众的好奇心得到满足,实现前后呼应。

这是一种高阶位的讲解,它可以有推理小说般的结构,讲者抛出悬念开始讲解,然后通过科学原理介绍解决办法,直到观众恍然大悟,再加上现实生活中使用的例子,将会紧紧地吸引观众的注意力。这就是设置悬念的魅力,能够激起观众极大的好奇心,产生意犹未尽的感觉。

就算你的讲解不是讲故事,是一次严肃的学术讲座,你同样可以设置一些悬念,你可以准备一些你自己擅长但是观众无法回答得上来的问题,营造一种悬念的感觉,或者把一些常人不容易接触到的事分享出来,可以获得意想不到的效果,抓住观众的注意力。

5. 道具

一场完整的讲解比赛应该包括三个重要组成部分:讲者、观众、传播媒介。对于传播媒介来说,除了作用于观众听觉的语言以外,讲者还可以借助视觉工具——道具展示、多媒体图片和视频,调动观众的多重感官,给观众带来不同于一般讲话的视觉体验,让讲解内容更加丰富立体。

讲解,不但要"讲述""解释",还要通过各种辅助手段增强视觉化效果。讲者可以借助道具的力量,对自己的讲解主题进行补充。道具可以调动起观众的积极性,甚至让他们参与进来。比如,你在描述一个物体的时候,就可以把这个物体带来现场或者在屏幕中展示给观众,增强视觉效果,让你的描述更具象。

TED大会(指 Technology、Entertainment、Design,即技术、娱乐、设计)上,比尔·盖茨有一场关于疟疾的科普讲座让我印象深刻。他的讲座主题是关于疟疾是如何通过蚊子传播的,他边说边打开一个装满蚊子的罐子,他的这一举动让在场观众着实吓了一跳。当天来了不少观众,那些观众后来反映说:"当我们离开这间屋子时都要得病。"有人则抱怨:"坐在第一排真是太郁闷了。"这就是借助道具实现的现场效果。道具在一定程度上激发观众的兴趣,吸引观众的注意。选取一些和讲解主题有关的讲解道具，寻找切入点，在适当的时候拿出道具进行操作与展示。如果场地允许，未到需要展示道具的时间，可先隐藏好道具，一开始就把道具放在桌上，观众的注意力会被分散，他们会一直想，这个东西有什么用。

道具的选择上一定要慎重，如果选得不够恰当，反而会扰乱信息的正确传递，降低讲解的可信度。讲者在选择道具时，要考虑道具操作的可行性，场地是否有利于道具展示，操作起来的难易程度，操作的时间是否会影响整个讲解的时间，如果比赛地点在外地，邮寄是否有难度。全面考虑才能确保道具运用的可行性。有一位选手从北方来到广州，通过本地同行协调来了一辆一吨多重的机器车，考虑到舞台承重有限，最终组委会没有批准他在比赛中使用这辆道具车，而讲者不得不临时拍摄视频应急，影响了道具的呈现效果。因此，一个小道具就能让讲解化繁为简，最大化突出讲解原理特点。

讲者在道具展示的过程中，要确保始终处于和观众交流的状态。一些讲者在借助道具之后，会把过多的注意力投入到道具的操作上，从而忽略了观众。这样就让讲者与观众之间缺少了眼神的交流和语言沟通时的对象感。曾经在一场比赛中，一位医学生讲与急救相关的内容，在讲到心肺复苏技巧时，她带了一个假人道具，并且现场进行了展示，她念"1001，1002，1003……"足足念了两分多钟，一直沉浸在道具的使用中，没有对观众做进一步的讲解，这就把讲解的对象本末倒置了，道具应是讲解的辅助工具。在讲解中不要过度使用道具，这会分散观众的注意力，无论何时，你都是大家的焦点，不应该被别的信息占据注意力。

6. 数据

数据无处不在，我们无时无刻不在以各种形式消费数据。公众号推送文章的"在看"数、朋友圈的点赞数、在线视频的播放量，对于想用数据来产生影响的人来说，把数据直观化变得越来越重要。在讲解材料的收集中，数据是一个极具说服力的材料。

虽然使用数字或其他类型的数据看起来有些枯燥乏味，但如果用得好，这些统计数据可以有效地介绍你的主题。关键在于使用清晰、精确和相关的信息。可靠的数据将你的讲解放进了一个具体可信、无可辩驳的框架中。数据是许多人在讲解沟通中喜欢使用的方式，它不仅作为可信的材料支持你的讲解，关键是会使你接下来所说的话都有了可信度。显而易见，你想表现得很有把握，你就要

找到统计的数据来支持你的观点,而不是你认为会给观众留下随意、模糊的事实。

当台下观众需要意识到一个问题有多重要时,数据是一个很好的开场白,更好的方法是你介绍了这组数据后,还有对数据的分析,这将进一步加强你所讲内容可信度。以下是几位2020年国赛选手在开场时所使用的数据:

陈鑫:"新冠疫情肆虐,其他烈性传染病伺机而动,8月内蒙古发现鼠疫病例,9月广西报告登革热病例,叠加输入风险不容忽视。据世界卫生组织公布,每年虫媒传染病在全球造成10多亿人感染,100多万人死亡,是谁在为病原体做媒,蚊子就是其中之一。全世界已经发生的虫媒病毒有535种,其中300多种可以通过蚊子携带到世界各地。说起蚊子传播疾病这事,得从它的吸血过程说起,我们在解剖镜下观察蚊子用来吸血的部位,这不是一根针,而是六根针,这六根针是一系列高度特化的腹针,两部分底端带有锋利的刀片负责划开皮肤,两根细长尖锐如同西洋剑的针负责分开皮肤组织,再将麻醉唾液注入人体。"

敖仕锦:"根据国家质检总局和国标委发布的医院负压隔离病房环境控制要求,火神山医院负压病房内的压力与外界清洁走廊仅相差15帕,在近地层每升高90米,也就是约30楼的高度,大气压下降1 000帕,换算一下,下降15帕也不过是升到1.35米高的地方,也就是台上和台下的距离,不过现在确实有点喘不上气,但并不是因为气压小,而是因为心理压力大。这些气压差对患者没有影响,不过对于微小的新冠病毒来说就可以牵着它的鼻子走,气压差的小小原理,却在与新冠病毒的凶险斗争中发挥了大大的作用,为医护人员筑起坚固的隐形堡垒。火神山医院布设负压病房408间,收治病人2 011人,创造了1 400名医护人员零感染的奇迹,在负压病房的背后,是建筑工人日夜奋战,是白衣天使逆行出征,是亿万人民众志成城,更是不屈不挠的英雄中国,是科技支撑的强大中国。"

要想用好数据,还要注意以下3点:

(1)数据惊人。一个惊人的事实可以震撼你的观众,让你和你的主题,从大多数讲者中脱颖而出。比如,有段时间我特别喜欢吃麦当劳的芝士汉堡,觉得乳酪特别香,而炸薯条我不怎么吃,因为我知道吃炸薯条特别容易发胖。直到后来我看到了一组数据,乳酪的发胖程度丝毫不亚于油炸的食品,每当你吃了100克的乳酪时,你的体重会增加 200 克。像巨无霸这种含有两片乳酪的汉堡,吃一次就要胖 1 斤了,需要慢跑 10 千米才能消耗掉,这是个令我震惊的数据。于是我在和别人分享西式快餐时,用了这么组数据开始话题:"你知道吗,吃 100 克麦当劳的奶酪,你的体重会增重 200 克!"很多健身的朋友听了这组数据后,都表示不想再吃有乳酪的食物了。使用数据是为了让观众震惊,震惊是为了让他们留下印象,如果他们在情感上感到惊讶,就会使他们在理智上受到影响。一个震撼人心的数据,它的内容必须是超越常识的。像一天要喝多少杯水这样的常识话题,就难以引起观众的兴趣,你找到的数据必须要给观众带来冲击力。当你抛出一个大多数人都没有意识到的数据时,实在等于为他们生活增添价值,自然会给他们留下深刻的印象。

(2)数字要小。数字如果太大的话,观众不容易理解吸收,应该缩小范围,数字越小越精确,可信度与可记忆性就会提高。为了更好地理解数据的作用,我们看一下这两句话:

讲解一:2019 年初,世界卫生组织最新数据显示,2018 年全球因烟草致死人数高达 600 万,平均每 6 秒钟,就有一个吸烟者死亡,吸烟者的平均寿命要比不吸烟者缩短 10 年。在早亡的成年男性中,有 1/3 以上是因为吸烟,若不加以控制,在 2030 年因吸烟死亡的人数将超过 800 万,现在的吸烟者中,30 年后会有一半死于吸烟相关疾病!

讲解二:全球因烟草致命的人数很多,每天都有很多人死,寿命比不抽烟的人更短。

对比这两段话,我想大多数人会认为第一段话更有冲击力。这段数据引用了权威结构的报告,展现了大量的数据,虽然百万对于大多数人来说是一个庞大的数字,不但难引起观众的共鸣,反而会使他们无动于衷。但是文中缩小了数据范围,将统计数据缩短到 6 秒钟,突出死亡人数,使情况显得更加紧迫,让观众意识到,死亡事件正在发生,这让人记住了数据的同时也能感受到抽烟所带来的巨大伤害。

第二段话因为没有使用数据,能让人记住的内容并不多。人们只会记得很多,但是不记得有多少,不利于对观众产生影响力。

有人说,就算你用了大量数据支撑你的主题,观众记住的也只是主题,数据会很快被遗忘。但这有什么关系呢?我们引用数据的目的就是为了支撑论点,

只要让观众意识到"这个论点有数据支撑，真实可信、具有权威性，能给观众带最直观的感受"就足够了。

2019 年国赛总决赛选手皮婉楷使用的较小数据的开场白非常吸引人：

"今天我要给大家分享的题目是《1.5 不能再多》。1.5，单单这个数字听上去平平无奇，不如我们试着给它加上几个单位吧。比如给孩子量身高，发现他长高了 1.5 厘米，心里肯定希望他能长高更多。又比如，单位发了年终奖，1.5 万，大家还想要更多吗？再比如，感冒了，体温升高 1.5 ℃，这下应该都不想要更多了吧。

那么，如果说全球气温要升高 1.5 ℃，我们又应该给出什么样的反应呢？2018 年 IPCC 发布报告称，全球气温升温需控制在 1.5 ℃以内，否则地球在 2030 年将会迎来毁灭性的气候灾难。前阵子很火的电影《流浪地球》相信很多人都看过吧，有没有想过有一天电影当中末日灾难的场景真的会出现在我们的面前呢？千万不要小看全球气温变化，它带来的影响多到你数不过来。

台风'山竹'大家还记得吧？它席卷过的地方损失惨重，登陆菲律宾造成 40 多人死亡，而恰好在它登陆菲律宾的同一天，美国也遭受到飓风'佛罗伦斯'的袭击，造成美国 50 多万户家庭供电中断，死亡 30 多人。研究表明，气温每升高 1.5 ℃，台风就可以多容纳 10％左右的水汽，从而积聚更多的能量来加剧暴风雨的形成，也就是说如果气温持续升高，今后我们的生活中一定会出现更多比'山竹'和'佛罗伦斯'还要可怕的台风。

海水温度升高，台风能够借机壮大自己的能量，但是同样以海洋为家的鱼类就没有这么幸运了，研究表明，海温过高，鱼和鱼的食物都将无法生存，过去 80 年因为气候变化已经导致全球可供捕捞的鱼类减少了 140 万吨，相当于 15 艘重型航空母舰的重量，而鱼类资源的减少会直接威胁到世界数百万人的生计，还会使得海洋生物的种类越来越少、越来越少。"

这些数据可以让观众清楚、明白地了解到全球气候变暖所带来的影响。1.5 是个小数字，讲者以小见大，讲解了温度上升对全球环境带来的变化，使观众能更直观地了解减排二氧化碳的重要性。

（3）数据要准确可靠。如今网络上的讯息泛滥，常常会张冠李戴、含糊不清，甚至虚构编造，这些经不住评委、观众的考验，因此你需要将搜集到多项数据进行对比，找出准备数据。

所使用的数据最好与一些具有较大影响力的人或事件相关,是人们有所熟悉的。恰当地使用数据,可以很好地说明你所表达的观点。但是,滥用数据容易产生相反的效果,引起观众大脑混乱,使用数据要适度。

总而言之,要想在讲解中迅速地吸引观众的注意力,应该在开场白中,通过描绘一个"异乎寻常"的场面,描述一个"耸人听闻"的故事,述说一个"令人震惊"的数据,设计一个"悬而未决"的问题,达成"此言一出,举座皆惊"的现场效果,这样一来,观众自然会把注意力放在你身上。

二、内容为王:如何做到通俗易懂深入浅出

所有表达的基础都是内容为王,讲解也是如此。在讲解比赛中你可能会有最棒的动画过渡、高品质的照片、非常复杂且具有视觉冲击力的设计、丰富的肢体动作,但如果讲解内容空洞无物,那一切都是徒然。你的讲解是有目的的:你在传播科学思想和科学方法。内容就是你希望观众理解并记住的东西,它是你的重要观点、你的中心思想和态度。

当你站在舞台上面向一群人时,他们也有自己不同的看法和观点,无论你告诉他们什么,无论你想展示、教育、说服观众,一定要确保你的内容有说服力、可信、有趣。如观众觉得你所说的并不重要、引不起兴趣,他们就会开小差,你在舞台上看到他们很认真地盯着你,但是他们心里会想:什么时候是下一位? 即使他们对你所说的内容感兴趣,但你说的方式引不起他们的兴趣,他们还是会开小差。所以怎么说? 说什么? 将决定了大家的注意力。

你说什么很重要,但怎么说更重要。笔者认为科普讲解有别于景区讲解最大的一点是,景区讲解讲了这是什么(what),而科普讲解要在这个基础之上加入为什么(why),解释清楚是什么原因造成了这个现象或问题,如果能在加上一个怎么做(how),结合一个实际应用,这将会为观众收获知识与习得技能。

讲解比赛都需要有一个重要的观点,你所有的讲解应该围绕这个观点聚焦,你需要运用故事、案例、互动、道具、情感等技术展示这个观点。

永远不要想着面面俱到,把所有的材料集中在一个原理要点,观众理解起来会更容易。一定要放弃"这个原理太重要了,我一定要把每一个细节都解释清楚",把所有内容都囊括在一次讲解中,那么你的观众可能最后什么也听不明白,

道理就是这么简单。你的讲解也不仅只是展示美丽的图片、动感的视频,而是能从你传递的信息中收获价值,激励前行,做出改变。

我们在前边探讨了很多表现力的技巧,但是接下来的时间里,我们更想聊的是舞台的灯光、麦克风关闭后,你为观众留下了什么?你想为他们创造了什么样的记忆?这些感受是随着你的离开结束了,还是许多年后依然能想起某个时刻台上的你?好好思考一下,你为这次讲解创造的稿件,有没有为观众留下什么?找到这一点,你就已经和大多数人不一样了。

1. 为什么你的观众会走神

笔者在组织赛事过程中,发现部分选手的表达虽然有明确的主题、核心的原理,但是内容杂乱无章,东拼西凑,毫无逻辑。人的思维发散属于一种创意行为,但如果讲解过程天马行空,想到什么说什么,就会使观众找不到你的重点,没有兴趣听下去。如果讲者能使用内容结构,把零碎的内容以一种逻辑清晰、层级分明的结构去讲解,将会使观众更好接受你的信息。

内容结构最早是由古希腊哲学家亚里士多德在其公元前 4 世纪的著作《诗学》中定义的,或者说,至少最早是在那时被编入的。当时的艺术形式主要是史诗、悲剧和喜剧,他发现三幕结构的故事反响最好,也就是由开头、中间和结尾组成,或是由命题(观点)、对立面(对立的观点或情节)和综合(结合在一起)组成。从那以后,学者和艺术家继续发展这种令人着迷的简单结构,他们将第一幕命名为"设定",将第二幕命名为"冲突",将第三幕命名为"解决"。事实上,好莱坞编剧和电影剧本作家也为我们更好理解内容结构做出了大量的理论和实践贡献。

科普讲解也一样,没有结构的讲解内容就像一盘散沙。不清晰的层次表达,不但会破坏讲者的思路,更会让观众一头雾水,摸不清讲解主旨,这是观众不愿意听下去的原因之一。

如何搭建科普讲解的框架结构呢?我们可以将一场讲解分为开头、主题、结尾三大部分。开场白部分是让讲者和观众之间建立同感,引入整体。主体部分是讲解的核心,其主要内容是讲者有层次地向观众展现对客观事物的认知过程,使观众学习到科学知识、掌握科学思想等。

使用框架结构要注意按照人们习惯的思考方式进行,而不是以知识的树状结构来讲解。大部分人的思维是线性的,而不是树状的,更不是网状的。线性的思维有两种,第一个是"问题—原因—方案"。比如你要讲关于全球气候变暖的主题,那么第一步你就要先说,全球气候变暖使我们生存的环境遇到了什么问题,通常这种问题描述的越严重,和当天在座的观众关联度越大,越能吸引人的注意力;第二步你就要解释,是什么原因造成了环境升温,这是讲解原理的部分;第三步你就要给出解决方案,全球气候变暖的解决办法我们可以这么做,提供了你的方案后你还可以号召大家一起行动,保护家园。

而如果你用树状结构来讲,就会变成这样:全球气候变暖的原因主要分为几个方面,原因有几种,每种的原因是什么,解决这每一种的原因是什么,你还没讲完,听众就睡着了,4分钟完全不够用。讲解,是你为了帮助听众理解某个科学知识,而不是只顾着自己表达。

另一种线性思维是"现象—原理—应用"。你可以先向观众描述一种现象,接着讲解这种现象所产生的原理,最后告诉大家这种现象在生活中还存在于什么地方。笔者当年讲解伯努利原理时就运用了这个框架。首先,我告诉观众两艘船在大海中正常行驶却无故发生碰撞的现象。之后我邀请现场的观众做了一个游戏互动并结合这个事故原因进行了原理解释。最后,告诉观众生活中的飞机、乒乓球削球、香蕉球都和伯努利原理有关。

框架结构的本质不是你在讲,而是帮助他去听。观众得到一个知识,接受一个观点,有他自己的规律和逻辑,你不能光顾着讲自己想讲的内容,你要按线性思维一步一步设计讲解,引导观众到达你指引的方向,让他参与到你的讲解里。

2. 怎么讲原理观众才会听

讲解中的很多概念可能晦涩难懂,讲者要对此作出形象的阐述。但此时,讲者也容易陷入"知识的诅咒",也就是因为你本身具有这个领域的丰富知识,想当然地认为观众也具备同样的知识或较高的知识储备。在这一前提下,即使讲者自认为作出了详细的讲解,在观众看来仍然是难以理解的。

为了让观众可以接受我们的讲解,你可以采用以下方法:

(1)通俗易懂,深入浅出。在讲解中,并不是专业的名词、高深的原理显得有科学性,科普讲解恰恰是简单易懂的。你可以找出核心的科学原理、合并同类型的数据、提炼核心关键字,简化内容。一般而言,讲者在讲解过程中要尽量减少专业的概念或术语。霍金就曾说过:"科普书里每多一个公式,就会减少50%

的销量。"但是在很多情况下,由于讲解主题的需要,你不得不提出晦涩的概念,那么此时你该将概念形象化,向观众做出很好的解释,避免影响讲解的效果。

在笔者看来,通俗易懂的关键在于你所讲的内容有没有结合观众的过往经验。人对知识的吸收是在接收到信息时会优先和自己的经验联系,在原有基础上进行认知升级,这就是由浅入深。如果你向观众讲述一个和没有任何关系的内容,就会增加他对这项内容的理解难度。

尽量使用受众听得懂的语言,在语言上完成科学术语向大众用语的转化,尽量避免技术词汇和复杂的概念,要使用常用词语和一些较流行的口头词汇,使语言富有生气和活力,更接近普通观众的习惯。要做到深入浅出,自己要先深入研究掌握科学原理的规律,如果没能吃透内容,不仅会影响你的讲解效果,让你始终处于一种背诵而不是向别人讲述的状态,而且在评委问答环节,你会因答不上评委提出的问题而影响得分。

(2)形象直观,言之有物。语言要具体形象,所描绘的事物要让受众听得明白,并能产生联想,具化了的事物可以使观众产生兴趣。把一个抽象的东西,用一个具象的东西做类比;把一个不熟悉的东西,用一个熟悉的东西做类比,很容易产生"画面感",使观众更易理解。类比是在讲者于观众之间架起一座桥梁,通过指出共有的特征来说明两件事情的相似,它可以将人们不了解的内容通过与人们熟悉的内容做比较,来帮助理解未知事物。

2016年国赛总决赛选手姜舜讲解防弹衣主题时,就运用了这一技巧:"防弹衣里面通常是用32层或者更多层的超高分子聚乙烯纤维编织连接而成,它除了利用原料纤维固有的高强度和高抗张力性外,还利用了编织成型后纤维间的相互作用力。所以,从这个角度看,防弹衣就像是这张球网,而子弹则像是足球。当运动员射门时,足球承载的巨大冲击力就像一颗脱膛而出的子弹,而当足球触网的瞬间则像是子弹击中了防弹衣,最后足球被拦停下来,则像是防弹衣挡住了子弹。我们再来看一下连续的过程:射门、触网、拦停。"

2020年国赛总决赛彭李博也用了类比的形式:"如果把我们的身体比作一个花园,健康的身体中好细胞就是生长非常茂盛的植物,癌细胞就是枯萎发黄的植物,患有癌症的身体就像枯萎发黄植物越来越多,给整个花园带来灭顶之灾,手术相当于用铁锹铲除枯草以及周围的土壤,化疗相当于对整个花园喷洒除草剂,放疗相当于在花园上加了一个放大镜,增强阳光的照射,使枯草枯萎。免疫治疗呢？免疫治疗可就不同,免疫治疗是相当于在土壤里添加一种特殊的肥料,既能除草,也能肥沃土壤,作为免疫治疗中的代表药物 K 药和 O 药使用起来是不是特别麻烦？其实就和平时在医院打点滴一样方便,半小时就可以完成输液,这些药物进入人体之后又是如何发挥作用的？其实就牵涉到人体这套非常强大的安保系统。"

需要注意的是,一篇稿件中类比的技巧不可使用过多。过度的类比会使观众大脑里产生大量的画面,影响他的注意力。

(3)简洁精炼,铿锵有力。使用短小句式,用词尽量简练,讲解不宜使用过长的句子,因为句子长、词语多,如果不熟练或停顿等处理不好,讲者会感到力不从心,受众听起来也会觉得吃力。还要把握好语气的着力点,要干脆利落,掷地有声。永远不要想着面面俱到,把所有的材料集中在一个原理要点,这样观众理解起来会更容易。一定要放弃"这个原理太重要了,我一定要把每一个细节都解释清楚"。一次性想把所有知识传递给观众,只会造成他思维混乱,一次让他记住一点就足够了。我们要学会取舍,有舍有得,什么都想交代清楚就会什么都不清楚。

(4)避免高深,切忌生僻。科学的内容一般要通过大量的数字、公式、推导、计算等来体现,但科普则应尽量回避这些,特别是过多的数字、过细的演算等,不仅会使语言枯燥无味,观众也会难以理解。有些讲者本身在某个领域的知识积累充足,习惯性地说出来,没有充分考虑观众的接收能力,以至于和普通观众造成了信息不对称,未能有效接收你传达的内容。有一个方法可以检查你的讲解稿是否晦涩难懂,就是如果你将这段话讲给家里的长辈、孩子、非行业的朋友听时,他们能不能听明白,是否对你讲的内容感兴趣,如果大家都能明白,这说明稿件是适合拿来科普的。

在你所研究的专业领域中,会出现一些专业术语,但不要想当然认为其他人也跟你一样。如果在一场讲解中,出现英语缩略词,你就需要做出解释,但是如果缩略词出现次数过多,而你每次都要解释的话,观众就会觉得过于啰嗦了。

(5)富有特色,形成风格。科普讲解不必追求千篇一律的语言风格,讲者要擅于挖掘自己的语言潜力,发挥自身优长,用自己的语言风格讲解,会让人感到更真实自然,更富有吸引力。

(6)原理严谨,不含争议。讲解时词语的运用,要做到准确、鲜明,指向清

楚,这样会形成话语的力量和气势,不要使用模糊词,比如大概、或许、可能等,同时要注意转折词、连接词、感叹词的运用。

有争议、未经证伪的内容要谨慎选择。某年一位选手讲解的主题是有关头颅移植的内容,笔者可以理解选手的出发点,毕竟这个手术是当年的热点话题。但是这项手术也是充满争议的,比如是否违背了伦理,在尸体上做的解剖能否称之为手术,是否有足够的科学证据等,在比赛结束后,评委也对该名选手的选题提出了质疑。因此我们在选题上,要避开这类主题。

3. 选对主题,让思想更有影响力

你选用什么样的讲解主题,会直接关系到你的讲解成功与否,好的讲解内容总是能够紧紧地吸引观众、说服观众,达到最佳的讲解效果。那么,什么样的内容才是最精彩的、吸引人的?

每年科技活动周系列活动都有一个主题,2020 年的主题是"科技战'疫'、创新强国",根据大赛的主题设定,我们可以从两个方面入手。一个是科技如何支撑打赢疫情防控阻击战的,你在准备稿件的时候就应该围绕"科技 + 疫情"搜集相关材料。实际上这次大赛中讲疫情的选手不少,既有亲历疫情的解放军医生,也有在奋战在一线的医护人员。另一个是这一年多来,我们国家在哪些领域取得了重大科技成就,比如"天问一号""中国天眼""北斗三号"等大国重器,有哪些科技成果是对社会的发展、人民的生活带来帮助和改善的,所有和人们生活息息相关的、能够把握国家乃至世界科技动态的、有强烈的时代色彩的素材,是最能够充实讲解主题的,也是观众最愿意听的。

笔者的个人体会是"讲好中国科技、品味经典科学、感受身边科普"。科普讲解不单单是一味地传播知识和信息,讲者还要保证科学知识的深度、信息的新鲜度、民族的自豪感。利用创新的思维,站在一个不同的视角,才能让观众有意想不到的收获。讲者要使自己站在时代的前列,敏捷地捕捉到最新的科技信息,用最新的科技成果,最贴合大众的现代语言来成为讲解素材。当观众听到你所讲的国家大事、科技热点,那么他们会很快融入你的讲解中,使讲解达到理想的效果。

在比赛中,你要尽可能做到与众不同,"比"字就强调这一点,讲解比赛的主题最忌讳就是"你说我也说",观点类似、语言类似、这样的讲解没有新意、没有创新,讲过之后很快就被观众遗忘。你应该精通自己所要讲的领域,除了能做到侃侃而谈,最好能说出一些别人不知道,网上搜不到,书上学不到的"独家内容",这些内容就会为你的讲解内容赚足眼球。如果你难以在自己的领域做出创新研究,但只要你肯花时间、花经历,你总会发现别人不知道的秘密,这些内容会让你的讲解大放异彩,有别于人。墨守成规固然更稳,但是更要敢于解放思想,开拓创新,选取与众不同的讲解主题,在一定程度上调动起观众的好奇心,激活观众的大脑思维,让观众眼前一亮。

4. 如何与观众产生共鸣

在这一节内容开始前,我想和你一起先探讨下因纽特人的生活习惯,你想听吗? 你肯定不想听,因为这和我们所要探讨的技巧完全没有关系。但是如果我说接下来我要帮大家去找到和观众形成共鸣的方法,你就会想听。成年人学习的特点是目的性强。它和我有什么关系? 能带给我什么好处? 所以我们在讲解时也要放出一种信号,我讲的内容和你有什么关系。

引发共鸣技巧的关键是尽量贴近生活,找出我们共同的经历、事物、愿望、志趣、信仰、理想等。这里所说的共鸣,是依据心理学"情感共鸣"的原则归纳总结出来的说服方法。要想与观众产生共鸣,可以寻找与观众之间的共同点,以拉近双方之间的距离,读过的书、看过的电影、听过的歌、去过的地方等,这些都可以算。

举个例子,比如说当今全球气候变暖,冰川融化了,水位上升,2020 年马尔代夫要沉没了。你一听这些,你就会觉得这些其实离我们很遥远,特别是和一个广东人说全球变暖,广州一年有 8 个月是夏天,很多人都没见过冰雪,这种关联感不强,引不起他的注意力。但是你说,你看这温度上升了,广州以前晚上 30 度现在 33 度,一回家里就要打开空调,这开的时间长了,温度是降低了,但是相应的,用电量增加了,电费上涨了,每个月的可支配收入少了,本来一个月电费 100 元现在 500 元了。这个就和他有关了,这是关乎民生的问题。通过这个话题导入到全球变暖的话题,就更容易引起大家想听下去。

为什么要提这一点,首先你要理解人的大脑的工作方式。人的大脑是身体最重要的工具,人的大脑思维方式有各种各样的弱点和陷阱。喜欢从关联当中寻找因果,在沿袭以往学习到的经验里,推理得到新经验。总的来说,就是人的

思维充满着各种各样的捷径,能不动脑就不动。在这个基础上,使用熟悉的内容就能帮助解除大脑的抵抗,令它感到舒适,加上讲解的知识点,观众就会觉得有所共鸣。所以,在讲解前,你不妨想想,你说的内容和观众有什么关系,有没有什么是大家彼此经历过的、有熟悉感的。

用熟悉的知识和场景讲解是为了增加好感,解除抵触情绪。从心理学的角度来讲,我们对新鲜事物的认识方式,都是构建在已有的认知上的,我们都倾向于理解我们能够理解的事物。因此,以熟悉的事物作为我们讲解过程的载体,很容易带给他人熟悉感和认知上的亲切感。

2019年全国科普讲解大赛决赛上,北京自然科学博物馆讲解员高源用了这样一段开场:"同学们,大家好,欢迎来到广东科学中心。当你们来到世界上最大的恐龙展,有一件展品一定让大家过目不忘,让我们用儿歌来把它唱出来吧:'马门溪龙脖子长,呆头呆脑排成行,四脚着地光吃素,中国恐龙把名杨'。"这个开场当时有两个引人注目的地方,一是总决赛的举办地点在广东科学中心,二是当时从美国自然历史博物馆引进的"世界最大恐龙展"正值展览期间,评委及观众已组织前往参观,主要展览的是马门溪龙化石。高源通过这个开场切入到他已准备好的稿件《马门溪龙的故事》,最终获得全国一等奖。

2020年的国赛总决赛现场上,伏天晖也在讲解中提到了广州:"长波信号它的波长到底有多长?我们做一个简单的对比,4G手机信号的波长大概和一支钢笔差不多,而长波信号的波长可以达到上万千米,差不多等于从广州到南极洲的距离,只有利用波长尺度如此巨大的长波信号,才能把信息送给水下的潜艇。"举办赛场在广州,提广州更容易加强现场观众的关联度,让观众有一种实时正在发生的感觉。如果提深圳、东莞、北京,那么感觉就不如广州来得更熟悉。

除此之外,在其他语言的使用上,也要注意一些技巧。比如,能用"我们"的地方就一定不用"你",能用"你"的地方就一定不用"他",这样可以有效拉近讲者与观众之间的距离,让观众感觉演讲者也是"我们"中的一分子,更容易产生亲切感,进而产生共鸣。

5. 用关键字让观众记住你

作为讲者,要让观众记住你的讲解,不妨为讲解设置几个"关键字",凭借着关键字,给讲解贴上新标签,给观众留下深刻的印象。需要注意的是,你所设置的关键字一定要精准到位,要与讲解的内容紧密相连、形象突出。

(1)选取形象性的"绰号"。在讲解中,讲者为了使自己的思想能为观众所熟记并理解,需要强调突出重要的信息,设置关键字就显得尤为重要了。我们不妨借鉴绰号的方法,给关键信息选取一个形象性的绰号,这样不但便于观众记忆,还富有创新性、独特性,不易被人模仿。

比如在2020年国赛总决赛中,选手谢秋泓用"胖五"来形容"长征五号",并且代入到"长征五号"的角色来进行讲解。"长征五号"巨大且重,用"胖五"的绰号来形容它,不仅体现了它的体积巨大,在如此严肃的科学原理上又透出几分亲切。用绰号的特点,就是要展示事物的本质属性、观点鲜明、易于记忆。如果你选取的讲解需要一个类似的关键字,一定要归纳总结主题选取"绰号"。

谢秋泓:"亲爱的观众朋友们,大家好!今天,我想给大伙儿分享一个好消息。在刚刚过去的7月底,我带着'天问一号'火星探测器上天啦!这是我国第一次火星探测任务,也是我们去往更远的星球必须拿下的起点。哎,说了这么多,可能有的朋友还不认识我,自我介绍一下,我是'长征五号'运载火箭,大家都叫我'胖五'。您看,在咱们家的大合照当中,我是不是特别突出呢?

我身高57米,腰围直径5米,起飞体重达到了870吨。那位戴眼镜的帅哥,大概等于12 400个您加起来的重量。哎,各位,我的胖可不是虚胖,是strong。我一次可以将25吨重的航天器送上天,这不仅是目前中国火箭运力的最高水平,放在国际上也是第一梯队。"

来自2020年国赛总决赛的选手李琳则是把自己形容成了催化剂:"大家好,我们每天都用牙膏,你见过大象的牙膏吗?请你屏住呼吸,让我们一起制作一款大象的牙膏,洗洁精加点颜色最后再来点神秘物质,大象牙膏实验成功。原来奥秘在这里,双氧水迅速分解产生大量氧气碰到洗洁精形成泡沫喷涌而出,这其中有个最为关键的角色碘化钾,是它加快了双氧水的分解,下面让我们隆重请出今天的主人公——'我'——神奇的催化剂。'我'到底是谁,'我'的中文名催化剂,我诞生于1836年,一位瑞典化学家通过碘酒变醋酸的魔术第一次发现了我的存在,我的性格很特别,一变,二不变,我能改变反映速率,但我的质量和化学性质在反映前后不变,问题来了,我为什么能加快反映速率?"

(2)反复出现强调"关键字"。确定关键字后,还要让观众知道哪个是关键字,这就需要讲者使用方法和技巧设计关键字,突出强调关键字。有时候,词语

的出现频率也会引起观众的注意,讲者可以反复提起,在幻灯片中显示,使观众加深主题的印象、深化原理的记忆。无论是在开场白,原理解释、实际应用,让关键字多次传播到观众的耳朵里,从而强调内容。

张琪:"屏幕中显示的画面发生在 2020 年 7 月 23 日,中国航天人在这一天干成了一件举世瞩目的大事,大家知道是什么吗?没错,正是'天问一号'火星探测器的成功发射,有一句响亮的口号叫作:'出发,去火星!'火星是八大行星中和地球环境最为相似的星球,它有太阳系中最高的山峰,更令人兴奋的是火星还拥有宽阔蜿蜒的河床,原来这个看起来干燥、荒芜的星球在远古时期也曾遍布河流,它为什么会变成如今的一片荒漠,火星的现在会是地球演化的未来吗?人类能去火星居住吗?有很多的疑问等待着'天问一号'去解答,但去火星不是一件容易的事,首先必须要解决的就是大推力火箭的难题。"

该名选手讲解的主要内容围绕"天问一号"探测火星,文稿中多次提及火星,并且提出口号"去火星",使观众对内容留下了深刻印象。

三、结尾——意犹未尽,精彩收尾

你已经为稿件设计了一个吸引人的开场白,并且在中间主要部分对原理进行了详细的讲解,结尾你要对整篇稿件总结升华。之所以要强调这一点,是因为部分讲者受限于经验或水平,在结束收尾时,为了避免言语上出现失误或者想尽快离开舞台,对结尾部分不够重视,会用些老调重弹的语言,更有甚者没有结尾,讲完内容后一看时间不足,匆匆离场,显得非常随意,使整个讲解效果大打折扣。

心理学有个词叫"新近效应",它指我们在对别人总体印象形成的过程中,新近获得的信息比原来获得的信息影响更大的现象。因此你的结尾决定了观众在讲解结束后,对你以及你的讲解的整体印象。如果这个时候你匆匆收尾,就有可能像踢足球时,把所有对方防守球员连守门员都绕开了,结果你一个大脚,球飞过门框,所有人都捶胸顿足。当然一场讲解还不至于让观众反应这么大,但是讲解有头无尾,却会在他们心里留有遗憾,总觉得你的讲解少了点什么。

我常和学员强调,我们做一场讲解就是爬山的过程,从山底下开始,带着观众一起领略途中的风光,在山顶时,眺望到远方美景时,就该收住,这就是结尾的地方。因为此时讲解处于高潮的时候,观众大脑皮层会高度兴奋,注意力和情绪都由此而达到最佳状态,如果在这个时候结束讲解的话,那么留在观众心中的最后印象就会特别深刻。

一个余音绕梁的结尾,可以帮你的演讲拿到附加分。说起来容易做起来难,那么有哪些开场白可为我们所用呢?

(1)总结观点。在讲解结束前,用非常简练的语言,简明扼要地对讲解内容做一个高度概括性的总结,以起到突出重点、强化主题、首尾呼应、画龙点睛的作用。

韩康:"面对死神,人工肺膜帮我们抢下宝贵的时间;面对生命,中国展现独有的大国情怀;面对成千上万个老徐,人工肺膜、康复血浆、干细胞乃至肺移植,只要有一丝希望,应收尽收,应治尽治,我们不惜一切代价,这就是中国,我骄傲和自豪的伟大祖国。"

唐驰:"一定要记住正确使用国家版图,一点都不能错,这既是底线,也是红线。国家版图与国旗、国徽一样是一个主权国家的标志,它客观反映一个主权的疆域范围,表现着一个国家的政治主张,所以它可绝不仅仅只是一张图而已,在这里我们要呼吁大家,因为中国领土一点都不能少,谢谢。"

沙童:"一杯好茶是自然气候的馈赠,也是匠心的凝聚,众多国茶,每一种茶就是一个文化,每一杯茶就可以讲一个故事,今天茶与气候的故事就说到这。"

(2)美好愿景。在收尾部分充满激情地向观众分享一个富有能量的价值观,一个向往美好生活的愿景。它所体现的是人们对未来的期望。

王灿:"酸碱中和是简单的科学原理,但却对纸文物的保护起到大作用,其实科学也正是这样,它不仅在课本里,更在我们的生活中,只要我们用创新去发现更多的未知,科技就能给文物穿上金钟罩、铁布衫,让中华文明永葆青春,更为我们的子孙后代留下民族的根与魂,谢谢大家。"

敖仕锦:"在负压病房的背后,是建筑工人日夜奋战,是白衣天使逆行出征,是亿万人民众志成城,更是不屈不挠的英雄中国,是科技支撑的强大中国,谢谢。"

郑媛元:"从中国速度到中国力量再到中国精神,中国的一带一路正在影响世界每一个角落,引导全球走向和平共赢。在科技领域,中国正以泱泱大国风范研发各种能够改变人类命运的科技,愿中国的人造太阳能够乘风破浪,点亮人类未来的曙光。"

（3）鼓励观众采取行动。如果在讲解中已经充分地表达了自己的思想主张，给观众树立了目标，指明了方向，并且还与观众产生了共鸣，那么在结尾部分一定要落地，可以呼吁观众采取具体的行动，并给予可执行、易操作的行动步骤和方法。

包鹏："最后想和大家分享一组非常震撼的图片，他们都是因系了安全带而在交通事故中生还的人，安全带的勒痕是生命的勋章，为了自身的生命安全，为了您家人的殷切希望，黑龙江民警提醒您请系好安全带，谢谢。"

李采玥："疫情发生以来中国海关运用这四个科技小神器把关，累积检疫入境旅客 2300 万人次，在全国疫情防控总体战中构筑起一道坚固防线。四海当关，举国无恙，凭借新型科技在海关领域的创新运用，我们完全有信心、有能量打赢疫情防控阻击战，口岸有我们，祖国请放心，谢谢。"

陈鑫："随着经济全球化，蚊霉传染病更是搭上快车，在世界范围内传播开来，中国海关为了守护国民的生命健康，在口岸布下天罗地网，本地监测、检疫查验、卫生处理、从严从谨，防范各类传染病输入，咱们在做好防范新冠肺炎的同时也要注重公共卫生和个人防护，让我们一起筑牢口岸检疫防线，共建共享健康中国，谢谢。"

（4）不再提问。结尾是为了引起观众的情感共鸣，创造一种感觉，结尾不是向观众补充任何新信息，也不是告诉他们需要知道的另外一些事情，更不需要留一个疑问给他们，这时他们的大脑已经停止工作了，如果你还想要强塞东西进去，就会画蛇添足。

结束时要避免的错误：

（1）匆匆结束。在结束时不得有"这就是我的讲解，你们还有问题吗？""哎呀，时间差不多了，今天就先这样了""抱歉，因为只有几分钟时间，并不能充分让大家对这个内容有所了解，希望下次有机会和大家详细聊聊"之类不正式的结束语。这会让观众觉得你准备不足，对比赛不够尊重。结尾的话一定要精心准备。

（2）忘说谢谢。这里的谢谢不仅是致谢，更是要传递一个"我已经讲完了，可以按时间停止的按钮了"的信号给工作人员，让他知道你的讲解结束了，不然他没法按停止时间按钮。万一你又说话了，那对比赛不公平，如果你一直沉默，等他觉得你已经结束时，那是你吃亏。实际上这么多届比赛里，因为内容太多踩着点结束又没说谢谢导致超时者不在少数，因此扣 2 分太可惜。

最标准的最后一句话,可以是:"我的讲解到此结束,谢谢。"有些选手会加上谢谢你的聆听,这是不妥的。聆听是敬语,只能用作自己听取别人表达。比如我聆听了你的报告,不能用作他人听取你的表达。想要避免在讲解的结尾犯错误,最好的方法是准时结束或者提前结尾。即使你一字不差地把稿件全部背下来,在比赛现场仍然可能会有突发情况,导致超过预定时间。

(3)强行拔高。不能为了拔高而强行拔高,更不能说教。笔者有一年听到某位讲者的主题是杠杆原理,结尾处却在强调"决胜全面建成小康社会,决战脱贫攻坚",这就是偏离了讲解的主题,为了升华而插入一段不符合的话。可以让讲解完美收尾的方式并不仅有以上这几种,但无论如何采用何种收尾方式,都应该遵循简短有力的基本原则。"文似看山不喜平",结尾处的提炼、升华、拔高,都能使观众回味无穷、发人深省。

第二部分

科学表演创作与实训

第一章
关于科学表演

一、什么是科学表演

首先跟大家一起聊一聊什么是科学表演。科学表演的概念就是采用舞台表演的形式来进行科学传播的一种科学文艺形式,表演者通过语言和肢体动作,并借助于舞台造景、表演的实验器材等道具,传播科学的演示或表演的活动。一部优秀的科普作品,应该是要集艺术性、科学性以及思想性于一体。

二、科学表演的意义

1. 科学秀表演的作用

科学秀的目的在于把经验视觉与想象力进行结合。心理学研究是指研究人类自我思维、行为方式认知并剖析、研究人类怎样感知外界信息和怎样进行信息内化处理的心理和行为的规律的研究。基于心理学理论,人的思维活动大致有三种,一种是直觉思维,一种是形象思维,它们都来自直接感受,最后一种是抽象思维,也就是我们常说的逻辑思维。科学秀最大的优势就是在于将科学原理通过直接的过程,有趣地展现出来,使对于形象思维占主导的儿童更易于接受和理解。在观看科学秀的过程中,儿童会自发进入表演所产生的情境空间当中,自觉引入自己经验世界的知识并与之匹配,使自身注意力、现场观察力得到提高,想象力的创造性和深刻性也跟着加深和发展。正如我们说的"让科学更好玩""学中玩,玩中学",科学秀能够带给学生美好的科学体验和艺术感染,具有引发兴趣、促进思考、生动有趣的效果。科学秀来源生动、好玩、直观的科学实验并融入舞台表演等多种元素,让科学内容以表演方式呈现出来,因此具有互动性、趣味性和感染力,有助于提高观看的学生对科学的学习兴趣,增强他们对表演的参与热情。

2. 科普剧表演的作用

科普剧是一种很有魅力的舞台艺术表现形式,剧中的艺术形式及唯美的舞台艺术等是吸引观众的主要方式。科普剧能拉近观众与科学的距离,通过与科学零距离接触,让观众在观看表演过程中,跟随故事情节的发展更好地接受科学知识、感受科学精神。这种新型展览教育模式已经在科技馆界得到广泛的赞誉和认同,成为目前国内外众多科技馆与学校推广和使用的一种群众性科普教育形式。

三、科学表演的主要形式

1. 科学表演及科学秀

当前,科技馆业界的教育活动日趋多元化,开展了诸多如演示讲解、现场实验等多种形式的教育活动,其中以科学表演、科学秀最为突出,它能广泛地调动观众的观看热情,还能让观众在观看的同时学习到相关的科学知识,深受大家的喜爱。

科学表演通过科学实验、科学秀等方式,借助表演者的肢体语言和表情,加上各种特色的艺术形式,用表演的方式来揭示科学现象背后的科学原理。加上采取各种辅助手段,比如舞台造景、灯光、音乐、音效等,展示表演与实验的结合、科学与艺术的融合。因此推进科学表演活动的开展与实施,正成为科学教育活动开发的重要方向和趋势之一,越来越受到科普场馆的关注和重视,从 2009 年开始至今,每两年举办一次的全国辅导员大赛,给大家一个展示自己的平台,同时也是一次难得的交流机会。

2. 优秀科普表演要素

那么经常有人会问,参加全国辅导员大赛所做的科学表演,什么样的一种表演才是一部好的作品呢? 大家都知道,科技馆的受众群体是一些低幼儿,或者说是一些年纪比较小的学生。然而我们在设计作品的时候,如果只是把孩子当成是孩子,那么你的作品就一定不会是一部优秀的科普作品。优秀的作品应该是老少皆宜,所以,创作者在创作的过程中,必须要有全龄化的意识。

在辅导员大赛当中，怎样才可以通过良好的比赛脱颖而出呢？首先我们要明白，一部被大赛认可的优秀科普表演，需要具备哪些要素？简单点概括起来是以下三点：精准的科学知识，美好的艺术形式和深刻的思想启迪。概括起来就是，科学的精准性，深入浅出，小中见大，寓教于乐。科学表演需要具备精准的知识，浅显易懂的表达形式。从作品上来看，小中见大的大，指的就是内涵。表现形式则是"乐"的体现。这三个要素，要像编辫子一样，有机地融合在一起，就会不仅好看，又具有一定的教育意义，在比赛当中就比较容易脱颖而出。

在比赛当中，大家首先会遇到的第一个困难，那就是应该如何树立正确的创作理念。从2009年第一届全国辅导员大赛到现在，十多年过去了，其实在舞台上该做的表演，该用的表现形式，大家已经不停地做，不停地创新，差不多都做完了。在这种情况下，如何才能创新，做出与众不同的表演呢？

四、树立正确的科学表演创作理念

请大家思考一下，是实验比表演更重要？还是表演比实验更重要？可能有人会选择，实验比表演更重要，选择这项的人会认为，毕竟这是一个科学实验的比赛，当然是实验更重要了。评委不正是因为你实验的设计好坏，对你进行打分的吗？而我想跟大家分析的一点的是，其实，实验和表演都很重要，但是如果需要做一个选择的时候，我认为表演比实验更吸引人，这是很重要的。如果一个好的实验不能够配上吸引人的表演形式，那么这样的一场表演是没有人会愿意去看的。对评委也好，对观众也好，一场让人赏心悦目的一种表演是非常重要的。因为他们首先要被你的表演所吸引，从而产生对你表演的内容感兴趣，才会注意你的实验是否设计得巧妙，你的实验是否能够表演得精彩，你的实验是否能够深入浅出、层层剖析、抽丝剥茧地把科学原理展示出来。所以正确的创作理念是，表演应该比实验更吸引人。

接下来谈一下正确的创作理念的第二点，如何让你表演中的知识能够以艺术的形式展示出来。在你的表演当中，已经有了内容作为一个强有力的支撑，但是表达方式、展示形式没有艺术的烘托，那也是无法被认可的。再来就是我们在构思阶段就需要去理解把小表演、小活动写出大情怀来。

那么接下来大家遇到的第二个困难点，可能就是科普表演的创造过程应该

是怎么样的?

五、科学表演如何创作

1. 先立意再选题

首先,我们应该先选题再立意,还是先立意再选题? 有的选手会先把题目选好,再从这个题目当中去提炼中心思想。而我认为,应该先想好中心思想,也就是我想通过这个科学表演给公众传递一个怎样的科学知识,然后再去选题目。因为只有先立意,才可以把自己的想法很好地跟每次大赛的主题挂钩,这样不仅不会跑题,还会有很强的针对性。

2. 人物设定

再来就是实验以及人物的设置。大家会认为是先找实验,再找人? 还是先找到人,再为这个人来设计实验呢? 如果有的人认为先找实验再找人,那么会不会遇到当你实验找好了之后,却找不到表演的人呢? 而当你把人选定,会不会发现并无法设计出原来设想的实验表演呢? 所以,这点必须由实际情况出发考虑,才能找到适合自己的实验及人物的设置关系。

3. 把握叙事方法

科普表演创作过程除了这两点以外,再来就是叙事方法。叙事方法,最简单的意思就是对故事的描述。所以对故事的描述有很多的办法,采取什么样的叙事方式,能够让我们更好地去理解所设计的主题,科学表演的含义则显得尤其重要。叙事方式有许多种,可采取常规线性叙事、多线性叙事、回忆叙事、环形结构叙事,或者倒叙线性叙事、重复线性叙事等。所以在叙事手法上面需要多动脑筋,做到结合自己所设计的科学表演的项目,找到最适合自己的方式,将一出好的科学表演呈现给观众。

4. 多媒体配合

而科学表演创作的最后一点就是音乐节奏以及多媒体的使用。音乐节奏以及多媒体的使用是非常重要的,因为每一个人对音乐的感觉是不同的,不同的音乐给不同的人营造的氛围是不一样的。大家对音乐的使用,一般会认为是在电视剧电影或者是诗歌朗诵以及话剧等一些作品当中,根据情节的需要配上的背景音乐或者是主题音乐。而往往这样子所起到作用是为了能够增加整个影片的气氛,以及增加它的艺术效果。而在我们的科学表演当中,或者是在科普剧当中的配乐,也就是使观众在观看的视觉中,补充或者深化对科学表演的感受,这样的搭配会让表演更加充实。

很多科学表演的编剧,他们会根据自己的想法,给他的科学表演配备相对应的音乐,但是往往只注重题材内容以及整个风格,并且过多地去在乎编剧的艺术构思,却忽略了演员的人物性格。我们曾经做过关于音乐节奏以及寻找音乐重音的训练,发现一个特点,有的人认为很悲伤的音乐,在别人眼里却认为是很欢乐的。而我们认为很愉快的音乐,在某些人眼里,则会变得非常忧伤难过。不同的演员,不同的观众,对音乐的感觉是不一样的,所以在这一方面上,编剧需要与演员进行有效的沟通,才能选对适合表演的音乐。音乐用得好,可以帮助演员,把这部科普剧的主题和整体要表达的意思,更加清晰地呈现给观众。并且通过音乐的使用,可以加强人物的性格,以及表演过程当中的心理活动,可以揭示他的思想感情,能够让整体形象更加深入人心,并且音乐使用得好,可以让观众有一种代入感,感受沉浸式的体验。

都说科学来自身边,我们要尽可能地去提升自己的艺术素养,在生活当中细心观察,留意身边有趣动听的音乐,将它们收集起来,并且在这些音乐当中去感悟收集到的每一个片段,这就是我们以后做表演可以使用的一些音乐素材,用好了,用得当了,就会让我们的科学表演更加生动,让观众喜欢,演出好的作品。

第二章
辅导员大赛科学表演创作

一、辅导员大赛科学表演有哪些特点

1. 把握表演时长

要参加辅导员大赛的科学表演,那么首先我们就要去了解,科学表演在辅导员大赛中有什么特点。第一个特点就是时长只有 8 分钟,所以就要求我们这个剧必须得短小精悍,浓缩整个剧的精华部分。再来就是入题非常快,表演的主题、要做的实验、人物的形象等都在第一时间表现出来给观众看。在科学表演的比赛当中,很多选手并不知道应该将什么内容作为全场的高潮,把最精彩的部分呈现给观众看。有的选手单单出场就花了将近 30 秒的时间,再来一大段的天气描写、引导人物出场等这样的多余动作,往往一两分钟就过去了,不仅时间显得略为仓促,并且无法抓住表演的重点,最后导致效果不尽如人意。当我们的表演围绕知识点展开的时候,应该在整场表演的三分之一处,或者中场的时候,作为全场表演的高潮,将气氛烘托到最高处,将整个表演的精髓呈现出来。辅导员大赛科学表演当中还有节奏紧凑,言简意赅,视觉多样,寓教于乐等特点。在大赛当中,好的科学表演作品一定是注重全员的参与性,上台的选手都能发挥出自己的作用,既有红花也有绿叶,缺一不可。没有一个角色是多余的,每个角色都有自己的作用。

当我们在备赛时对大赛的优秀科学表演的特点有了一定的了解,也树立了正确的科学表演的理念后,我们来思考下应该采取什么样的科学表演形式。

2. 确定表演形式

现在的科学表演形式多种多样,我们慢慢地来进行分析。首先在我们的认知当中,或者应该说科学表演的传统印象,就是在台上有两个人,比如 A 和 B,我们称之为 AB 角表演方式,也叫作传统形式的科学表演。一般 A 角扮演的是知识渊博的博士形象,B角则扮演好奇心爆棚的"小问号"。然后"小问号"总问博士:"哇!太神奇了,这是为什么呀?"而博士总是摸摸胡子,语重心长地把原理剖析娓娓道来。这样的科学表演形式多半出现在2009—2012年的表演当中。科学表演形式没有过时这一说法,只是我们在参赛的时候,总希望能有多种多样的表演形式来让人耳目一新。

在2013年的辅导员大赛上,则展示出了一种新的表演形式,那就是默剧(又称哑剧)。其实默剧要表演好是一件很难的事情,大家都知道,默剧需要靠演员过硬的功底,在肢体语言、表情展示及音乐的辅助下,在没有说话的情况下把剧情展示给观众看。简单点说,就是不说话还要让人看得懂。说到这,大家会想起查理·卓别林,他可算得上是默剧大师,当然,还有近几年大家都很喜欢的憨豆先生。这些大师都是在不说话的情况下,把剧演得清楚,让人看得明白。或许有人会和我说,在一部电影中,可以用很长的时间来铺垫剧情,而我们的比赛只有8分钟,要演清楚,让人看明白,真的难度太大。这是对科学表演编剧、演员最大的挑战了,若没有好的剧本,或者没有表现张力极强的选手,不建议在大赛采取默剧的表演形式。但是总得训练起来,才能在科学表演形式上自我突破。

从2013年默剧成功在辅导员实验赛展示之后,业界便出现了两种不同的呼声。一种是支持这样创新的科学表演形式,觉得新颖并且有趣。而有人则认为科学表演就是需要通过开口说话,才能让人真正地明白科学实验的原理与精髓。所以,从2015年开始,科学表演赛分为"科学实验"和"其他科学表演"两类。

我们在备赛的时候就要分清楚这两类有什么区别。我们首先看看"科学实验"的参赛要求:"科学实验"要贴近展厅内的科学表演活动,符合展厅操作和安全规范,有相应实验或制作过程,展示明确的科学原理。每个节目限时8分钟,不足时间不扣分,超时扣1分。所有选手统一穿着大褂(颜色自选),可有适当肢体动作表演。参赛项目仅限使用PPT(可含分段视频或动画)辅助,不能使用舞台灯光(不包括场灯和面灯的正常使用和暗场),不能全程使用视频和配乐,不能将视频作为科学实验的核心内容。项目主要道具不得超过2米×1.2米×2米。我们再来看看"其他科学表演"的参赛要求:"其他科学表演"指除"科学实验"之外的表现形式,如科普剧、科学秀和表现科学内涵的歌舞、诗歌朗诵、相声、脱口秀、童话故事等活动形式,有较强艺术表现力,鼓励形式和手段创新。每个节目限时8分钟,不足时间不扣分,超时扣1分。参赛项目可使用大屏幕

（如PPT、视频）、音乐、音效为辅助表演手段，但不允许以视频、音乐、音效为主要表现形式。

以上是"科学实验"与"其他科学表演"的参赛要求，两者最大的区别在哪？我们可以看出，"科学实验"要贴近展厅的科学表演，也就是说"科学实验"的设计要能够通过这次比赛后在展厅落地实施，并且要求一定的原理性，也就是以科学原理为主，把原理一层一层剖析出来。比如山西省科技馆的"聪明的饮水鸟""钟摆波"，四川科技馆的"火拼"，郑州科技馆"有趣的声音"，重庆科技馆的"'看见'空气"，这些都是优秀的科学实验作品。还有中国科技馆的"扭转乾坤"，以对比实验的形式阐释与转动有关的物理量，说明转动引发的改变及其现象背后的原理。这些优秀的科学实验表演都是从原理出发，紧靠科学实验比赛规则，通过对比实验等方式把科普知识传递给观众。

而相对"其他科学表演"则不限制表现形式，以展示艺术效果为主，更多的是通过表演让观众对科学表演产生兴趣，鼓励表现形式的创新性。在2015年的比赛中，有的馆对分类没有进行深刻的理解，甚至有以视频音效为主要表现形式，虽然体现了一定的创新性，但却违背了比赛规则，并且也无法在赛后经常表演给观众看。我们的科学实验比赛，不能为了比赛而比赛，而应该是为了更好地服务观众才设计出的有趣参赛实验。若你的设计无法在赛后向观众进行表演，便不是辅导员大赛举办的本意。

前面分析了两种科学表演的表现形式，再来一种是"科学相声"。听过相声的都知道，相声分捧哏和逗哏，并且不停地甩"包袱"，再通过配合一起解"包袱"。它寓科技内容于幽默诙谐之中，使人在笑声中领悟科学道理，掌握科技知识。表演"科学相声"的选手不仅要熟悉所选择的科学内容，而且还要掌握相声的艺术特点和创作规律。中科院张宇识老师曾在电视节目中用相声表演了《学霸成长记》，为我们诠释了科学家也能说科普相声。张宇识老师表示了自己的观点，他觉得要在这个舞台上，进行更多的科学普及的相声，来扩大相声的魅力，也扩大科学的魅力。我还听过一个由董建春老师、李丁老师表演的《量子力学》，非常有趣生动地把物理学与相声进行了有效的结合，在人们发笑的同时引发对科学的兴趣与思考。

而在科技馆业界，同样有"科学相声"这一创新科学表演形式，那就是合肥科技馆的"思想实验"与盐城科技馆的"细说禽兽"，两馆用相声的艺术形式来进行科学表演,让人耳目一新,节目不仅充满了科学知识,而且引发我们对科学的向往与思考。在这点创新上,两馆是做得很成功的。还有中国科技馆的"BONE BONE BONE",这个项目借助魔术师与猩猩的比拼,讲述人类的进化及其导致的人与猩猩骨骼的差异,让人看后觉得有趣,引人思考。

说完了三种科学表演形式后,是否还有什么形式是可以创新的呢?有的。那就是当下流行的表演形式——单人脱口秀。

脱口秀最大的特点就是风趣、幽默、机智。其实在当下的科学表演中,我们所说的并不完全是脱口秀,脱口秀是单口小段+喜剧小品环节+名人访谈或者现场互动,我们所说的是接近或者说是一种单人秀的表演方式,演得好会给人带来全新的感受。因为单人秀一般只需要一个人来表演,从某种角度来说,大大节约了人力,并且不需要太多的道具来做支撑,但脱口秀对表演者本人来说,是巨大的挑战。选手必须具备很强的控场力,并且需要拥有极强的现场应变能力来应付临场出现的问题。在业界比较典型的单人脱口秀科学表演代表作是厦门科技馆的"看脸",选手随机选出一名观众,让观众用一张纸写下一个字,然后通过一些问答,以及上场观众的肢体语言、微表情等变化,结合心理学等知识来分析该观众是否说谎。通过不同环节的提问,结合现场观众的互动,最后通过分析,把观众写下的字猜出来。在2017年辅导员大赛东部赛区,该表演获得无数掌声与认可。这说明了一种趋势,评委及观众越来越愿意看到一些新鲜的表演方式,也让我们在备赛时更加注重表演方式的选择。

还有一种科学表演方式,那就是歌舞式。利用灯光舞美,把气氛烘托到最好,加上优美的音乐,慢慢地把科学诠释出来给观众看。这类的表演对选手的要求也是比较高,需要掌握扎实的表演技能,能唱会跳。典型作品有江苏科技馆的"回梦游仙"、山西省科技馆的"走西口"、宁夏科技馆的"Bubble 盛焰",这些优秀的作品利用歌舞结合科学,给人一种视觉听觉的全新感受。但这类表演一般也是默剧,所以对筛选选手非常严格,并不是所有的馆都有这样的人才可以进行表演。以上几种是业界比较经典的科学表演的类型,在未来,可能还有诗歌、朗诵、讲故事等新的表现形式。但不管是什么形式,创新总是好的,可也别为了创新而创新,结果没有合适的选手来展示,最后反而适得其反。建议各馆在备赛期间,还是以自己馆的特点出发来设计科学实验,因为只有最合适的才是最好的。

二、科学表演如何选题

1. 选题的特别之处

备赛阶段的最初阶段就是选题。我们应该先确定知识点，再构思故事呢？还是先在脑海里有个故事，再从故事情节中寻找知识点呢？建议选择前者，举个例子，有的选手有古装情结，每次比赛都一定要大侠风，非要把各路高手都招齐了，再来一个一个进行表演。但如果你把故事先想好，没有先确认要表达的知识点，等故事情节全部构思好后，才发现不知道整场表演要给观众展示一个什么样的科学道理，最后只能硬生生从故事里挤牙膏式地把看似不那么贴切的知识点拼凑起来向观众交代。

其实如果先构思故事再找知识点的话，这样设计的风险点在于容易跑题。因为人总是有美好的构思，人本身就爱听故事，编自己喜欢的故事，但往往这样的情节容易与大赛的主题偏离，从这样的故事里找科学原理，硬凑出来的也只是"四不像"。所以在选题阶段很重要的是，要解读每届大赛科学表演的要求，根据要求再想你想表达的知识点和科学原理，然后再慢慢用故事进行包装，最后达到好的表演效果。这样的设计不仅紧靠大赛主题，更显得有一定的条理性、逻辑性。

2. 研究表演受众

从前几届的科学表演来看，大家的受众定位大多数是学生，或者可以说是少年儿童。其实本身这个定位也没错，科技馆本来参观群体就是以学生为主，所以在比赛中把受众定为学生是准确的。也有少数馆在比赛的时候，设定的受众是初中生以上，或者成年人。这样对策划人员有较强的挑战性，因为不能太低幼，又要有趣耐看，做到这点确实不容易。我们以学生为受众来进行研究，如果是针对少年儿童，我们的选题应该从哪几个方面下手呢？

我们可以从少年儿童关注的题材入手，比如安全问题、食品健康、心理问题等。也可以从教育的角度来进行选题，比如心理和生理教育、思想教育等。单单心理教育方向就有很多可以选择的话题，比如自卑心理、害怕心理、逆反心理、孤寂心理、嫉妒心理、自大心理、厌学心理、享受心理等，通过这类表演，不仅可以反映当下社会少年儿童面临的问题,也可以让他们通过表演剧找到解决问题的科学办法。其实我们社会存在的少年儿童教育问题还是比较明显的,比如父母的溺爱,纵容式的疼爱,暴力教育等。这类社会问题如果能通过巧妙的设计,把社会现象演出来,并让观众在观看的同时找到症结,用科学办法解决这些矛盾,我相信,这也是办各种科普大赛的目的之一。

还有现在大家关注的社会热点,比如区块链、知识付费、共享经济、人工智能、大数据、AR、新零售、航天航空、黑洞、就业安置、医疗改革、环境保护等。还有一些馆会用当年网络上走红的词语来编写主题,比如 C 位出道、皮一下很开心、冲鸭、锦鲤、家里有矿、真香警告等。这些流行性的网络语言,在表演中用得好会加分,用不好则会让人觉得哗众取宠,所以建议慎用。对少年儿童来说,最主要的还有如何通过科学表演对他们进行科普教育,让他们可以通过表演来进行科学反思与启迪。

3. 选题后如何进行知识储备

当下人们获取知识和储备知识的渠道大部分来自网络,这样的途径真的能确保知识的准确性吗? 网络内容可以参考,但是科学知识并不具备权威性。

人们常说自学是获取知识的主要途径,这话倒是没错。首先是书籍,我们可以从书中找到问题的答案,所以比较注重知识的人都会定期读书。再来就是专业老师,遇到专业问题就找专业人士解答,这是最准确和快速解决问题的办法。再来就是学习与实践,有的时候书籍、网络、身边的人都无法给予解决问题的办法,那就只能通过不断实践来验证答案。先提出问题,再大胆的猜想与假设,然后制订实验和研究方向,接着进行实验并收集实验数据,然后对实验结果进行分析与论证,评估推断出来的结果,最后得到我们要的答案。科学技术发展也正是如此,通过反复实践推断出科学真理。平时多看书,多虚心请教,多渠道积累自己的知识,唯有知识让我们免于平庸,更好地为科普服务。

4. 知识点的准确性把握

当我们通过学习把知识点储备好了,就需要对这些知识点做精准的分析。在科学表演中,表演固然重要,但知识点是不容许有错误的。否则再好的表演都不会获得高分。因为在表演中展示科学知识的准确性是最重要的得分项。若自己馆有相关专家可以把握原理的准确性,就请教相关专家,若没有,建议聘请相

关的科学顾问来进行科学原理的把关。因为不管是比赛还是平时在馆内演出，只要是有涉及科学原理的，都必须保证原理的准确性，这样才能对公众起到正确的科普传播作用，才能真正做到通过我们科普工作者的努力来提升公众的科普素养。

5. 策划者构思与选题关系

一个好的科学表演一定有一个好的编剧策划，有一个好的选题如何通过策划者的设计巧妙地展示出来，这就很考验编剧了。我们强调科学表演中需要"小中见大"，这是什么意思呢？小中见大是指在表演中能从一个细节看出整部剧的构思，在艺术创作中，契诃夫的《变色龙》《套中人》都是在立意上以小见大的佳作。策划者在表演中还需要有"大中见微"的体现。所谓的大中见微的意思是在表演的整体上能看到微细节的设计，这就要求设计者充分了解需求，理解所选题目的中心思想，这样才能把小作品写出大情怀。比如：讲环保主题，不能一下子就讲雾霾，可以以小海龟进城的故事引入。小海龟在路上走的时候，发现周围的鸟啊，动物啊，和妈妈描述的都不一样，他们的羽毛都是黑色的，从而反映了污染使得这些动物的羽毛都开始改变了颜色，这就是以小见大的特点。那么是什么原因造成的，羽毛为什么会变黑。在整部剧的编排中，要注意一些细节的把握，比如污染源在哪，通过什么渠道进行污染传播等，这些手法就是大中见微。

三、科普表演的创作步骤

我们在备赛的时候，已经选定知识点和主题后，应该按照怎样的创作步骤来执行呢？还有什么是可以修改和注意的？我们来谈谈这两个问题。首先，可以反复修改的都有什么？1.根据演员修改特定台词。2.根据比赛时间来增加或缩短内容与实验。3.根据剧情的讨论对部分情节进行调整。4.根据时长、剧情的修改来增减人物与道具。接下来我们来看看创作一部科学表演需要由哪些要素构成。

1. 设定情节

设定情节就是给知识点穿上外套，也就是编故事。情节很重要，时间、地点、人物三要素，事情的起因、经过、结果，这些都是情节需要的。有的馆在比赛的时候还会采取倒叙等比较特别的展示方式，不过确实有一定的难度。大家总希望和别人不一样，但是要把握适度。按照科学表演的时长来看，现在都是 8 分钟，要在 8 分钟内把事情说清楚，还要结合科学实验展示科学方法或者科学原理，确实不易。

2. 故事发展

随着剧情的需要，故事慢慢地发展，向前推进。跌宕起伏的故事能让人有一种良好的带入感，好的故事发展可以让观众引起思考与共鸣。一个好的故事发展不拖沓，干净利落，首尾呼应，让人觉得在适当的时候达到了整场表演的高潮。所以，好的故事很重要，在什么时候推进故事的发展也很重要。尤其是在推进情节往前的时候，还需要结合现场互动与实验表演，做到两者相互结合好才最关键。

3. 气氛烘托

氛围的营造其实很重要。一般体现在选手的肢体语言、周边的布景，还有背景音乐的搭配使用等。一个好的气氛烘托，会让观众有沉浸式的体验，跟着表演者的情绪走，跟着剧情去发展，选手若能掌握一些现场互动的技巧，在适当的时候带领鼓掌，不仅可以把观众的情绪带起来，更能给评委留下深刻的印象。音乐的搭配使用很重要，我们在后面章节将会详细介绍。

4. 台词设计

除了默剧不需要说台词以外，其他的表演都是需要台词。台词是全场表演的关键，观众正是因为台词才听懂整个表演，理解编剧设计此剧的用意。台词又分为对白、旁白和独白三种类型，是推动和展示剧情需要、塑造人物，衬托主题的主要方式。在我们的表演中，台词应该具备感染力、表现力和充满感情。在台词设计中，讲到科学原理时，必须使用准确，合理得当，避免出错原理表述错误。

先来谈谈设计台词的时候需要注意什么？

（1）设计台词的时候需要有动作化。台词必须要跟着剧情的走向来，慢慢跟着故事的发展结合对白等方式把表演推向高潮，台词最能表现表演中的矛盾与冲突。在设计台词的时候还要把动作引导进去，也就是为人物和剧情的搭配提供铺垫和引导。

（2）台词需要有一定的个性化设计，要立足于每个演员所扮演的角色性格，

比如害羞胆小、洒脱豪爽、调皮捣蛋这样的性格需要借助台词表现出来。这样可以揭露人物的性格与想法，同时也体现出每个剧中人物性格的差异化和他们的语言特点。

（3）台词需要口语化。台词设计要言简意赅，简单直白，不要拐弯抹角，尽量减少长句。说台词的时候要生活化一点，尽量减少书面语的描述，口语化为主，可以增加与观众的亲切感，拉近与观众的距离。说台词不可以是背诵式的，要把知识通过深入浅出的方式表达出来，把原理说出来。适当的用一些诗句、成语与歇后语，对增强对话的口语化有很大帮助。

（4）台词需要场景化。我们台词的设计都是需要根据场景进行相对应的设计，根据场景的不同，台词也必须跟着变化。大家看过这样的剧，在一部古装科普剧里，演员们使用现代感极强的台词，会让观众觉得很新潮，很特别，很有趣。但是其实从台词场景化的角度出发，这是不适合的，应该使用与场景相对应的台词对白，若一味追求网络语、火星语，来营造台词中的幽默感与趣味性，往往会丢失整部剧的场景感。

再来谈一谈独白，独白是角色在舞台上独自说出的台词，是把人物的性格、情感和想法倾诉给观众的一种艺术手段，往往用于人物内心活动最剧烈、最复杂的时候。独白具有与对白相同的特点，不同的是独白是发自内心的与自己对话，面对自己，真实不虚假。

最后说一说旁白，旁白是幕后音对舞台剧情和背景进行的解说，是对剧情的铺垫或者补充，一般放在开头或场幕切换，以及整部剧收尾的时候。要注意的是旁白要言简意赅，简明扼要。

5. 知识表达

一部科学表演的知识表达部分是很重要的。科学表演的知识表达就是把表演中涉及的科学原理说清楚，也就是剧的原理性部分，表演当中的核心部分。比赛既然叫作科学实验赛与其他科学表演赛，那么就必须在表演中体现科学性，而这个科学性是否正确，是否完整，在原理和知识的部分选手们有没有表达清楚，给观众传递的科学思想正确与否则显得尤为重要。只有知识表达清晰准确，才能让人看得懂，并引发观众的思考。

6. 戏剧冲突

个人认为戏剧冲突是六个创作要素中最重要的，它是剧本的核心。科学表演中需要矛盾冲突吗？答案是肯定的。戏剧冲突是基础的组成部分，是展示人物性格、反映本质内容、体现作品中心思想的重要部分。戏剧冲突的表现形式在作品当中，是多种多样的。可能表现为人物与人物之间的冲突，也就是外部冲突，也有可能是一个人物自身的内心冲突，称为内部冲突。有时候是单独展开，也有时候是交错在一起，互相支撑，互起作用。当然，也有可能是人物与大自然，或者与社会之间产生的冲突等，这些冲突都体现出了一定的戏剧化。

冲突不是吵架，冲突就是在你的愿望和目标之间，有一堵墙。比如说，你要出门买菜，刚好丢了钱包，又刚好掉进了下水道，好不容易爬了出来，又被车撞……又比如说，你出门买菜，刚好没化妆，邋里邋遢，又刚好碰到了你的暗恋对象！总之，你无法很顺利地买到菜，这就是剧情当中戏剧冲突的体现。

那么，为什么表演就一定要有冲突呢？让我们来试想一下没有冲突的剧是什么样的。首先男主角对女主角一见钟情，然后男主角表白，两人相爱，见了双方父母，结婚，生孩子，最后老死了。就这样结束了，这样的剧估计观众看着看着就睡着了吧！

再比如，无冲突版的《西游记》是什么样呢？首选唐僧奉命前往西天取经，出门遇到个猴子很聊得来，于是猴子说：取经有何难？老孙一个筋斗十万八千里……于是，孙悟空带唐僧翻一个筋斗见了如来佛，取了经书，再一个筋斗返回来，全剧终。话说，这样平平淡淡无任何矛盾冲突的剧，你喜欢看吗？

四、科普表演创作注意事项

1. 在表演中的知识传播要尽量丰满

当我们在做科普表演的时候，经常是整场表演灯光造景完美、服装道具均到位、塑造的人物性格鲜明、故事情节跌宕起伏，可是却很难让人找到该剧要表达的知识点。换句话说，也就是在表演过程中，知识传播不到位，在科学性方面就没有达到要求，若是在比赛中，很难获得高分。我们的比赛是科普表演赛，表演当中的科普成分是核心部分，必须在尽可能的情况下，让知识传播完整化。

2. 避免人为拔高

我们在做科普表演的时候，都有立意，一部剧的立意若够高够好，则比较容

083

易被观众接受,被评委记住。而比较容易犯错的就是人为拔高立意。这是什么意思呢? 也就是说演员在表演的过程中,过分地加入了自己的情感,以至于在表演的时候,让观众产生一种看完这部剧,若是不这么做,就是对自己的否定等。让人看完产生这类情愫的话,就属于是人为拔高立意。一部优秀的科学表演,应该让人看完后能通过反思,产生自己的价值观,做出自己的判断。而不是看完后,像是被紧箍咒套住一样,强迫自己接受他人的观点。

3. 要有全龄化意识

在平时的科学表演中,或者参加比赛,我们一般拟定的受众是少年儿童,因为科技馆接待的儿童最多,所以这个定位是没有问题的。那么,我们是不是就应该只为儿童设计适合他们观看的科学表演呢? 当然不是,我们的表演是要有全龄化的意识,编剧在设计剧本的时候要把思路打开,覆盖面打开,只有这样才能编出好的剧本。

4. 将知识融入剧情

围绕知识点设置冲突点,自然流露,含而不露。在比赛当中,有一些馆表演的时候没注意把握融合度,结果出现一种情况,那就是表演完后,全场观众和评委找不到该剧的知识点在哪里? 这样的情况分为两种原因,一种是该剧没有设定知识点,这是设计思路出问题;另一种则是知识点不够突出,太过于隐蔽,以至于让人无法明显看到。

那么,在备赛期间,设计和表演的时候应该如何才能让知识点显示出来呢? 最好最直接的办法就是围绕整部剧的冲突点来设计,在整部剧最高潮的时候把知识点铺开,把科学原理讲清楚。这样就可以达到很好的效果,也可让观众和评委在第一时间了解主创人员的设计思路。我们偶尔会看到一些科学表演有这样的桥段:演到一半的时候,演员突然大喊,"哇! 博士! 原来这就是神奇的伯努利原理啊!"博士则回应,"没错,流速快的地方压强小,流速慢的地方压强大,当上下压差等于圆盘重量的时候,就悬浮起来"。往往此时场下都会有笑声。为什么观众会发笑? 明明已经把原理说出来了,也已经把知识点融入剧情,随着事情发展表述给观众了。观众之所以会笑,是因为他们觉得知识点的阐述过于刻意。换句话说,也就是为了讲知识点而设计了这样的剧情来搭配,而不是自然流露。希望大家能把知识点放在剧的冲突点位置是因为有戏剧冲突的时候,往往是整部剧的高潮部分,这时候观众和评委的专注力最集中,知识点的表达若能在此时被烘托出来,则不会显得太刻意而让人觉得不自然。

5. 处理好借鉴与创新

现在的比赛是越来越难了,第一届科学实验比赛的时候,拿根竹签插气球都能获奖。而随着比赛不断进行,大家总会绞尽脑汁去创新,希望给观众与众不同的新鲜感。而创新是一件很难的事,对科学实验比赛来说,做来做去,无非就是那几个实验,再套上不同的剧情来修饰,总体来说都不算是创新。对于一些从未参加或者很少参加大赛的馆来说,模仿与借鉴往往是最初的参赛方式。有的馆会把前几届优秀的获奖作品翻出来学习模仿,换个剧情就当自己是创新性表演或称为自己的原创作品。我们注意到比赛规则里强调创新性,并没有要求要有原创性。所以模仿和借鉴都是可以的,只是在借鉴科学方法和实验的同时,应该要结合本馆或者自己城市的特色进行修改与加工,最后呈现出来的才是有本馆特色的作品。其实可以借助多种艺术形式,不拘一格地展示出剧的特点。比如在剧中加入特色的音乐,因为音乐是以声音为物质的传播媒介,以时间为存在方式并且诉诸听觉的艺术。音乐不像画画、塑形等艺术那样,能直接提供空间性并且在时间中固定住,音乐在时间中展开并完成,具有连续性和流动性。还可以加入舞蹈,因为舞蹈是人体动作的艺术,是通过有组织、有节奏和连贯性动作来表达主题。舞蹈表情、舞蹈动作、舞蹈构图是舞蹈艺术的三要素,在表演中舞蹈使用得当,可以表现出人的各种情感,凸显表演主题,这是加入舞蹈艺术的重要原因,同时也是观众进行欣赏和引起共鸣的关键。这类加入音乐和舞蹈元素做得好的馆有江苏科技馆、宁夏科技馆、山西科技馆等。对艺术形式来说,还有可以加入话剧、曲艺、杂技、魔术等。加入各种各样的艺术形式,目的是让人耳目一新,使整个剧的表演更加丰富。

刚介绍的一些艺术形式是表演类的,接下来我们来说说语言类的艺术形式都可以有哪些借鉴。我们首先想到的是前面章节介绍的相声——用风趣幽默、滑稽的问答、说唱等引起观众发笑的一种曲艺形式。此类艺术形式按人数可分为单口相声、对口相声、群口相声、相声剧。相声是一门最擅长与观众进行交流的艺术,相声演出所产生的剧场效果,往往是其他舞台艺术无法比拟的。若能合理加入相声元素,一定能集合科学性、创新性于一体,引人思考。

脱口秀,前面也介绍过,基本内容为"单口小段＋小品环节＋名人访谈",但是在比赛中使用脱口秀要注意一点,仅一人表演的脱口秀,如使用的道具又不够吸引人,观赏性可能不够,较难获得观众与评委的掌声,分数自然也不会太理想。

语言类的艺术形式还有小品。其实小品有点类似科普剧,它的题材丰富多彩,运用得好,可以反映所要表达的科学知识,社会现象的深度、广度。小品或科普剧的表演形式也愈趋多样化,从此成为舞台上不可或缺的独特的艺术形式。

此外还有民歌、朗诵、昆曲、评弹、京剧、越剧、黄梅戏等,但是目前都没有得到充分运用,最大的原因是这些艺术形式都有鲜明的艺术特征。比如民歌的展示形式极其活泼,当然表演出来也很接地气很亲民,很受欢迎,但表演者需要有很强的声乐基础,并且如何将民歌科学知识相结合需要下功夫思考。朗诵,其实就是高声诵读。把文稿作品转化为有声语言的创作表演,铿锵有力、抑扬顿挫地用语言将我们的所思所想表达出来,将我们的思想传达给观众与评委,但是此艺术形式对选手的自身素质要求极高,业界此类选手并不多见。而昆曲、京剧、越剧等几种艺术形式,由于专业性太强,目前在科技馆业界没有看到。我们希望以后能看到业界有馆能继续创新,不断优化,利用不常见的新艺术形式,结合科学原理,阐述科学方法,普及科学知识,为公众呈现精彩的科学表演。

值得一提的语言类艺术形式还有口技,早期从宋代开始盛为流行,表演者用口、齿、唇、舌、喉、鼻等发声器官模仿各种声音,如飞禽猛兽、风雨雷电等,能使听的人达到身临其境的感觉。利用口技的艺术形式进行科学表演的优秀代表作品是上海科技馆的"人声与电子合成器",除了控制音响和放 PPT 以外,绝大部分时间,舞台上只有一个穿着随意的选手在表演口技。小号声、蚊子嗡嗡声、蒙古族特殊的歌曲演唱方法"呼麦"等 10 多种声音被他模仿得惟妙惟肖,更关键的是,配合这些声音,还有不同的震动波形展示出来,从而阐述科学原理,让观众在享受听觉盛宴的同时能学习科学知识。该作品同时也获得了国赛一等奖的好成绩。

大家容易走进一个误区,会以为科学表演的道具越多越好,配乐越长越好,服装越鲜艳越容易被关注。在大家都在不断做"加法"的时候,受到观众喜爱和评委青睐的却是做了"减法"的一些科学表演。我记得上海科技馆副馆长梁兆正说过:"科学表演最主要的是创意,虽然表现形式是吸引人的一种手段,但归根结底要回归到内容上来。表演太多,对科学传播也许是一种伤害。"非常赞同这样的说法,过去判断科普成功与否,是观众、评委记住了没有,但是如今我们认为,如果我们的表演哪怕让在场观看的其中一个孩子对科学有了兴趣,愿意去探索知识,这样的科学表演就是成功的。

6. 融入角色,用心创作

编剧和选手都要进入角色,用心创作才能写出观众喜欢的好作品。人们常说演员演戏,如果不融入剧情,则很难演出好的作品。其实,编剧也一样,需要融入角色当中。著名的张艺谋导演曾经说过:"创作中,最重要的是尊重情感,任何创作形式都要以情感入手。"而编剧作为创作团队的指挥型人物,他对作品的情感的理解和定位,最终将通过角色情感的表达来展现,角色情感的表达思想、风格定位也会受到相对应的影响。因此,编剧本身要融入角色,只有融入后用心创作,对作品情感的解读具有一定的代表性和思想性,才能在作品中呈现出更深层次的角色情感。

著名导演宫崎骏曾经说过:"我希望能创造出更深情感的作品,来拯救人类坠入黑暗的灵魂。"虽然宫崎骏创作的是影视动画作品,无法借助表演者对角色情感进行表达,却仍然凭借他对作品的情感深深地感染所有的观众。由此可以看出,一部剧中编剧真诚、朴实的创作情感是好作品的源泉,也是角色表达的根本。

五、科学表演备赛常见问题

1. 知识性错误

我们在备赛时会遇见以下问题,最经常遇到的就是出现知识性错误。知识性错误主要分为两种,一种是知识本身的错误,另一种则是传播过程当中逻辑出现了错误。在科学表演中,一旦作品出现了知识性错误,则一定获得不了高分。在表演中,科学性、知识性是最主要的评分标准。其实,出现这两种情况的最大原因是自身知识积累不够造成的。对公众来说,你传递了一个错误的知识点是很可怕的事情,那么怎么做可以避免这样的错误呢? 首先,一定要对所阐述的科学知识进行准确性考量,以确保知识本身没有错误。其次,传播过程当中的逻辑是很重要的,在设计表演的过程中,有时候由于剧情需要,或者上下过渡需要,往

往往会更改衔接词或者更换顺序,这时候就容易出现逻辑性的知识性错误。在设计脉络的时候,一定要分清知识点的表达顺序,按照正确的逻辑线来表达知识点就可以避免错误。

2. 知识深浅度把握不足

再来就是常出现知识深浅不适当。此类问题可分为:1.常识性问题浅显传播,没有传播的价值,换句话说就是知识表达太浅。2.表演过程当中知识表达过于深奥则没有达到传播效果。产生这两种情况的最大原因是对受众群体研究不够透彻造成的。在比赛当中,会发现有的项目设计得好,表述得也很棒,但是在评委评分的时候并没有获得高分,究其原因,就是知识点的深浅运用不得当。如果受众定位是小学1—2年级学生,表演和原理知识点太深奥的话就不太适合,知识点过浅也是同样的道理。所以知识点该说多少,要说多少,要怎么表达,怎么让观众明白,和表演受众有很大关系,受众群体的年龄、身份、职业等都要研究透彻,才能根据有效信息设计出相符的科学表演,传播出来的科学知识才不会出现深浅不适当的问题。

3. 科学与艺术融合问题

再来谈一谈科学与艺术融合的问题。在备赛期间出现此类问题最有可能是因为表演没有围绕知识点展开,存在"两张皮"现象。"两张皮"现象指的是同一事情存在两种表现。对科学表演来说,如果我们表演的时候只注重表演情境、造景或者氛围的设计,而没有真正架起沟通表演情境与表演目标的桥梁,就不能引导观众对此表演进行深入的分析、思考和推理,不能有效地实现表演的真正目的。所以在表演中,"两张皮"现象不可取。我们来看看表演与目标相脱离是什么样的表现。

举例A 表演片段:表演者在进行科学表演时,用多媒体投影表演内容,创造表演情境,此设计引起了观众的兴趣。然后整场表演中,表演者都没有引导观众就内容进行分析、探究和联系生活,而是直接用大屏幕来讲解原理与内容。

A问题分析:摆情境,伪探究,实导入。表演者通过AR、VR等技术来吸引观众的兴趣,但没有针对表演内容提出问题,没能调动观众进行思维和探究,没有将情境与科学知识联系起来,也没有利用情境来培养观众的能力,内容和展示方式充其量只是起到导入的作用。

举例 B 表演片段:表演者在进行科学表演时,提供了很多关于伯努利原理的材料、关于流速大小和压强关系的具体材料,然后表演者利用举例的材料进行归纳推理,总结出"流速大的地方压强小,流速小的地方压强大"的观点。但表演者在引导观众分析、归纳的过程中经常用到"是不是?""对不对?""行不行?"观众则相应回答"是"或者"不是"。有的时候表演者提出一个问题后,学生还没有反应过来,表演者就开始自己回答了。互动的问题太简单,甚至观众回答问题的时候直接照着 PPT 读出来,而此时表演者对此赞赏有加,表演不已。

B 问题分析:设情境,假推导,实灌输。我记得著名的心理学家米勒曾经说过:"教师应该较少详述事实,较多提出问题,较少给以现成答案。"其实就是强调"师者,传道授业解惑也",更重要的是通过教学引发学生的思考,而不是直接给现成的答案。我们做科学表演也是一样,因为我们都是通过表演在传递科学知识,和老师是一样的角色,观众就好比学生,通过观看科学表演,引发思考,更好地将学到的科学知识和办法运用到学习与生活当中。例中表演者虽说设定了表演中的情境,也很好地利用起来,并提出了问题,但是问题设置不合理,仅让观众互动的时候回答"是"或"不是",或者直接读背后 PPT 的内容,根本没办法培养观众的思维、推理和探究能力;表演者自问自答,自己展示和讲解,填鸭式或灌输式的表演,看似有引导和探究,实际上观众的思维没有跟上,相当于一个围观者。优秀的表演需要把现场观众融在一起,成为一个整体,变成整场表演的一部分,如果观众没有融入,没有真正地参与科学表演,便没能真正锻炼思考和探究能力。以上是科学表演和艺术形式没有融合在一起的一些举例,出现了表演中变相的"两张皮"现象。所以我们表演者必须深入的挖掘和发挥表演情境的作用,进而充分地让表演情境为内容和科学知识服务,这样才能把科学和艺术相融合。因为,观众在一定的表演情境当中,跟着表演者经历了对科学知识的体验和思考,才是观众通过观看科学表演学习到的最有价值的东西。

除了"两张皮"现象,出现科学与艺术融合的问题还有戏剧性不够,知识点变成说过去,而不是演出来。有的表演者一直在背稿,其实并不理解里面的知识原理,到了该表现知识点的时候,就变成了长篇大背诵,因为对科学表演的编剧和主题思想理解不够,对表演的把握也不到位,便无法将剧中的知识点真正演出来。

最后一点影响科学与艺术融合问题就是人物情感不够,表演中缺乏一定的

幽默感。有的表演者天生自带幽默细胞,在表演的过程中,不仅能让观众边笑边看,还能通过这样的表演吸收科学知识。大家可以发挥一下想象力,如果一个表演者在舞台上很呆板,硬邦邦的,没有一点幽默风趣,这样的剧你爱看吗?会觉得有意思吗?我们在生活中要慢慢累积,培养幽默感绝不是在一朝一夕,多接触一些让你觉得有意思的人,可以慢慢训练自己的幽默细胞。幽默风趣的谈吐,即便不用在表演上,在生活中也可以让自己变成一个有趣的人。

4. 片面传播

最后一点,我们来谈谈备赛时最容易出现的问题——片面传播。所谓的片面传播,就是在表演中只讲好的一面或者不好的一面,知识传播不全面不科学。出现这个问题最主要的原因是对知识传播本身的科学性把握不够。比如现在要大家编一个科学实验表演,主题是转基因。我们应该怎么来编剧和演绎这个主题呢?说到转基因,大家第一时间会想到转基因食品。要编此剧的话,首先要明白什么是转基因。

转基因技术是利用现代生物技术,将人们期望的目标基因,经过人工分离、重组后,导入并整合到生物体的基因组中,从而改善生物原有的性状或赋予其新的优良性状。除了转入新的外源基因外,还可以通过转基因技术对生物体基因进行加工、敲除、屏蔽等方法改变生物体的遗传特性,获得人们希望得到的性状。这一技术的主要过程包括外源基因的克隆、表达载体构建、遗传转化体系的建立、遗传转化体的筛选、遗传稳定性分析和回交转育等。

大家来判断以下的编剧是否合适得当?A组设计的转基因主题科学表演提出了以下几点鲜明的观点:(1)通过基因的转变,增加食物的种类,从而提高食物的品质。(2)解决粮食短缺问题。这也是转基因食品最开始的初衷所在。(3)增加食物的营养,提升食物的品质,这也是转基因食品最显著的特点之一。(4)减少农药的使用。转基因食品吸取了多种食品的优势,减少病虫害的风险,在一定程度上减少环境污染。所以A组得出的结论是,通过转基因技术研发的转基因食品是对人类有益的,是好的。

再来看看B组的观点。B组在表演中阐述的观点是:(1)转基因食品因为违反自然规律,会有很多潜在的风险。(2)转基因技术会造成生物污染。很多生物科技公司为了保护自己的产权,对所销售的转基因种子做了"绝育"的处理,对人有害。(3)转基因食品潜在危害包括：食物内所产生的新毒素和过敏源；不自然食物所引起其他损害健康的影响；应用在农作物上的化学药品增加水和食物的污染；抗除草剂的杂草会产生；疾病的散播跨越物种障碍；农作物的生物多样化的损失；生态平衡的干扰。(4)转基因生物可能危机生物的多样性。(5)转基因生物可能对人体健康产生不利影响，严重的可能致癌或其他遗传病。所以 B 组得出的结论是，通过转基因技术研发的转基因食品是对人类有害的，是坏的。

各位，这两组的观点哪组是正确的呢？其实两组都不正确，都犯了片面传播的错误。首先我们要知道，目前为止，转基因技术或者转基因食品并没有一个明确的好坏结论。所以从一开始，当我们理解了转基因技术的概念后，接着就要分析它的安全性和优缺点，让观众全面了解这个概念。而不是在编剧的时候，过多地把自己的想法注入表演当中，让人看完这部剧就觉得转基因技术是完全正确的，或者是转基因技术是对人有危害的。否则就变成了由于对知识科学性的了解不够，造成了片面传播。

六、科学表演中的应变

什么是应变能力呢？应变能力是指面对意外事件等压力，能迅速地做出反应，并寻求合适的方法，使事件得以妥善解决的能力，通俗地说就是应对变化的能力。在科学表演中，我们可能会突然遇到紧急情况需要用应变能力来化解。临时性复杂的变化导致表演在许多情况下是一个非程序性的流程，解决非程序性问题就要有创新，而这就是一种应变。科学表演者需要具备这样的能力。

我们应该如何提升自身的应变能力呢？第一，参加富有挑战的活动。在实践活动中，会遇到的各种各样的问题和实际的困难，努力去解决问题和克服困难的过程，就是增强人的应变能力的过程。第二，扩大个人的交际范围。只有首先学会应变各种各样的人，才能推而广之，应付各种复杂环境。实际上，扩大自己的交际范围，也是一个不断实践的过程。第三，加强自身修养。应变能力高的人往往能够在复杂的环境中沉着应战，而不是紧张和莽撞从事。在工作、学习和日常生活中，遇事沉着冷静，学会自我检查、自我监督、自我鼓励，有助于培养良好的应变能力。第四，注意改变不良的习惯和惰性。假如我们遇事总是迟疑不决、优柔寡断，就要主动地锻炼自己分析问题的能力，迅速做出决策。下决心锻炼，

人的应变能力是会不断增强的。

在科学表演中,什么情况需要我们用到应变能力呢?

表演过程中,自己或同伴出现忘词、抢词甚至先后顺序混乱时应该怎么办?

1. 自己忘词时,应放慢自己的语调和说话的节奏,同时用动作和手势转移观众的注意力。

2. 同伴忘词时,自己马上接上下一句,不要停顿,更不要提示观众自己所犯的错误。条件允许的情况下,也可以用调侃的语气提醒同伴,让观众认为忘词是设定之内的部分。

3. 出现同伴抢词或先后顺序混乱时,千万不要打断同伴,顺着同伴的话继续说下去,逐渐调整顺序,也可直接舍弃掉不必要的内容。

表演过程中设计音乐跟不上怎么办?绝对不要中途打断表演的进程,如果动作快了,就放慢甚至停下正在进行的内容,也可加入别的内容来拖延时间;如果动作慢了,就舍弃一些不必要的动作,让之后的表演能够跟上节奏且不影响表演的连续性、完整性。

针对表演过程中音乐跟不上问题,讲一个案例作为分享。在 2015 年的第四届全国科技馆辅导员大赛上,厦门馆表演的科学实验节目叫"滑稽泡泡",在 8 分钟的表演即将进入尾声时,我与周老师有一段舞蹈,赛前我们在测试音乐的时候一切都正常,结果当舞蹈进行到一半的时候,比赛到了 7 分钟,剩下最后 1 分钟的时候有响铃提醒,当响铃提醒后,音乐便中断了,再也没有响起来。那时候整个舞台只有我和周老师在跳结束曲,没有任何音乐伴奏。由于事出突然,周老师的舞蹈动作停了下来,我转身问道:"你怎么不跳了呢?"周老师立刻回答:"没有音乐了,我害怕,我不敢跳。"我接着说:"那没有音乐也要把舞跳完的嘛!"于是,我就在没有音乐伴奏的情况下,把舞蹈跳完,给表演做了结束。我们知道,这是一次音乐没有跟上的失误,有可能提醒的响铃和播放的音乐是同一个接口或者其他原因,总之是出现了失误。但是我们利用了平时表演和工作上的积累经验,利用应变能力巧妙地化解了这次的失误,我个人还是比较满意的。当我们下台的时候,合肥馆的同事来问我,最后音乐突然停止是不是原先就设计好的桥段?他们觉得设计得挺巧妙的。这是让我觉得很欣慰的事情,也就是当我们把失误较好的用应变能力化解的时候,反而给在场的观众耳目一新的感觉,至少从整体的效果来看,没有受到太大的影响。

做实验的时候,道具、服装或器材不到位或出现问题时怎么办? 如果道具会影响整个表演的进程,就必须回去拿。不过过程中可以用夸张的语调,穿插一些有趣幽默的台词。

如:俺老孙宝器未带,待俺去去就回!

在电视剧《爱情公寓》里,有一幕是这样的,黄忠大战马腾,当黄忠的扮演者骑马到城下叫板时,马腾的扮演者立马开门应战。当黄忠看到马腾时,发现马腾忘记带胡子就跑出来了,于是非常聪明地对马腾喊道:"你这马超小儿,你胡子都没长齐呢,配与我交战吗? 叫你爹来和我打!"而马腾的扮演者也相当的机智,一摸,发现胡子忘戴了。于是对着黄忠冷笑道:"好! 你给我等着!"然后转身回去,过了几十秒,戴了胡子的马腾换了一匹马出来和黄忠厮战起来。从这段可以看出,哪怕在场的观众都看出了演员是忘了戴胡子,但是也会为这样的应变能力鼓掌叫好。所以,出现失误并不可怕,只要我们训练好自己的应能能力,不仅能化险为夷,还有可能起到更好的舞台效果,与观众引发共鸣。

七、科学表演与观众的互动设计

1. 康乐辅导

首先,我们要理解一个词语,叫作"康辅",也就是康乐辅导的意思。康就是康乐、健康快乐;辅就是辅导、辅助引导。康辅就是以康乐的手段达到辅导的目的。在表演中要如何落实康辅呢? 只要记住,让自己快乐就是最基本的元素。

表演很注重与观众的互动,还有表演的现场感。要做好亲和力的培养,可以有助于拉近表演者与观众的距离。首先不要自我限制,我们应该要开阔自己的心胸和眼界。接着是要懂得倾听观众内心的想法,思考他们所需要的。再合理使用幽默自嘲的方式来进行互动,在训练章节将会着重介绍此方式。我们自己的缺陷和不足若能勇敢地说出来,观众会给你意想不到的反馈效果。还有一点就是表演者的照顾面要广,每位观众的想法都很重要,尽可能地多覆盖观众的想法。

在舞台上与观众进行互动的时候,最多时候就是与现场小朋友互动的环节了。如何能有效地控制好小朋友们的情绪呢? 第一个办法是分发礼物,礼物是

最能影响小朋友情绪的催化剂,可以使他们积极踊跃地与表演者进行有效互动。但是切记不要发生"撒糖效应",要注意安全。所谓的"撒糖效应"最早源于表演者在舞台上向台下的小朋友分发糖果,或以发的方式,又或者以丢的方式,大家要记住,你丢的是糖果,小朋友会一拥而至疯抢;如果你丢的是大头钉,那么小朋友也会同样进行疯抢,这就是孩子们的天性。所以安全性必须要保证,避免出现由于拥挤引起的踩踏事件。

2. 表扬与鼓励

第二个办法是表扬与鼓励。不经意的一句表扬,会让小朋友乐在其中。比如在表演的过程中,对小朋友说:"你们太棒了,太聪明了!"或者说:"有没有哪个小朋友想做英雄的? 可以举手回答哦!"还可以这样表达:"嘿! 这位小朋友真好厉害哦,都可以当小老师了!"当小朋友们收到赞扬和鼓励的时候,他们不仅会集中注意力回答问题与你互动,更能让整场舞台的表演氛围达到最好的状态,互动越好,效果越明显。

3. 满足观众欲望

第三就是满足他们表现的欲望。往往在互动的时候,表演者会向台下观众抛出几个问题,当小朋友举手回答的时候,我们要给他们表现自己的机会和平台,哪怕举手的小朋友回答得不正确,我们也要鼓励他们,这样他们的自信心才不会受损,下次提问时也还会积极举手与你呼应。请小朋友上台来,多让他们做一些自己能做到的事,而非自己一味地卖弄与调侃他们。

我们在互动中,除了提问时让现场观众给予回答以外,偶尔是需要邀请观众上台进行互动展示的。那么如果在舞台上,尤其是在比赛中,你选人的技巧不对,那么有可能会造成尴尬的场面出现。那么选人技巧都有哪些呢? 一些选人的办法和大家一起分享,比如:抛球选人、动机取向、点人头、唱歌、出题目、传东西、机智问答、是非题、手势互动等。

舞台是科技馆辅导员通过科学表演展示自己的一个平台,如果演员在台上的表演无法让他们信服,那么表演将无法得到观众的认可。所以在新形势下要做到与生活逻辑相近,与观众的认知产生新的共鸣。表演要做到对观众有一定的吸引力,除了要创新科学表演的形式外,演员在舞台上是否进行着有机互动自然成为一个至关重要的因素。

互动技巧主要分为三类，分别是全自然互动、半强迫互动与全强迫互动。不难理解，全自然互动指的是演员在舞台上能把控全场，观众对演员在台上的提问或者邀请上台等都能主动的积极配合，都愿意举手争取上台互动的机会。当然，这样的情况是我们每一位表演者在舞台上最愿意看到的现象。但是并不是所有的表演都能如此顺利，如果现场的观众比较闷，不爱互动，我们可以通过怎样的方式来调动观众的情绪和调节现场的气氛呢？

这时候我们就引出了第二类，半强迫互动。所谓的半强迫互动，我们可以通过提问，比如可以说："请问大家，你们认同我的观点吗？认同的观众请给我雷鸣般的掌声啊！"然后带动现场观众一起为自己鼓掌。又比如："请问各位，你们认为这个说法正确的话请用双手在头上比一个'○'，如果觉得错误，请在头上比一个'×'，请各位观众做出你们的选择。"类似这样的互动效果非常好，可以引领观众根据演员的提示来进行互动，以上就是半强迫互动的一种体现，也是一种比较好的互动选择。

再说说全强迫互动，我个人是非常不希望大家在以后的表演中用到这个技巧，因为若没有互动好，会造成尴尬的场面，观众继而会冷漠对待你的互动，你也很难找到台阶下场，等待的结果就是表演中的"车祸现场"。全强迫互动就是直接点名，比如说："这位先生，请您上来配合我下。"或者"这位女士，请说下你的观点？"大家想一想，如果你点名的观众并不想回答，或者他也不知道要怎么回答的时候，那会陷入什么样的尴尬局面？你邀请的观众可能是一位内心非常腼腆害羞的人，不敢上台配合你的互动，在台下扭扭捏捏，耽误的不仅是你的表演时间，更大的问题是影响了整场表演的连贯性和观赏性，最后观众执意不上台配合，你又要换另一位观众上台，那么整场表演可以说是提前结束了。所以希望各位在以后的表演中不要用到这类全强迫互动，尽量使用前面两种互动方式，才能让你的表演达到最好效果。

第三章
科学表演创作基本要素

一、科学表演创作结构

我们首先来分析一下科学表演创作的结构，一般表演的结构分为两种，即纵式结构和横式结构。纵式结构是指表演的层次以事物的纵向发展、延伸进行安排的一种结构形式，一般用来表现事物的历史过程，又称纵贯式结构、演进式结构，或垂直结构，与横式结构相对。横式结构就是把一组属于不同类别，但有内在联系的事物或景象，按照差不多相同的句子结构排列在一起，来共同表达一个主题。那么这两种结构分别有什么优点呢？

纵式结构的优点是线索集中，中心突出，事件发展有一个过程，容易产生高潮，往往可以使表演中的剧情故事一波三折，委婉曲折，分析问题时层层深入，说理透彻。不易之处是需要一件比较新颖、重要的核心事件，如果故事简单，就无法深入下去，显得单薄肤浅。而横式结构的好处是构思简单，表达有力，抒情色彩浓厚，且不易跑题。其不易之处是要找到三个以上表面内容不同，但有内在联系的角度和材料。另外，在语言上不要泛泛而谈，也要有一定的描写。

此外，科学表演创作的结构还有采取纵横交叉式的结构，也叫作时空交叉结构。它以事物发展的时间顺序为基本线索展开，描述几个在同一时间发生的，不同空间方位的相关联的故事。其实就是以时间推移为经（即纵），以空间位置为纬（即横），立体化、全方位反映事物的广度和深度的一种结构方法。这种结构既能照顾时间上的连续性，又能兼顾事情的串列性。该结构的特点是，截取几个在事件发展过程中起转折或关键性作用的时间要点，然后在这一点上向横向铺展，力求波澜壮阔地反映出事件的声势、规模，有条不紊地交代清楚事件的头绪、线索。与纵式和横式结构相比，该结构更富于变化，更需把握基调的中心，因而在科学表演创作的结构中使用起来难度更大。在科学表演中，是由对某一现象不了解到掌握了该现象的相关科学知识，所以相对这三种创作结构来看，大家较多地采用纵式结构,即以时间推移、通过表演了解学习掌握科学知识的发展过程为顺序。

二、结构布局的和谐统一性

由于表演通常需要根据剧本涉及的内容,来进行场景的布置、舞台道具的变换,而有时在表演当中更是需要分成两到三个环节。作为编剧,要在活动中考虑场景之间的衔接情境,是否与剧情相连,避免过渡过程的生硬、机械,导致最后所呈现出来的内容过于尴尬,前后内容要交代清楚,避免造成观看的人产生"一头雾水"的感觉,一定要严谨,使整个表演浑然一体、流畅自然。以上内容其实也是对于科学表演创作结构布局统一和谐性的要求,创作者注意布局的统一和谐也是对于作品能否演绎的重要前提,所以在结构布局中不能够出现头轻脚重、比例失调的现象。

那么,什么是"布局"呢? 布局指的就是创作者必须将基本素材、组织脉络、情节顺序发展清楚地结合在一起,融合后将其变成条理分明、首尾统一的整体。要避免厚此薄彼的现象,防止破坏结构的和谐与统一。这也是结构周详、完整的要求。清代戏剧理论家李渔认为,写作如同工师之建宅,把砖瓦木料准备妥当之后,要动工兴建时必须有一个全面的安排设计:何处建厅,何处开户,栋需何木,梁用何材,必俟成局了然,始可挥斤运斧。这段论述也深刻体现了布局在一项工作中的必要性。那么在布局上,如何注意和谐与统一呢? 在布局时,编剧者应该注意内容的本末,详略得当,疏密相间,求得和谐与统一,最大限度上避免畸轻畸重的现象产生。比如以方纪的《三峡之秋》为例子,从布局上来看,对于文章的处理较为妥帖,其内容分段较为清晰,主次分明,能够使人抓住重点。文章主要是突出赞美三峡秋天的美好风光,全文分为四个部分,根据太阳的状态转换分为四个不同阶段而展示出在秋天时三峡的景致,第一部分是在早晨,描写了三峡在太阳即将升起时的景象;第二部分是中午,展现了在正午时阳光的照射下三峡景致的壮观;第三部分是在下午,在太阳落下之前三峡的状态;第四部分是夜晚,描述了在太阳落下后三峡又归于宁静的情境,将三峡在一天中的状态变化展现得淋漓尽致,纵观《三峡之秋》这一文章的结构,周详妥帖,恰当有序,凸显出结构的严谨。我们在科学表演的创作上,也可借鉴这样的结构方法。

在科学表演作品的创作阶段,还需要注意作品内容的主次分明,而主次分

明,就是说在作品的结构布局时,主要内容和次要内容要分明,重点能够突出,这也有利于主题思想的表达。

比如屠格涅夫的《马霞》布局主次分明,该文是以第一人称和车夫的对话形式展开的。作品中"我"的发问,都是为了衬托车夫在年轻时由于妻子过世而产生的痛不欲生的感情。作品首先着重描写了车夫沉痛、沮丧的神情,紧接着,开始说明车夫为何会产生如此神情,以车夫的角度,较为集中和突出地描写了车夫在得知自己心爱的妻子突然病故,回到家中,呼唤、哭泣、用拳头打着地面的场景。此时,"我"就完全沉浸在同情车夫遭遇的悲哀之中。可以说《马霞》这篇文章在布局上,主次分明,重点突出,是借鉴的好例子。

结构布局要和谐统一还有一点是疏密相间。比如漫威的超级英雄系列电影《复仇者联盟》,这一系列电影的剧情布局都体现了"疏密相间"。以《复仇者联盟:奥创纪元》为例,影片开端情节趋向紧张尖锐,一开始就是超级英雄们在与反派进行对抗。此时,在猩红女巫的暗示下,钢铁侠就产生了为保护人类而创造出奥创的意念。情节由紧张到和缓,在结构上是由密到疏,出现了第一个跌宕。但紧接着又大祸突起,奥创被创造出来了,但它产生了与钢铁侠相悖的意识,也就是它的目标是毁灭人类。真是一波刚平一波又起,出现了第二个跌宕。在结构上,也由疏到密。奥创自身独立后,为了毁灭人类用尽手段,矛盾推向更加紧张的阶段。最后,众英雄联合起来,一起对抗奥创,顺利保护了人类。这第三个跌宕,又形成结构上的由密到疏。作品的情节始终在起伏中跌宕,在结构上体现为:紧张处—细密周详,和缓处—疏而不漏。疏密之间,反复变化,相辅相成,跌宕起伏。

最后一点是过渡照应。过渡照应是使文章达到结构严密、中心突出的重要方面。那么什么是过渡照应呢?我们首先来说说过渡的概念,过渡就是上下文之间的连接转换。过渡的主要形式表现为过渡段与过渡词语。过渡的主要作用也是为了使文段之间的衔接避免尴尬和机械。再来我们谈谈照应,照应就是前后文的彼此照顾,照应的表现形式可分为伏笔与呼应两种。

三、科学表演的艺术与设计

1. 表演艺术的情绪

艺术作品的表现形式是多种多样的,它包括语言艺术、舞蹈艺术、歌唱艺术等,这些都是创作成果的具体体现,而且在所有的艺术作品当中都含有一定的艺术情绪。首先我们要先明确,什么是艺术情绪,艺术情绪就是创作者在创作过程中所倾注的一些情感。艺术情绪分为不同的种类,比如在较为抒情类的作品当中,它所表达的是创作主体的一些情绪,在其中也会有一些涉及诠释的人物的情绪,比如在音乐当中的歌剧,舞蹈艺术中的舞剧,以及诗歌当中的叙事诗。只要有人出现,那么就一定有情绪,或悲伤或欢乐,都是可以在作品中感知到的。而在叙事类的作品当中,较为突出表现的是人物形象的情绪,比如语言艺术当中的小说,综合艺术当中的戏剧、电影、电视剧,以及造型艺术当中的连环画、富于情节性的组画,或者是单独的人物画等,其实这类作品的共同特点是他们表达的情绪都是通过对人物形象的描述所展现出来的,而在这些对于人物以及事件的描述中又展现出作者的创作情绪。

表演艺术与诗歌绘画等其他类型的艺术形式最大的区别就在于,其他的艺术呈现给接受对象的是完成式的,而表演艺术呈现给接受对象的是进行式的。

表演艺术可分为两大类,一是抒情类,二是叙事类。较为单纯的表演艺术比如说音乐和舞蹈等都侧重抒情,而在戏剧、影视剧当中,表演更侧重叙事,但是不论是叙事类还是抒情类的表演艺术,都需要通过演员的演出才能够将作品完整呈现出来,由此也不难看出情绪与表演艺术的关系具有明显的特殊性。

对于表演艺术来说,最重要的目的是要让观众产生共情,这就对演员产生了一些要求:在抒情类的表演艺术当中,演员要努力地去理解作曲者或者编舞者的创作意图,也就是为什么创作,体验他们对于这部作品在创作时所倾注的全部感情,同时在理解的基础上要有自己创作的内容,倾注自己的感情,对于一个好的演员来说,面对作品,既要做到尊重原作,又要做到能够拥有自己的想法,这样才能形成在表演中对于作品的理解深度,这也是为什么不同的作品被不同的人表演后会产生不同的作用和效果,因为每个人都是独立的个体,自己的想法是在自身的生长环境中所塑造的,每个人都是不一样的,认知都存在一定的差异性。而在叙事类的表演艺术中,演员在传达作者的情绪时,采用的方法并不是直接的,而是把剧本当中所塑造的人物演出来,演好,演得逼真,从而间接地表达作者的创作情绪,让观众也仿佛置身于剧情之中,这样才是达到了表演的目的。

2. 戏剧冲突

戏剧角色冲突是吸引观众的不二法门,包括角色和角色之间的冲突、角色和

自身价值观的冲突等。全剧必须要围绕一个冲突展开，不能同时存在多种冲突，这样会使整个剧情没有中心点。基本要求是，冲突展开要早，开门见山；冲突发展要绕，出人意料；冲突高潮要饱满，扣人心窍；冲突结束要巧，别没完没了。冲突每一次较量就是一个情节段落，而每一个段落的内部又有着各自的起承转合。剧本创作中连贯的剧情是非常重要的，一般会有很多的伏笔，前面的伏笔为后面剧情的发展做好铺垫。

第四章
科普表演者如何塑造科普角色

一、科普剧本案头工作

不仅仅是剧本创作者,科普表演者在拿到剧本时,根据剧本的内容,要认识和理解自己所要扮演的角色,称为案头工作。简而言之,就是分析剧本、分析人物,这也是表演者进行创作的开始阶段。

1. 分析科普剧本

对于科普剧本来说,最主要的就是有两部分:科普内涵和科普剧情。本节从科普剧情出发,阐述科普表演者如何塑造科普角色。说到剧情,它的表演也是对剧本的再创造,因此,表演者若想创造好剧中的每个角色,就一定要熟悉剧本中的人和事,充分理解才能充分发挥。那么我们到底要如何分析剧本呢?其实这也是一个有据可循的长过程。在第一阶段,我们要对科普剧本进行通读,类似学生在上学过程中学习语文时的课前预习一样,必须清楚剧本的整体概要,在理解科普的意义所在的基础上分析剧本。

首先,明确科普情境。剧本中所规定的情境,也就是时代背景、剧情契合的时代特征,在科普过程中与之相匹配协调的科学技术水平等。情境这一术语最开始是由斯坦尼斯拉夫斯基提出的,相信大家对这个名字都不陌生,他的著作《演员自我修养》即使到现在也是被众多演员、导演所推崇。作为著名的戏剧教育家,他认为在剧本中,规定的情景有外部和内部的两个方面,而其中的外部情景,指的就是剧本的情节、格调,而对于演员来说,能否抓住剧本的外部条件是形成人物性格的重要依据。另外,诸如个人的理想、目标、欲望、思想、资质、情绪,以及待人接物的方式等,都是用来阐释人物的精神生活与内心状态,而这样的意识层面的内容就是内部情境。表演者在进行表演创作时,需要依照内部规定情境来确定展示人物性格的外在表现方式,可以说内部情境与外部情境之间是有

着必然联系的,两者也是不能被拆分的,只有弄懂剧本中的内部情境和外部情境,才能更准确地形成自己的人物性格。

其次,抓住科普主题。围绕中心事件,就是某一件事物或者事件最重要的部分,剧本的中心事件也就是整个剧本剧情的内核,与剧本中的矛盾与冲突是有着直接关系,不过,中心事件是一个需要我们能够理解的内容,所以在第一阶段能否准确把握还是有一些难度,这也需要我们对剧本有足够的耐心,毕竟当我们开始认识事物时,从浅显到深入都要有一个漫长的过程,表演者也一样,当拿到剧本后,并不可能直接把握剧本核心以及角色内涵,而这种能力这也是表演者在长期的工作任务中所不断提高的。

再者,制造剧本冲突。抓住了中心之后,我们就要接着把握剧本中的矛盾冲突,"没有矛盾就没有冲突",这句话并没有夸大,事实也是如此。戏剧其实就是在情节矛盾的基础之上的,同时以多样的舞台表现形式为方式去反映现实生活中的矛盾,前面我们只提到了冲突,那么矛盾到底是什么呢? 俗语说:"一个巴掌拍不响"。我们可以理解为,假设两件事物中,一件不存在时,那么另一件一定存在,比如所有的 a 是 b 与有的 a 不是 b,这就是较为简单的一组矛盾关系。矛盾冲突从产生到表现,有其自身的发展过程,这个过程就构成了剧本情节结构,也是矛盾的承载体。在剧本中,矛盾的存在是必要的,有两点因素,首先是要被对方所能更感觉其存在的,其次就是存在的意见要么是对立的要么不一致,同时他们又是相互影响,相互作用。可以说冲突过程的出发点就是由这两点因素来决定的。作为表演者,把握冲突与矛盾是在第一阶段较为重要的任务。常见的科普剧本中经常利用的冲突有角色对立性冲突,结合科普实验内容的展示效果的对立性冲突,在科普表演者的演绎上丰富剧本情节。

最后,把握科普思想。当我们选择做一件事情时,被选择的这件事情一定是有着它自身的意义,或是与我们自身有关,或是与我们所熟识的人有关,同样的,在每一部作品当中,都有着它自己的主题思想,很多作品并不是平白无故就被创作出来的,在作品背后一定是有它想要表达的东西内容,应该要去挖掘作品背后所蕴含的主题思想,把剧本所要表达的内容彻底理解,而后再通过表演的方式将这个内核展现出来,这才是我们了解主题思想的最终目的。科普实验要传递的思想内涵是什么,达到的科普效果目的是为了激发兴趣? 传递知识点? 还只是为了单纯的演示,都是需要科普表演者考虑的。

当然,我们还要学着去掌握剧本的风格与体裁,科普表演可以融入舞蹈、音乐、文学等多种艺术表现形式以塑造舞台艺术形象,可以说是一种极具综合特性的舞台艺术,在这样的艺术表现之下,反映了现实生活,展现出在不同情境下的题材故事,根据主题情节将之归纳为悲剧、喜剧或正剧;依据演出场合的差异性也可将其分为舞台剧、广播剧或电视剧。作为表演者,对于不同种类的戏剧,也要有系统的了解和掌握,对于以后接触多种类的戏剧形式都是有必要的。

2. 分析科普角色

当外部工作、剧本分析了解的差不多时我们就要开始着手对角色的把控,首先要弄清楚角色行动发展的线索。其实,科普演员依据第一次艺术创作的文学内容,将故事冲突,以及潜藏其中的激烈而尖锐的矛盾与问题进行外化的艺术呈现。而表演者在挑选、鉴别、赏析剧本的过程中,正如前面所讲到的,首先需要找到核心矛盾,并对矛盾自身的性质、形成的主要原因进行了解和把握,从开端,到发展、高潮,最后到结局,先由理清情节的发展过程入手,在情节发展线索的基础上,再去融入表演者个人的生活经验,深刻细化矛盾冲突,从而为角色的行动提供依据。

接下来就是要把握角色的贯穿行动与最高任务,最高任务也是斯坦尼斯拉夫斯基体系的一个重要术语,但与规定情境这一术语不同的是,最高任务是"体系"的灵魂。表演者在表演前需要认真阅读剧本,找出隐藏在剧本深处的最高任务,在什么时候将要科普的内容表达出来,这是一个与找剧本核心矛盾类似的过程,但又不尽相同,当表演者找到后,就要开始对这一最高任务做出自己的反应,通过表演传达出剧作家及角色的思想情感,也就是剧本的主题思想,而贯穿动作则又是对最高任务的执行。当科普演员在表演创作中,其实很多元素都是分散不均的,而贯穿动作的意义就是把演员表演创作中的所有零散元素串连起来,是表演者的一种较为积极的、内在的心理生活动力。贯穿动作能够使表演者始终活动于规定情境之中,并不会造成思绪过乱而"串戏"的情况,从而吸引其天性及下意识去从事表演创作。

再接着,我们需要开始探寻角色的外部性格特征和内部性格特征,在许多的专业表演课程中,对于人物自然形象和举动的了解是非常重要的,其实很多角色

都是我们在生活中能更见到的。比如,按照职业比如与科普直接相关的科学家、医生、老师、警察等,按照年龄也可以分为老人、小孩、青年、中年等,按照生物属性也可分为不同种类的动物,按照国家的不同也有外国人,而不同国家的角色也有不同的特点,比如国内的话剧与国外的话剧其表演方式都是各有千秋,所以其实当我们想要扮演好一个角色时,要考虑的种种因素,不过即使类型较多,但有一些角色都是有原型可以借鉴和模仿的,比如动物或者不同年龄不同职业的人,这也是表演课程中的一大要点。对于很多第一次进行表演的人来说,模仿,往往是第一选择,如果无法掌握其内心,那就不如去观察真正的社会实例,观察这一人物,而外部性格特征无非就是他的外在形象,说话时的特点、语流音变、声音大小、行动的快慢、动作的大小等,这些我们可以直观了解到的特点都属于人物的外部特征。当对外部特征有一定的了解以后就是要探寻角色的内部性格特征了,内部性格相较起外部性格稍微会有些难以理解,外部可以通过模仿去学习掌握,但是内部却又不尽相同,毕竟扮演的角色种类都是不固定的,并不只是简单的模仿才能达到的。比如对这个人物来说,他的性格是怎么样的,沉稳还是慌张,睿智还是愚蠢,或者还是有着其他什么样的人物色彩,比如说有的人"表里不一",表面愚蠢,内心表现出的则与表面看起来不符,还有他们是怎样形成了自己的思想逻辑和行为逻辑?给人直观的印象是什么?这些都是需要表演者去了解和掌握了剧本之后才能够把握的。所以说,其实剧情对于表演者理解角色也是有一个辅助的意义,通过剧情发展来把握角色的内心。

最后,需要开始分析剧本中不同角色与其他人物之间的关系。在一部剧本中,不管是主角还是配角,他们都不是平白无故随随便便就写进去的,每一个人物都有他存在的意义,且每一个人物在剧中都有着独特的作用,同样的,人物与人物之间也有着必然的联系,有的人物关系是简单的清晰的,有的就是复杂的,清楚角色的定位,科普主角担当科普重任角色,其他人员可能其实作为衬托,或者引出科普点的人物,都是存在必然的联系,才能结合完成的人物线。

总之,科普演员在分析剧本时,首先就是要看所饰演的角色在剧中是个什么样的位置,明确角色处于一种什么样的状态,与整体是什么样的关系,要明白人物在剧中所起到的作用,作者为什么要创建这个角色,对整部剧的主题思想有着直接的关系还是间接的关系,角色直接影响结果还是反作用于结果,这都是表演者自身在分析角色的过程中需要掌握和确定的。

3. 把控案头工作过程

科普剧本案头工作的具体工作流程是什么呢?

首先,打磨对科普人物角色的理解。科普表演者需要对剧本的理解以及对角色的理解有一个初步的把握,不断磨合。这样我们才能更好地去深入挖掘角色的内心世界,这是第一次打下的基础。到了第二次,我们就要带着问题去再读剧本,这个问题也是最重要的,不过第二次带着问题去读剧本,对于大多数人来说是不会去这样去做的,大多数的人在初期看完剧本后,就不会想要再去深究了,还有到了之后的脱稿排练,就更不怎么去看了。其实作为一个表演者,需要对剧本进行反复推敲,把剧本"读透""读烂",不能急于求成,应该静下心,去看一看剧本中有没有自己遗漏掉的东西,是否完整地把握了剧本,比如一些细节的问题,容易被忽略。还有一些细节,如果表演者把握的方向与剧本不符合,这就需要再次确认,有的表演者以为自己读过剧本,又能脱稿,就觉得对角色的把握没什么问题了,这也是很多被忽略的问题主因,这个时候就需要返回来仔细推敲一下,才能更完整地把握剧本。理解剧本和角色的过程不是为了走个过场,而是在通过分析了剧本和角色,表演者会有所认识有所了解。表演者只有做好充分的案头工作,才能使他们真正地认识到剧本里最重要的内容,理解剧本的内在意义,真正明确角色在剧本中的地位和作用,这样也会给表演者最真实的感受,引发出表演者对剧本中的生活和角色最真实的体验,使表演者真正创作出角色的"人的精神生活"。

其次,审视前期的案头工作,进行再次创作。这个工作就叫作二次案头工作,那么为什么第一次都已经做得那么具体了,还要再有第二次呢,其实,案头工作不是初期做了一次就万事大吉了,当我们正在去把握好剧本以及角色的这一过程中,是不能停下来的,因为很多人在排练的过程中都会有"停滞不前"的状态,表演者会觉得再怎么排练都是一种感觉,不会再有更好的效果了。其实这个时候,就要开始二次案头工作了,再返回去看一看有没有自己遗漏的细节,整体的方向把握的是否正确,有没有什么偏差,还有角色与角色之间的关系把握是否到位。所以,是很有必要的。在排练的瓶颈阶段,再去静下心,好好地去看一看剧本,想一想自己的角色,把之前的案头工作梳理一遍,看看有没有缺的地方,有没有需要补充的地方。我认为光是理性的分析是不够的,同时也需要感性的体验,这样结合起来,角色才更加生活更加真实。

其实并没有明确的规定说有几步、有几次案头工作是最好的。一千个人中就有一千个哈姆雷特。每个人的表现和演绎方式都是不一样的,我们可以多次思考、多加实践。只要反复练习、反复思考,优秀的作品终将会展现给观众。

4. 案头工作的重要性

其实充足的案头工作,就是为了角色塑造做准备。一方面充分了解人物的相关信息。在前文中也提到了,在案头工作中,分析角色、弄清楚角色整个剧中的行动发展的线索,角色的最高任务,角色的内、外部性格特征,角色和其他角色之间的关系,还有角色在剧中的地位以及在整个剧本中的作用,这些是我们都需要了解清楚的,探究得越仔细,人物也就能把握得更加准确。另一方面是表演者要提高对于自我的认知。表演者要对自己本身有着明确的认知,要对自身声音的音色以及音质、形体、外形有着明确的认知。要足够了解自己的方方面面,有了明确的认知以后,根据具体情况来提高某一方面的自身条件。角色的要求各有不同,表演者要提高自身条件来达到角色的要求,把表演的表现形式融入生活,来进行更好的磨合,通过表演者的表演,能够把最直观的形象展现在观众眼前,让观众产生直接的情感交流,了解一个作品所表达的东西,获得最真实的感受。表演者会体验各种各样的生活,体验各种各样的人物,正是因真实的体验,观众觉得表演者表达得真实,观众的感受也真实。其实,很多东西并不是只靠简单的猜想过后就能简单展现出来的,想得不够周到,体验得不够真实,这些都不行。真正需要的是一个表演者去用心地感受每件小事。大物始于小,任何事物的发展都是循序渐进的,"一口吃成一个胖子"是不可取的,需要我们逐步深入,耐心了解,用心学习,才能够达到我们自己,以及观众满意的效果。

二、表演者自身的素养

其实,科普表演者、科普演员仅仅是演员类型中的一种,只是科普表演者多了实现"科普"这一教育意义的目的,所以不管是科普表演者,还是宏观层次的演员,素养是他们的核心构成。曾有人这样说过,演戏演到最后,拼的就是文化和修养。其实,当一个演员开口说第一句话起,我们就可以大致判断这个演员的文化修养、艺术修养和专业素质,可以感觉到他是否有接受过良好的教育,是否热爱自己的表演事业,那么演员的个人修养是哪里来的呢?对于大多数人来说,个人的修养都与小时候的教育息息相关,而作为科普表演者,除了小时候的教育影响,后天的努力提升也非常重要,其自身所具备的科学素质与知识功底直接体现在科普作品中。

1. 声音台词

声音台词是表演时语言魅力的体现,需要很扎实的基本功。对于科学表演,不一定要提倡严格的基本功训练。但是,声音和台词的必要训练还是非常必要的。

首先就是普通话,表演的表达方式主要是靠表演者的动作和语言来传达剧本的故事内容。因此,作为一个科普表演者,说一口标准的普通话是比较关键的。而普通话的好坏,主要区别在于一些读音的准与不准,我们不一定要做到播音员主持人一样的标准,但是还是要尽量靠近大众能够理解的标准,毕竟科普表演者面对的观众主要以青少年为主。怎么说好普通话?第一点要克服方言中不标准的发音,因为很多方言的发音在使用过程中也渐渐影响了普通话的发音,如湖南方言中的"n"和"l"经常会混淆。第二点就是要注意形近字的读音区别,科学表演是面向大众的活动,也向大众传递着科学知识,所要表达出的语言一定是要准确的。普通话可以说是声音台词中最为基础的一个部分了。

关于普通话的节奏把控。好的演员表演通时常不仅仅是动作优美、神态引人入戏,还要把台词通过圆润的嗓音表达出来,从而给观众一种听觉上的美感。要做到这一点,除了训练好普通话之外,还应当注意重音、停顿和语调。

重音。重音是为了强调或突出个别词和短语而重读的音。在表演中,重音主要分为问答重音、并列重音、肯定重音、夸张重音和语气上的重音5种,每一种都要在排练前找出到,方便演出。在对白表述中的重音部分,主要是运用加重音量、提高音量、拉长音节、一字一顿、轻读轻吐和模拟声响这6种方法。纯熟地运用需要靠平日的苦练。

停顿。人物的对白不总是平铺直叙的,我们的观众要求对白生动有趣,顿挫有序,起伏跌宕,这就要求表演者要在对白的停顿方面下些功夫了,停顿可分为并列性停顿、呼应性停顿、心理停顿、生理性停顿和逻辑性停顿5种。这部分内容要结合具体的本子来分析排练。

关于普通话的语调。语调包含声音的各种变化,它的变化是由声音的高低、快慢。强弱指音量,取决于发音时肌肉与气流的力度。我们平时说的"大声""小声"就是指强弱。声调高,音量不一定强;声调低,音量不一定弱。例如当你在上课时,兴奋地与人说悄悄话,你声调很高,但声音却很弱。声音如果太小,连听都听不见,那就不要说表现力了。这大多是因为演员在舞台上拉不下面子,无法放开自己,这也是科学表演的一个小问题,因为我们并不能要求所有参与科学表演的演员都是专业演员,所以展现出来的内容自然是良莠不齐的,对于很多非表演专业的演员来说,表演不仅是一个陌生的行当,也是一个挑战自己的任务,要想直接像专业演员那样在舞台上收放自如还是要有一个长过程的。在音调的基础上就是要口齿清晰。很多表演者只顾着说话大声但却忽视了自己说出的话别人能不能听得懂,不一定要像大珠小珠落玉盘那样清脆,但至少要让别人听清楚你说的是什么。这两点是非常基本的要求。

2. 形体动作

形体动作是一个演员从外部塑造角色来体现人物的重要手段,由于每个人物的出身、职业、年龄、经历的不同,就会形成自身特有的性格特征,而这种性格特征主要是一种外化的表现形式,比如会在人物的体态、步态、手势、习惯性动作以及形态特征上表现出来。实际上,科普表演者在形体方面的特征的创造,也会影响到演员自己对于所创造的角色的感觉,而这种角色的自我感觉,也就成为在角色展现出来时的外部特征。在理解角色的初级阶段,首先要根据自己对于角色的分析与构思,创造出角色的形体自我感觉来,这是对科普表演者创造人物角色能力的挑战,因为演员要在舞台上使自己的体态、步态、手势、眼神、习惯性动作以及动作的节奏和频率创造出具有鲜明特征的人物形象,也意味着表演者要按照角色的要求对自己本身的形体做出一些或很大的调整,通过精心设计,反复揣摩和练习,这样才能使自己所创造的人物形象具有独特的魅力。

3. 表演

不仅对于科普表演者,对宏观层面的演员来说,表演都是一个内外部的综合要求,除了对外部的形象气质有要求外,更主要的是对演员内部素质的考察,主要看演员的想象力、注意力、表现力、理解力和应变能力,是一个较为广阔的要求面。

首先，作为科普表演员，要有想象力。想象力在任何行业都是非常重要的，有了想象才能够创新。对于科普演员来说，想象力是创造人物角色形象的源泉，而想象力其实就是在头脑中创造一个念头或思想画面的能力，在创造性思维的想象中，运用想象力去创造你希望去实现的一件事物的清晰形象。接着，你连续不断地把注意力集中在这个思想或画面上，给予它以肯定性存在性的能量，直到最后它变成为客观的现实。听起来很虚幻，但对于演员来说这就是一个客观存在的意义，对于科普表演者而言在科普领域上甚至可以称之为科幻。著名的导演斯坦尼斯拉夫斯基曾讲过："你们可以明白，演员具备丰富而特殊的想象是多么的重要。它是演员在艺术工作和舞台生活的每一个瞬间所不可缺少的，无论他在研究角色也好，或者再现角色也好……演员应当喜爱并善于幻想，这是重要的创作能力之一。没有想象，也就没有创作。"在创作的现场，演员为了投入角色、投入规定情境，经常会选择一些方式想象，如听音乐、闭眼等，想象角色当时所应该保持的心情与状态，或想象不存在的无实物。想象力是科普演员创造中必不可少的能力与条件。它在科普创作中同样起着重要的作用。

　　其次，是科普表演者的注意力与理解能力。具备了一定的想象力之后，接下来就是要把注意力集中在要创造的角色本身上了，一个人不仅仅包括视觉和听觉，还包括人的五觉。此外，这还包括身体、思想、智慧、意志、情感、记忆和想象。在进行创作时整个精神和形体天性都应该集中到剧中人物的心灵里所发生的事情上去。著名演员迈克尔·凯恩在《电影的表演》一书中说过："如果你的注意力集中是完整的，演技是生动的，那么只要你放松地坐在那里就可以了，摄影机是肯定摄下来你的一切，它不会背叛你。"演员最重要的就是对角色的理解能力，演员必须观察周围的世界，观察人的天性并收集有用的细节将会建成角色细节的储存库。观察的对象从两类来出发，一个是我们身边的熟悉的人，另一个是社会上的陌生人。而在表演之前的观察与了解，都是为了辅助我们对角色的更加深入的理解。从而把人物角色更好的搬上舞台，塑造人物的艺术形象。这也是表演课进入观察生活阶段时的"艺术来源于生活"。其实"观察"这两个字并不是用眼神去看他们，而用心去看他们，去感受他们的真实生活。通过跟他们的交流，看着他们的动态、习惯动作、说话方式，了解他们每一个人的背景、经验。想想他们对生活、对人生的态度是怎么样的，这样才能更好地把握角色的心理，总之，拥有理解力与观察能力不仅是要求演员能够在生活中理解别人、理解自己，更重要

的是能够在创作中理解角色、理解剧情。演员的主要工作就是面向观众,拥有表现力是必不可少的,演员的表现力是运用形之于外的可见动作体现外部神态和心理活动的传情达意的能力。包括心理形体动作的表现力、语言动作的表达力和面部表情的表现力。

作为科学表演者,也要具备一定的临场应变能力,因为在舞台上其实有很多我们无法预知的事件发生,有很多不可控的因素存在,这就要求我们的演员要能够具有把握现场节奏的能力,掌握整场的发展,其实这一点对于大多数科学表演者来说是较为薄弱的一部分,很多人在面对舞台上发生的意外还是不能够及时应对,不过具备应变能力也是一个要训练的长过程。

作为演员,具有丰富的文化素养也是很重要的,因为演员要诠释的角色是较为繁多的,不是只限于某一个内容,由于角色的设定不同,演员所要诠释的方式也是不同的,而这一点,不仅仅是对演员的专业素质的要求,也是对演员文化素养的要求。一个演员的文化素养是可以从他所展现出来的角色中体现出来的,表演的过程不仅仅需要演员的专业技能,更需要一定的思想深度和良好的艺术修养,一个各方面修养都浅薄的演员是无法诠释一个内心丰富复发的角色的,甚至是一个演员文化的浅薄也可能导致对角色理解的偏差或者是完全看不懂角色所具有的内涵意义,如果一个演员没有对于艺术的理解能力和欣赏能力,那么他的表演也可能只是浮于表面甚至是对角色扭曲的展现,另一方面,演员文化素养的深度也体现在对台词的理解,演员只有拥有过硬的文化素养,才能够更加深入地剖析剧本的内容,分析剧本中的内涵意义,研究角色在剧本中的存在意义、发展背景、性格特征,更好地去掌握角色,也能在表演发挥中更加贴近角色,可以说演员的文化素养无时无刻不在影响着演员角色的塑造。在理解体验人物和生活的道理的同时,演员的文化修养和生活积累对于塑造出来的人物角色也是否具有丰满有生命力,能否打动观众,也有重要影响。

三、科普表演者角色定位

在表演过程中,科普表演者担任着对角色的再创作工作。在表演初期,演员对角色进行理解,依靠的是个人积累的科学素养和专业技能,辅之以表演行为艺术,再通过自己的创作手段来进行展现,也就是说科普表演者要能够与角色契合,融入角色,成为角色。但是,科普表演者在展现角色特点的时候是具有局限性的,因为很多时候的角色为学者、科学家,需要有很深的文化底蕴,并不是说想演什么就演什么,或者单纯依靠自己的理解去演绎,而是受到剧本对于角色的约束,这也就要求了演员要对于角色的理解和演绎存在一个度,立足角色文化功底的基础才是展现角色的要点。科普表演者在饰演一个角色时,既要从他本身对角色的理解出发,但又要要求他对角色进行再创作,那么,如果演员个人的所具备的特点或者是对角色的理解与饰演的角色产生冲突该如何是好呢? 这就要求我们的演员对于角色要有一个足够清晰明了的认识和理解,对于自身也有足够的认识。

演员并不是一个简单的职业,在表演的过程中其实演员是存在于两种不同的角度,第一种是演员的本我,第二种是演员所饰演的这个角色。而在学习成为演员的过程中其实就已经形成了演员自己对于角色的认知态度,无论是从第一角度还是第二角度,演员在饰演角色的过程中都是充满矛盾的,那么我们该如何解决这一矛盾呢? 其实也并不难,最主要的还是要从演员自身出发,问题的核心也就是演员对角色的认知态度,唯有演员自己才能克服问题。作为演员,从自身的认知去理解角色,运用正确的创作手法,与剧本相结合,最终才有可能创作出与剧本要求契合的角色形象,无论自己与角色的冲突是多么大,都一定要能够客观分析,客观理解,主观色彩不能过于严重。演员是创作角色的基础,演员自身的理解能力和专业能力是角色能否成熟演绎的重要要求,而演员作为对角色有主导意义的存在,所以有一定的个人情绪也是无可避免地,但是演员的个人情绪不应该是创作角色的主要影响,演员个人应清楚地认识到自己对于角色的影响和意义,最好的做法就是:在创造过程中,自己能够控制对于角色的诠释理解,同时又能够全身心地投入角色的演绎过程中。任何事物都是存在矛盾的,演员之于表演也是不例外的,但是最主要的就是要看如何处理这种矛盾。这对于演员塑造角色的过程也是有着重要意义的。

四、演员与编剧导演的协调性

在表演过程中,演员塑造角色成功与否的因素很多,其中影响较大的就是编剧或导演。科普表演的剧情相对较少,编剧与导演往往是同一角色,显得更为重

要。导演的存在可以说是整个过程的主导,如果说演员是对角色的主导,那么导演就是包涵了演员以及其他多方面的主导。演员不仅是舞台行动的创造者,而且也是舞台行动的执行者和体现者,也就是所谓的三位一体,而导演更是统筹演员所有环节的主导者,导演主要是把演员的表演艺术作为中心环节来组织演出,作为组织者的导演要把演出一切工作尽收,把演员的创造摆在首位,使他能够和周围的环境融为一个和谐的整体,最终达到创造角色的目的。

一个好导演,就是要会讲好一个故事。这意味着,作为一个导演,你也要为剧本找到一个框架,并要在这个框架内安排合理又特殊的事件,同时也要给演员提供相应的指导,让他们个人的行为和人物之间的互动可以展现、创造、发展出这些事件。而演员自己需要做到的就是在于接受导演指导和满足剧本要求的同时,创造出真实可信的行为,并不是只让自己可信,而是让观众可信的行为。而且演员和导演必须尊重彼此创造性的领域。

演员与导演也是相辅相成的,一个好的导演能够成就一个演员,反之一个不好的导演自然也无法帮助演员达到成就,而导演与演员合作的好坏,也直接影响剧情的质量。演员和导演所参与的是两种截然不同的工作。这完全是因为导演和演员各自应该、也必须能够有足够的自由来负责自己的那部分工作,但是双方所服务的目标是一致的,就是打造出一部成功的作品,因此导演对演员和表演工作有更多了解也是为了最终的结果呈现。这也就是为什么有的演员虽然会演戏,但是他却不会知道应该如何指导其他演员的原因,当局者迷,旁观者清,演员也一样。表演和导演是两种独立的技艺,不应混为一谈,但也要辩证地看待这两种工作的相互意义。

五、科普演员的心理素质

心理素质是舞台表演当中一个较复杂的存在,主要表现就是上台前的紧张情绪以及面对舞台表演临时情况的反应能力。

作为一个科普表演的初学者,其实较难克服的一点就是上舞台时的情绪,主要是紧张情绪。对于舞台的陌生而产生的紧张感是每一个初学者都会产生的自然的心理现象,这也是要成为一个成熟演员的必经之路,克服这种胆怯的情绪,有一点非常重要。

第一点就是要排除内心的杂念,不要把注意力过于集中在自己的外在,比如说自己穿的衣服是不是不够好看,自己的妆容是不是不够美观,或者是自己说话的声音好不好听,抑或是过于注意自己无法控制的内容,比如自己的 PPT 放错了怎么办,或者是自己忘词了怎么办,别人的演出比我精彩怎么办,简而言之就是思想总是乱跑。当我们在面对这种情况时,一定要做到注意力集中,上舞台紧张是不可避免的,就连新闻主播也曾表示每次直播时都会紧张。不难看出紧张的情绪存在于各行各业,就连身经百战的人都不一定能够完全克服,而我们就要学会控制自己的紧张,其实紧张有时并不是坏事,适当的紧张也会使我们的注意力集中,但是过度的紧张则会使我们无法以一个正确的心态去面对舞台,作为一个演员,一定要能够克服这一点,首先要对自己有自信,自信这种东西其实并不是天生就有的,是我们在长期的生活学习过程中锻炼出来的,是自己给自己的,也有一些是别人影响自己的,这一点也就要求我们的演员要对自己有正确的认识,多肯定自己,不要总想着不如别人或者是自己表现不好,一定要给自己一个心理暗示,不要轻易地否定自己,善于肯定才能在舞台上发挥出自己的优势,也不要过多的受别人的影响,对于自身的看法要有自己的主见,不能够听风就是雨。

第二点要集中注意力于科普环节。注意把控科普表演的核心环节,如何将科普知识完整阐述。上舞台前我们不妨为自己营造出一种感觉,想象一个场景,让自己能够很快地投入当中,之后,带着感觉上台,这样也能尽快地融入角色。

第三点是不要害怕观众。其实相当一部分人的紧张是建立在观众的看法之上的,这个时候,我们不妨把观众想象成别的物品存在,这在大多数表演练习中也常用过,就是把观众想象成萝卜青菜就好,不过这一点也是要跟第二点的注意力集中相结合才能发挥作用。对于演员来说,紧张情绪是难免的,其实对舞台的熟悉度也是在日积月累的工作中所积累出来的,任何一个在舞台上能够任意发挥的演员都是经过了漫长的表演练习才形成了今日这种成熟的心态,这也是每个演员的必经之路,也不要觉得紧张是个不好的事情,其实紧张也是说明了对于舞台的敬畏感和尊重,以及对于演出的重视。面对舞台时的紧张是一个普遍的现象,克服紧张更是一个长期的过程。

第四点是现场应变能力。对于任何演员来说,舞台上可能会发生各种各样的情况,很多都是演员们始料未及的,比如说道具的问题,表演对手接错词,等等,这些都在考验着一个演员的临场应变能力,可以说,演员的临场应变是在长

期的表演经验之中来的,是长久的舞台活动中学习到的,比较重要的就是演员自己逻辑思维的敏感性,能够迅速控制整场的变化,对于初学者来说稍微有些难度,不过这也跟每个演员的个人素养有关。其次就是善于学习,作为演员如果不知道面对突发时该怎么做,学习别的演员的处理方法也并非不可,但也不能够盲目学习,还是要具体情况具体分析。

可以说,演员的心理素质影响着整场的演出质量。

六、小结

科普演员如何塑造自身角色,一是主要从剧本源头出发,分析剧本的案头工作,只有清楚剧本结构,熟悉方案,掌握了剧情,才是第一要务;二来科普表演者需要结合自身能力,有一定的科普文化素养,在锻炼自身上围绕声音、台词、形体动作等方面提升能力,进而分析演员个人与剧情角色的契合度,然后对角色进行有效定位,从外部环境(外部影响下)、内部能力(科普表演者的心理素质)进行综合分析,从而对科普演员塑造角色上有了全方位的认识,为进一步提升科普表演者能力、发挥科普工作者的科普能力提供有力的支撑作用。

第三部分
探究式辅导思考与发展

第一章
揭开探究式学习的面纱

一、探究式学习与讲解辅导命中注定

全国科普场馆辅导员大赛于 2009 年开始举办，每两年一届，迄今已成功举办五届。这项大赛旨在为全国科普场馆搭建学习交流平台，以赛代训，以赛促学，提高科技辅导员综合素质和专业技能，提升科普场馆服务公众的能力和水平，引领科普场馆行业高质量发展。随着大赛的举办，业界对于辅导员大赛的思考也愈加深入，从第四届开始，可以明显看到，展品辅导赛开始逐步倡导基于展品的探究式学习，经过几年的实践，各地科普场馆的辅导员认同了这一理念并逐步实践着从演讲式向探究式辅导的转变。

与此同时，教育体系的改革逐步深入，不论是正规教育还是非正规教育都在经历着深刻的变化。探究式教学、STEM 教育、创客教育等在学校、科普场馆受到越来越多的重视，学校也正在逐渐从灌输式教学方式中走出，向着以学生为中心、培养全面发展人才的目标迈进。

因此，我们可以看到，探究式学习与科普场馆的缘分似乎是命中注定，不管是场馆日常开展的讲解辅导活动还是辅导员大赛，探究式学习的方式已经成为主流。作为公众与知识的桥梁，展厅的辅导员与讲解员们，应该紧跟时代潮流，顺势掌握探究式学习的知识与概念，在讲解辅导中充分应用探究式学习，将展厅中科学家的研究成果，通过引导探究体验的方式，转化成大众喜欢、便于理解并接受、能够运用的东西，并在此过程中，传递科学家们的科学方法、科学思想和科学精神。

二、初识探究式学习

20 世纪 60 年代开始，美国、法国、英国、加拿大等发达国家已经开始进行探

究式科学教育改革,并把语文、数学、探究式科学教育列为幼儿园、小学和中学的三门主要课程。"探究式科学教育"(Hands-on Inquiry Based Learning),在美国1996年《国家科学教育标准》中的定义是:"科学家们用以研究自然界并基于此种研究提出种种解释的多种不同途径。探究也指的是学生们用以获取知识、领悟科学的思想观念、领悟科学家们研究自然所用的方法而进行的各种活动。"《标准》进一步解释说:完整的探究学习过程包括提出问题、设计研究方案、收集数据、构造问题的答案、交流探究过程和探究结果五个阶段(徐学福,2003)。

根据《现代汉语词典》中的解释,"探究"就是"探索研究,探寻追究";"探索"就是"多方寻求答案,解决疑问";"研究"则是"探求事物的真相、性质、规律等"。根据教育部2017年颁布的《义务教育小学科学课程标准》的解释,"科学探究是人们探索和了解自然、获取科学知识的重要方法","探究式学习是指在教师的指导、组织和支持下,让学生主动参与、动手动脑、积极体验,经历科学探究的过程,以获取科学知识、领悟科学思想、学习科学方法为目的的学习方式"(义务教育小学科学课程标准,2017)。

探究是多层面的活动,包括观察,提出问题,通过浏览书籍和其他信息资源发现什么是已经知道的结论,制订调查研究计划,根据实验证据对已有的结论作出评价,用工具收集、分析、解释数据,提出解答,解释和预测,以及交流结果。探究要求确定假设,进行批判的和逻辑的思考,并且考虑其他可以替代的解释。

据此,我们可以发现探究式学习,是指从学科领域或现实生活中选择和确立主题,在教学中创设类似于科学家学术研究的情境,学生通过动手做、做中学、在体验中主动地发现问题、实验、操作、调查、收集与处理信息、表达与交流等探索活动,获得知识,培养能力,发展情感与态度,特别是发展探索精神与创新能力。它倡导学生的主动参与。探究式学习是一种科学的学习过程,主要指的是学生在科学课中自己探索问题的学习方式。

第二章
讲解辅导中如何
应用探究式学习

探究式学习的核心是自主性的活动,科普场馆展厅中的展品本身具有先天的探究优势,它们大多是科学家曾经进行实验时的实验装置的改装,抑或是为了充分展示某方面科学原理而精心设计的展品,具有良好的体验性与探究性。因此,借助展品,进行基于实物的体验式学习和基于实践的探究式学习,观众可以通过操作体验展品获得直接经验。同时,借助多样化的活动形式(如小实验、小制作)和多样化的情境、多样化的感官体验(包括视觉、听觉、嗅觉、触觉等)来帮助观众获得认知,将发源于学校教学中的情境学习、体验式学习和多感官学习与展品展项结合,与辅导结合,与实验、制作结合,彼此融为一体,开创不同于学校教学、具有科普场馆自身特点的教学形式。

一、像科学家一样研究展品

展品是科普场馆最大、最有特色的教育资源,也是科普场馆实施展览教育的主要载体,深入研究展品是开展探究式辅导的基础。科普场馆之所以区别于其他传播和教育机构的重要原因,是因为拥有展品这一最主要、最有代表性的传播(教育)资源。正如严建强教授所说:"无论是博物馆的科学研究工作,还是博物馆的陈列教育工作,一旦离开了实物藏品,就成了无源之水,无本之木"(严建强,1998)。

目前,科普场馆的展品主要有三类:一是动物、植物、矿物、化石等自然标本类展品;二是机械设备、工业产品的实物或模型等工业技术类展品;三是以科学仪器、科学实验、科学考察、技术发明对象为原型的基础科学类展品。

虽然展品类型众多,但要想让观众能够发挥自己的主观能动性,进行深入的探究,这就要求我们开展基于展品的探究式的辅导。因此必须研究透展品,这其

中很多展品是科学家实验装置的变形，抑或是为了展示某一科学原理的某一部分，而进行的再设计。需要讲解辅导员像科学家一样充分了解其所展示的科学原理，并深入了解与展品相关的所有信息，挖掘展品背后所蕴含的科学方法和科学精神。具体说来，对于展品的研究可以分为三个层次。

第一层次：了解展品包含哪些科学概念，明确其中的核心概念是什么，以及核心概念与其他科学概念的关系是什么？在此基础上思考：在进行本件展品的探究式辅导时，是否需要分解探究，对于核心概念和其他科学概念，认识上是否有前后的顺序。以展品"离心现象"为例，它包含的科学概念为：什么是离心现象，即要使物体进行圆周运动必须为其提供足够的向心力，如果向心力不足，物体就不能维持圆周运动，会远离圆心而去。而物体向心力的大小与物体质量、旋转速度和旋转半径有关。据此应该思考，为了更好地探究离心现象，以及向心力与物体质量、旋转速度和半径的关系时，是否需要进行分解，若需要分解应该怎么分解。

第二层次：总结展品呈现了哪些现象？这些现象与上述科学概念（特别是核心概念）有什么关系？通过这些现象对于观众借此得出的科学结论有多大作用？哪个现象最有利于观众通过观察、体验实现对科学概念（特别是核心概念）的认知？仍以展品"离心现象"为例，观众按照说明牌转动手柄驱动两支管子绕共同的轴心旋转，当达到一定转速后，会发现原本沉在底部的金属球会上升到顶部，而原本浮在顶部的塑料球反而会下降到底部。该展品的演示效果表示展品中的金属球静止时金属球沉在底部，金属小球的重力大于受到的浮力，旋转中金属球的离心倾向较大，趋向于远离旋转的轴心而被甩到管子的顶部。塑料球静止时浮在顶部，塑料小球的重力小于受到的浮力，旋转起来时水的离心倾向较大，小球被挤到管子的底部。为观众展示了离心现象与物体受力的关系，但是科学概念中离心现象与半径和速度的关系并没有清晰的表示。此时，如果展品的现象还不足以表达清楚的情况下，就需要进行第三个层次的探究。

第三层次：如果展品本身的现象不足以让观众实现"体验—认知"，是否可通过其他辅助小实验、小道具等帮助观众实现"体验—认知"？仍以展品"离心现象"为例，为了展示离心现象与半径和速度的关系，就需要借助相应的小实验和小制作来补充展品，如离心现象与半径的关系，我们可以制作长绳末端系住重物，可以让观众拿住绳子的一端和拿住绳子的一半位置，以相同的速度转动，感受手上的力度。若体验离心现象与速度的关系，我们仍然利用这条绑有重物的绳子，拿住绳子的一端，以不同的速度转动，观众可以在体验中，通过感受手上的力度，清楚知道他们之间的关系，实现了"体验—认知"（陈闯，2016）。

当展品经过这三个层次的认识后，我们明确了展品和辅导所要传递的核心科学内涵和扩展科学内涵，并且设计了为了利于观众实现"体验—认知"的小实验、小制作，而且当观众开始以上的过程时，就类似于科学实验或科学考察一样，进行了基于展品和设计的小实验、小制作的探究式学习过程。

二、像老师一样设计教学法

科普场馆教育活动与学校教育活动类似，都是通过教育活动为受众传播知识和方法，学校教育是基于教材的授受式教学，为了提高学习效率，教育界对相应的教育教学方法有着历史悠久和卓有成效的研究，总结包括：探究式学习、建构主义学习理论、多元智能学习理论、体验式学习等理论和教学法。这对于科普场馆开展教育活动同样具有指导性的作用，所以在开展基于展品的教育活动时，也应积极借鉴相应的教育理念和教学方法。

在科普场馆中最具代表性的参与体验型展品，是由科学实验仪器、生产工具、自然和生活中的科学现象发展而来，某种程度上再现了科学研究与观察、劳动生产的"科技实践"，相较学校教育，科普场馆的展品先天具备进行体验式学习和探究式学习的优势。

因此，在开展基于展品的探究式辅导时，应该在引导观众观察现象、体验认知的基础上，思考最适于采用哪种教学法，如探究式学习、做中学、多感官学习、体验式学习、发现式教学、情境学习（Situated learning）、情境教学（Situational Approach）、基于问题的学习（PBL）等强化辅导的效果。

1. 做中学

"做中学"就是在中国幼儿园和中、小学进行"探究式科学教育"，"做中学"是这个项目的简称。在美国叫"动手做"，法国叫"动手和面团"，加拿大叫"以学生为中心的教学法"，欧盟叫"花粉计划"。2001年，中华人民共和国教育部和中国科学技术协会共同启动这项具有划时代意义的科学教育改革项目，命名"做中

学"。"做中学"项目最大的特点就是科学家参与到教育改革中来,把脑科学的研究成果应用到教学实践中,根据孩子的成长规律和特点,决定不同年龄段的教育重点,培养科学的思维方式和生活方式,实现素质教育。在"做中学"探究式科学教育中,教师将问题汇聚到一个适宜学生探究的、与科学概念有关的科学问题上,引导学生实际动手进行探究。"做中学"最重要的两个特征是:一、对学生适宜探究的科学问题提出基于实证的验证过程;二、在一个具有师生互动、学生间互动的环境中,由学生主动进行的探究过程(韦钰,2012)。

2. 多感官学习

"多感官学习法",主要是指通过各种方式,对学生的包括听觉、视觉、运动、语言、感觉等各个感官的刺激,同时通过创设良好的教学情境,有效地调动学生的视、听、味、嗅、触觉,使学生的多感官(眼、耳、口、鼻、肢体)受到信息的刺激,有助于学生用多感官的方式去吸收,去体验,从而全方位地开发包括"体能、识别、感官、音乐、语言、人格和社交"在内的七大潜能。

3. 体验式学习

通过实践来认识周围事物,或者说,通过能使学习者完完全全地参与学习过程,使学习者真正成为课堂的主角。教师的作用不再是一味地单方面地传授知识,更重要的是利用那些可视、可听、可感的教学媒体努力为学生做好体验开始前的准备工作,让学生产生一种渴望学习的冲动,自愿地全身心地投入学习过程,并积极接触语言、运用语言,在亲身体验过程中掌握语言。生活中任何有刺激性的体验如在蹦极跳中,被倒挂在空中飞速腾跃时所拥有的惊心动魄的体验都是终生难忘的。同理,体验式学习也会给语言学习者带来新的感觉、新的刺激,从而加深学习者的记忆和理解。

4. 发现式教学

发现式教学是由美国著名心理学家杰罗姆·S.布鲁纳于20世纪50年代首先倡导的。他认为:"提出一个学科的基本结构时,可以保留一些令人兴奋的部分,引导学生自己去发现它","学生通过发现来掌握学科基本结构,易理解、记忆,便于知识的迁移,能力的发展","发现不限于寻求人类尚未知晓的事物,确切地说,它包括用自己的头脑亲自获得知识的一切方法。"接受的过程中多启发,发现的过程中多参与,达到和谐统一。

5. 情境学习

情境学习是指在要学习的知识、技能的应用情境中进行学习的方式。也就是说,你要学习的东西将实际应用在什么情境中,那么你就应该在什么样的情境中学习这些东西,在哪里用,就在哪里学。譬如,你要学习做菜,就应该在厨房里学习,因为你以后炒菜就是在厨房里。再如,你要学习讨价还价的技巧,就应该在实际的销售场合学习,因为这一技巧最终是用在销售场合的。强调两条学习原理:第一,在知识实际应用的真实情境中呈现知识,把学与用结合起来,让学习者像专家、"科学家"一样进行思考和实践;第二,通过社会性互动和协作来进行学习。

6. 情境教学

情境学习是指在教学过程中,教师有目的地引入或创设具有一定情绪色彩的、以形象为主体的生动具体的场景,以引起学生一定的态度体验,从而帮助学生理解教材,并使学生的心理机能得到发展的教学方法。情境教学法的核心在于激发学生的情感。情境教学,是在对社会和生活进一步提炼和加工后才影响于学生的。诸如榜样作用、生动形象的语言描绘、课内游戏、角色扮演、诗歌朗诵、绘画、体操、音乐欣赏、旅游观光等,都是寓教学内容于具体形象的情境之中,其中也就必然存在着潜移默化的暗示作用。

7. 基于问题的学习

基于问题的学习是把学习置于复杂的、有意义的问题情境中,通过让学生以小组合作的形式共同解决复杂实际的问题,来学习隐含于问题背后的知识,形成解决问题的能力,发展自主学习和终身学习的能力。是以学生为中心,以问题解决为中心的教学方法。在教师的帮助下,组织多种形式的学习活动,通过多种形式获取信息,形成问题解决的方案,并以作品展示等方式对问题解决和学习成果进行表达。

通过上面的梳理,相信对各种教学法有了一个初步的认识,从中不难看出,其实各个教学法之间并不是格格不入的,而是相互联系相互贯通的。因此,我们在进行教学的选择使用时,既可以以某一种教学法为主,也可以是几种教学法的

综合运用,总之,是以最有利于引导观众实现"体验—认知"为出发点。如展品"多普勒效应"的讲解辅导中就可以应用多种教学法,包括探究式学习、多感官学习、体验式学习、情境学习等多种教学法。在讲解辅导之初,通过模拟救护车的声音,强化了听觉的体验,观众耳朵首先听到了声音的高低变化,随后观察展品可以发出声音的旋转发生器,又通过视觉观察发生器远离—靠近—远离的位置变化,同时听到发生器声音随着距离的变化也随之变化,进一步强化了听觉和视觉的联系,探究到声音的变化与距离有关系,距离靠近声音尖锐,距离远离声音变得相对低沉。通过应用多种教学法的巧妙设计胜过辅导员枯燥无味的原理讲解,潜移默化中加深了公众对多普勒效应的理解。

三、像魔法师一样设计引入

在深入研究了展品,了解了核心概念,加入教学法的应用,强化了辅导效果后,还需要像魔法师一样,进行趣味性创意的设计,否则,整个讲解辅导就重新回到了以往干涩乏味类似教学的模式之中。

通过趣味性的引入,可以在短时间内最大程度地吸引起参与者的兴趣。具体我们可以采取以下这些行之有效的方式。如讲故事、造悬念、做游戏、猜谜语、破疑案等形式让辅导活动充满趣味性,激发观众参与的兴趣。比如在讲到"双耳效应"时,必然会讲到耳朵,此时我们就可以通过一个简单的猜谜引出此次讲解辅导,"东一片,西一片,隔座山头不见面"。通过简单有趣的谜语,既调动了观众的参与积极性,也自然而然地引出了此次讲解"双耳效应"的主角"耳朵"。

但需要注意的是这些趣味性的情节、环节、要素,应与展品要传递的科学概念、拟采用的教学法融为一体,防止"两张皮"或"三张皮"。如展品"穿墙而过"所要表达的核心概念是光的偏振,表现形式是小球穿过玻璃管中的"黑墙"。在2017年第五届全国科技馆辅导员大赛总决赛中有 3 名参赛辅导员在这件展品的辅导时,分别以崂山道士、孙悟空、魔术师穿墙而过的故事作为导入情境。虽然这三个故事表面上看都是"穿墙而过",但均与偏振光的科学问题无关,前两个神话传说也引不起观众对科学原理探究的欲望。这三个故事没有产生通过设置教学情境和问题引导观众探究的学习效果,失去了科学性的趣味创意就变得毫无意义。

趣味性创意的核心目的是引导观众更有兴味、更专注地进入探究式学习。比如,悬念就是要传递的科学概念,其过程就是基于问题的学习,故事、悬念、游戏等所营造的情境,就是情境学习、情境教学的情境;破疑案的过程,就是做中学、探究式学习、基于问题的学习的过程。

第三章
探究式学习讲解
辅导案例

通过前几章的梳理,对于探究式学习的概念、科普场馆中讲解辅导应用探究式学习的方法与技巧有了一定的认识,在此环节中,我们将通过几组案例,与大家一起重复上一章节中的设计步骤,从挖掘展品着手,选择适合的教学方法,并为其设计几组有趣的创意引入,通过案例让大家对于讲解辅导中探究式学习的应用有更深入的认识。

一、手蓄电池

手蓄电池,是科技馆内非常经典的展品。

手蓄电池 1

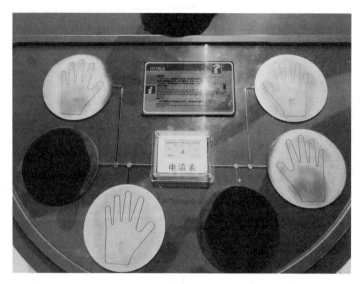

手蓄电池 2

第一步:深度分析展品

操作方式:展台上的铝制触摸板和铜质触摸板通过导线与电流表连接在一起,参与者双手分别按住铝质触板与铜质触板,会发现电流计的指针发生偏转,证明有电流产生,而此时整个回路中除了双手的接入,并没有外接电源。将手拿开后电流计会归零。

原理说明:人手上带有汗液,而汗液是一种电介质,里面含有一定量的正负离子。铝板比铜板活泼,铝板上汗液中的负离子与铝板发生化学反应,而把外层电子留在铝板上,使铝板集聚大量负电荷;铜板上则通过汗液中的离子集聚大量正电荷。两个金属触板间产生电位差,铝板上的电子通过导线向铜板移动,同时由于人体也具有一定的导电性,形成回路从而产生了电流,故串接在回路中的电流计指针偏转。这实际上就构成了一个简单的原电池。

展品缺陷:参与者只能看到电流表指针的变化。指针发生变化,说明产生了电流,但是参与者并没有感受到触电的感觉。大部分的讲解辅导员在讲解此件展品时,仅仅涉及有关电流的知识,没有涉及物理学中有关电流、电阻和电压的知识点,没有深度挖掘。

第二步:探究式学习拆解展品

手蓄电池这件展品涉及有关"电"的知识点,通过梳理可以知道,与电有关的

概念包括电流、电阻、电压以及串联并联的知识，进行探究式学习的拆解其实就是对于"电学"知识的探究。

1. 根据操作说明，当参与者双手按压金属板后产生电流，参与者会认为是手的按压产生电，我们可以给观众发放一双橡胶手套，再来重复之前按压的动作，此时，我们会发现，电流表示数没有变化，表明此时没有电流产生。说明双手起的作用不是按压，会不会像电线一样起的是联通的作用呢？进行第二步探究。

2. 为了验证双手是否起的作用是像电线一样的连接作用，首先可以引导观众双手按压两块金属板，此时电流表示数发生变化，说明产生电流；然后，引导观众任意抬起一只手，此时电流表示数归零，表面电流中断；最后，引导观众将双手同时按压到同一块金属板上，观察示数变化，此时示数归零，没有电流。通过此步骤探究，观众得出结论，双手起的作用是连通作用。接下来，进行第三步，探究验证结论是否正确。

3. 为了验证双手是否起的是连通作用，可以向观众提供一条真实的电线，将电线的两端分别连接两块金属板，电线的导电性能是优于人体的，按照上一步观众通过体验后得出的结论，此时不仅会产生示数，而且示数应该是大于上一轮的。但是通过观察可知，此时示数为零，表明利用电线连通并没有产生电流，观众通过此步骤探究后可以得出结论，双手所起作用包括两个部分：一是可以产生电流；二是起连通作用。此时观众探究的目标就变化为为什么双手按压金属板可以产生电流，接下来，辅导讲解员引导观众观察双手，为观众讲解有关汗液、电解液等知识点，解密双手按压发电的原因。

4. 发电原理讲解清楚后，观众掌握了双手发电的原理，此时，可以引导观众进一步探究有关电学的相关知识。从电流、电压、电阻的公式 $I = U/R$ 可以知道，电流的大小和电压成正比，与电阻的大小成反比。此时可以引导观众探究，通过改变连接的人数，从最开始的一个人按压金属板，到两个人手拉手一人按压一块金属板，进一步人数增加到 4 人等，带领观众观察电流示数的变化，通过大家参与体验观察，可以明显地看到随着人数的增加，电流表的示数越来越小，从而得出电流的大小与电阻的关系，人数越多，电阻越大，电流则越小。

5. 探究了电流与电阻的关系，下一步探究电流与电压的关系，此时可以向观众抛出一个问题，通过增加人数，电流示数会变小，那我们有没有什么方法可以让电流表示数增大？从而引出电流与电压的关系，并进一步引导大家探究串联与并联的知识。此时引导两名观众，分别按压金属板，通过观察发现，当两位观众各自按压金属板时，电流表的示数大于单个人按压的示数，此时为观众讲解两个人是并联的关系，从而增大了电流，之后可以尝试更多的人同时按压，将两块金属板的面积尽量全部覆盖，观察示数变化。

6. 通过以上几个步骤的探究，相信观众在探究式的学习过程中，对于展品手蓄电池的认识将不仅仅简单停留在双手按压发电的程度，对于电学中的电流、电压、电阻、串联、并联知识都有了实际的直接经验。

第三步：引入创意设计

手蓄电池展品对观众来说，本身就极具吸引力，"徒手发电"的效果自然会提起观众的兴趣。

此外，针对此件展品，可以通过小竞赛的方式进行引入，比拼谁的手发电量大等形式来开展，通过竞赛可以发现不同的人按压金属板，电流表示数不同，自然将公众好奇心聚焦到双手。也可以在现场直接引导观众观察自己的手作为引入，从而进一步引导到体验探究展品当中。

二、钉床

钉床，是科技馆内非常经典的展品。

钉床 1

钉床 2

第一步:深度分析展品

操作方式:参与者躺在钉床上,由工作人员启动按钮,下面的钉子会慢慢升起将参与者托起,虽然钉子扎在参与者的身上,但是参与者却感觉不到疼痛。

原理说明:压强是表示压力作用效果的物理量。若将一个重物放在一个支点上,由于受力面积很小,所以压强很大;若将一个重物放在许多个支点上,每个支点将会分散受力,所以压强会小很多。这张由数千颗钉子组成的钉床,每个钉子上的受力很小,所以,慢慢升起的钢钉不会刺入身体,参与者也就不会感到疼痛了。

展品缺陷:首先,每次只能一名观众进行体验,周围的观众只能观察参与者的反应,无法获得直接经验。其次,为了保证观众的人身安全,钉床上的钉子的尖头都经过处理,并不是很锋利,这也进一步造成压强减小,参与者本身的感受也并不强烈。最后,展品核心原理是压强、压力与面积的关系,但是展品本身并没有很好地将此部分原理进行细化展示,需要借助小实验小制作来分解加强。

第二步:探究式学习拆解展品

展品钉床主要涉及帕斯卡原理 $P = F/S$,也就是压力、压强与面积的关系,针对此件展品进行探究,主要方向是探究压强与压力和面积的正反比关系。

由于展品先天的缺陷,此次探究需要用到简单的道具进行辅助。

1. 为观众发放一支一端削尖的铅笔,引导观众进行如下探究操作。第一次,左手手心向下,右手拿取铅笔,削尖的一端向上,扎向手心。此时观众能够感受到十分明显的疼痛。第二次,还是左手手心向下,右手中的铅笔调转方向,并未削尖的一端向上,扎向手心,同时强调观众用和上一步接近的力度,此时观众感到并不像第一次那么疼。通过此次探究,观众可以初步得出结论,在力大小不变的情况下,接触面积越小,手感到越疼,也就是压强越大。

2. 为观众发放十支左右的削尖一端的铅笔,引导观众进行如下探究操作。第一次,左手手心向下,右手握住十支铅笔,仍然是削尖的一端向上,扎向手心。此时观众能够感受到疼痛,但是相较上一次一支铅笔的疼痛要小很多。第二次,还是左手手心向下,右手中的铅笔调转方向,并未削尖的一端向上,扎向手心,同时强调观众用和之前接近的力度,此时观众感到的疼痛是之前所有操作中最小的一次,甚至感受不到疼。通过此次探究,观众可以进一步通过直接体验和对比试验得出结论,在力大小不变的情况下,接触面积越小,手感到越疼,也就是压强越大。接触面积越大,手感到的疼痛越小,压强越小。

3. 通过上述两次探究体验,得出了在压力不变的情况下,接触面积的大小与压强成反比的关系。为观众发放一支一端削尖的铅笔。引导观众进行如下探究操作:第一次,左手手心向下,右手握住铅笔,仍然是削尖的一端向上,扎向手心。此时观众能够感受到与第一次接近的疼痛。第二次,右手握住铅笔,仍然是削尖的一端向上,加一点力扎向手心,此时观众能够感受到超过第一次的疼痛,是这几次探究体验中最痛的一次,通过这一步的探究体验,观众可以从自身痛感得出结论,在面积不变的情况下,用力越大痛感越强烈,也就是说面积不变的情况下,压力与压强成正比。

与此同时,我们也可以将上述利用铅笔的探究变为钉钉子的探究,从之前的多感官中强调触感的探究方式,变为钉钉子中更多感官刺激的探究方式,我们可以进行如下的操作:为观众提供一块小木板,一把锤子,两个一模一样的钉子。

1. 两颗钉子均尖端与木板接触,引导观众第一次用大力钉钉子,周围观众可以一起数一数需要钉几下可以将钉子钉进去,第二次用较小的力钉另外一颗钉子,周围观众可以再一起数一数钉几下可以将钉子钉进去。通过观察观众可以发现,同样的钉子尖端与木板接触,力度大时仅需几下就可以钉进去,而当力度减小时,钉钉子的次数变多了,通过此次探究,初步得出压力与压强成正比的结论。

2. 此次一颗钉子的尖端与木板接触,另一颗钉子圆端与木板接触,引导观众使用同样大小的力,再次分别钉这两颗钉子,周围的观众仍然一起数需要几下可以将钉子钉进去。我们会发现尖端接触木板的那颗钉子只需要几下就可以钉

进木板,但是圆端与木板接触的钉子则即使钉了几十下都无济于事,此时在观众们的笑声中,大家已经探究得出结论,在力一样的情况下,接触面积越大,压强越大,接触面积越小,压强越大。

第三步:引入创意设计

钉床展品对观众来说,本身就极具吸引力,作为电影桥段胸口碎大石中经常提到的辅助道具,本身具有一定的刺激性,观众对此充满好奇。

引入1:我们可以借助多媒体的帮助,在展厅现场播放电影《侏罗纪公园》中越野车陷入泥沼中无法逃脱,背后有霸王龙追赶的紧张桥段,通过电影巧妙地引出一个问题,"为什么汽车陷入泥沼中无法逃脱?"进而扩展到之后的探究当中。

引入2:也可以采取问题导入的方式,通过提问"为什么普通的小轿车会陷入泥坑无法逃脱,而比普通汽车重很多的坦克,踏过泥沼如履平地呢?"再配合小道具,分别为观众展示小汽车的模型和坦克的模型,引导观众进行观察思考,通过观察会发现是轮胎和履带的区别,进而引导探究帕斯卡原理的相关知识点。

引入3:同样用到坦克道具,也可以通过故事的方式展开引入,为观众介绍坦克诞生的原因,第一次世界大战中的欧洲战场陷入了僵局。交战双方为突破由堑壕、铁丝网、机枪火力点组成的防御阵地,打破阵地战的僵局,迫切需要研制一种火力、越野、防护三者有机结合的新式武器,坦克也就应运而生了,它有着铁皮制成的外壳可以碾压铁丝网,火炮可以发射炮弹,最关键的是它有两条履带,即使面对沟壑纵横的战壕也可以如履平地。

引入4:小说《射雕英雄传》中有这样一个桥段,郭靖背着受伤的黄蓉,为躲避千仞追击,误入了迷雾沼泽,没有退路只能继续往前走,可是面前的沼泽拦住了二人的去路,因为受伤又无法用轻功过去。这段故事可以采用多媒体播放片段的形式,也可以改编成一段单口评书,还可以在展厅当中模拟场景,通过演出一小段科普剧的形式引出,进一步增加了引入的创意。

三、穿墙而过

穿墙而过,是科技馆内有关光学非常经典的展品。

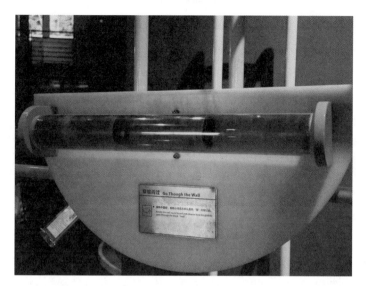

穿墙而过 1

穿墙而过 2

第一步:深度分析展品

操作方式:在玻璃管中间看上去有一堵不透光的"墙",抬起管子的一端使其倾斜时,能看到小球穿过管子中间的这堵"墙",滚到低垂的一端。

原理说明:玻璃管内的"墙"是由光的偏振现象形成的。光是一种横波,振动

方向与传播方向垂直。自然光的振动方向是四面八方的,当通过偏振片后仅剩下与偏振片的偏振方向相同振动的偏振光。玻璃管左右两部分的内壁分别贴了两种偏振方向相互垂直的偏振膜,使得进出左右两部分的光线只剩下与各自偏振膜偏振方向一致的两种偏振光,虽然亮度变暗,我们依然可以看到管子的内部。然而透过左侧的偏振膜看右侧的偏振光时,由于左右两个偏振膜的偏振方向相互垂直,导致光线无法透出,反之亦然。因此在两个偏振膜交接之处好像存在一堵不透光的"墙",实际上这堵"墙"是不存在的,所以小球可以顺利穿过。

展品缺陷:参与者肉眼能看到管中间位置有一个密不透光的黑色阴影,在抬起管子的一端后,小球可以穿过黑色的阴影,中间的黑色阴影是因为光栅阻隔了光线经过形成的,但是在操作过程中,参与者并没有感受到光栅的阻碍光线的原理,同时没有展示出光是横波这一特性,并且光栅的概念生活中很少能够接触到,相对比较陌生,加上展品中没有辅助的光栅片可以操作体验,使得此件展品仅仅设计巧妙、现象明显,但核心原理的解释说明不到位。

第二步:探究式学习拆解展品

穿墙而过这件展品涉及有关"光"的知识点,通过梳理可以知道,与此有关的概念包括光是横波、光的偏振、偏振膜的工作原理等知识,进行探究式学习的拆解主要针对此两点,通过了解光是横波的概念后,再梳理偏振膜的工作原理,就能够很清晰地弄明白为什么中间会产生黑色的不透光的黑墙了。

1. 首先需要为观众讲解光是横波的概念。横波的特点是质点的振动方向与波的传播方向垂直。可以借助一个通电的灯泡,可以看到灯泡发出的光照亮了四面八方,此时观众会认为光是向四面八方传播的,然后再拿出一根激光笔,为大家讲解,激光就好比刚刚灯泡发出的光,只不过刚刚灯泡发出的光,我们可以理解为有无数道像激光一样的光线组成,而这一根激光是从中选出的一道光。

2. 接下来引导大家观察激光的特点,通过转动激光笔,大家会发现激光是沿直线传播的,进而引出光是沿直线传播的,但是光在传播过程当中,它的振动方向是垂直于它的传播方向的。但是由于光的传播过程肉眼难以观察到,也难以想象光是怎么振动的,此时我们需要借助一个小道具,用一条绳子来模拟光线的传播。讲解辅导员拿一端,另一端由一位观众拿好,然后讲解辅导员开始上下左右甩绳子,通过甩动绳子,可以看到会将产生的波形传递到观众的那一段,不管我们是什么方向甩动,都能将波形传递过去,同时可以看到甩动的方向总是与讲解辅导员与观众之间的方向是垂直的,借助此小道具,可以清楚地表达清楚光是横波,以及横波的特点,即振动方向与传播方向垂直。

3. 了解了光的特点后,接下来就要探究偏振膜的工作原理了,可以借助两张偏振,引导观众观察。首先举起偏振膜,对着光源观察,可以发现光线透过偏振膜后变暗了,为什么会这样呢? 接下来为了说明其中的原因,会继续用到上一个环节用到的绳子。仍然像上一个环节一样,讲解辅导员拿一端,另一端由一位观众拿好,这次需要另一位观众的参与,来模拟偏振膜的作用,请这位模拟偏振膜的观众,将双手手掌摊开相对放置,绳子从手掌间穿过,然后由讲解辅导员像上一环节一样上下左右甩动绳子,引导其他观众注意观察绳子在此过程的变化。通过观察会发现,只有当辅导员甩动绳子的方向与手掌平行时,绳子的波形才能从这一段传递到观众那一段,剩下的波形均在手掌处就断掉了。这也就解释了为什么透过偏振膜光线会变暗的原因,因为偏振膜就像这手掌一样,能够将振动方向不一致的光进行过滤。

4. 到此,带领观众一起了解到光是横波以及横波传播的特性,通过小道具的加入,了解了偏振膜的工作原理。接下来回归展品,再带领观众观察展品的玻璃管,此时观众会发现,玻璃管相较平常的透明玻璃管要暗一些,联系到刚刚透过偏振膜观察光源要暗一点的现象,很自然地想到在展品的玻璃管上贴有类似的偏振膜。

5. 接下来就要探究为什么管子的中间会有一堵不透光的墙,此时观众已经掌握偏振膜的工作原理,即偏振膜只能允许与它偏振方向一致的光线穿过,此时建议为观众发放两张偏振膜,由其自行探究。观众探究过程中未发现,通过将两张偏振膜重叠,旋转一定的角度,当转到某一角度时,会发现变成类似展品中间黑墙一样,密不透光。

第三步:引入创意设计

穿墙而过这件展品对观众来说,本身就极具吸引力,自然就会提起观众的兴趣。但是展品涉及的有关光栅、偏振的知识点较为生僻,所以具有创意与能够引起共鸣的引入就显得更加重要。

引入1:从展品本身出发,展品本身现象神奇,通过引导观众操作展品,观众自然会被小球能够穿过黑墙产生好奇,自然而然可以开展本次讲解辅导活动。

引入 2：从生活中的场景入手，更容易让观众产生熟悉感，并且最后在了解相关知识点后，再回顾生活中的场景，会有一种恍然大悟的感觉。偏振现象其实在生活中非常常见，比如司机经常使用的偏光镜，以及在看 3D 电影时需要佩戴的 3D 眼镜，所以第一种引入，可以为观众发放 3D 眼镜，并带领观众观察 3D 眼镜，适时提出问题"为什么看 3D 电影需要佩戴 3D 眼镜，这种眼镜有什么作用呢？"通过这个问题，进而介绍展品并寻找答案。

引入 3：从相机滤镜引入，拍照达人会为单反相机配置不同的滤镜，而这些滤镜就是偏振镜，消除有害的反射光，比如从水面或玻璃等光泽表面反射的光线，提高影像的清晰度和表现力，增加色彩饱和度，比如它能使蓝天、绿叶、山脊和建筑物等的色彩更加鲜艳。通过对比展示安装滤镜和没有安装滤镜时拍摄照片不同，引出展品辅导。

四、马德堡半球

马德堡半球，是科技史上非常著名的实验，1654 年，当时的马德堡市长奥托·冯·格里克于神圣罗马帝国的雷根斯堡（今德国雷根斯堡）进行了一项科学实验，目的是为了证明大气压的存在，而此实验也因格里克的职衔而被称为"马德堡半球"实验。

马德堡半球

第一步:深度分析展品

操作方式:展台上展示有两个铜制半球,其中一个铜球上安装有空气真空泵。参与者按压启动按钮后,真空泵启动,将铜球内的空气抽空,参与者通过尝试拉开两个半球,感受大气压的力量。

原理说明:地球周围包着一层厚厚的空气,它主要是由氮气、氧气、二氧化碳、水蒸气和氦、氖、氩等气体混合组成的,通常把这层空气的整体称为大气层。它上疏下密地分布在地球的周围,总厚度达 1 000 千米,所有浸在大气里的物体都要受到大气作用于它的压强,大气对浸在它里面的物体产生的压强叫大气压强,简称大气压或气压。抽气前,半球的外部压力等于其内部压力等于大气压。但抽气后,半球外部压力大于其内部压力,并且半球内部为真空。就好像大气压"压"住了两个半球,所以这两个半球必须用较大的力才能拉开。

展品缺陷:为了使参与者能有较好的参与感,展品的半球直径一般均设置较小,保证参与者能够在尝试后可以将球拉开,在此过程中,参与者能够感受到大气压的力量。但是此件展品每次只能有一个人参与体验,同时,由于只有一个尺寸的半球,且尺寸较小,每人都只能感受一种尺寸下大气压的力量,并且在球很容易拉开的情况下,会让参与者产生大气压压强并不是很大的错觉。

第二步:探究式学习拆解展品

"马德堡半球"这件展品涉及有关"大气压"的知识点,通过梳理可以知道,大气压的大小与海拔高度、大气温度、大气密度等有关,在开展讲解辅导场地海拔高度、大气温度、大气密度等客观条件不可改变的情况下,进行探究式学习的拆解将主要针对不同尺寸半球时所需拉力的探究。

1. 从生活场景入手,熟悉的生活场景,更容易让观众产生联想与共鸣。借助带有吸盘的布娃娃等小道具,为观众展示最近在玩抓娃娃机时的战利品,询问大家是否有过抓娃娃的经历,同时提出一个问题"大家有没有注意到娃娃上的小吸盘,这有什么作用呢?"此时,绝大多数观众会回应这个吸盘是用来吸在桌面或玻璃上,用来挂娃娃的。再问,如果想要粘得更牢固我们会怎么做? 观众会回应压一压,把空气挤出去。此时,可以进行一组对比实验,第一次轻轻按在玻璃上,由观众拔下感受力度,第二次用力将空气挤出去,再由同一位观众拔下感受力度的变化。此时,观众初步对大气压力大小与内部空气剩余多少有了基本感受。

2. 接下来再向观众抛出问题："如果我们把这个吸盘做大,比如像展台上展品一样的大吸盘,我们还会不会像拉吸在玻璃上的娃娃那么轻松?"然后邀请两位观众参与。此时可以再做一组对比实验,需要两组小道具,尺寸一大一小两组橡胶制的马德堡半球实验装置,均使用真空泵将内部空气抽干,第一次由两位观众拔开小尺寸的,周围的观众会发现经过努力后能够拔开;第二次由两位观众拔开尺寸较大的,大家会发现这次要费力很多,甚至都没有办法拔开。此时,观众进一步会发现,当内部空气均被抽干的情况下,尺寸越大拔开所需要的力度越大。此时观众对于大气压大小与尺寸大小的关系有了基本的感受。

3. 通过以上两组对比实验,观众参与体验探究,能够自行得出结论,马德堡半球实验中,内部空气抽取越干净,拔开所需要的力越大,使用的铜质半球尺寸越大,拔开所需要的力越大。

第三步:引入创意设计

对观众来说,马德堡半球实验在学校物理课当中就有涉及,对于实验的过程均略知一二,所以当面对马德堡半球展品时,有着天然的亲近感。

针对此件展品,可以采取以下几种创意引入:

引入1:从马德堡半球实验的历史故事引入,通过为观众讲述当年马德堡半球实验的详细过程,吸引观众参与此次讲解辅导活动。此处有一个普遍误区可以作为引入开头,通过提问"著名的马德堡半球实验是发生在哪里的?"人们普遍认为马德堡半球实验是发生在马德堡市,但事实上此实验是在神圣罗马帝国的雷根斯堡(今德国雷根斯堡)进行的一项科学实验,之所以叫马德保半球实验是因为马德堡市的市长奥托·冯·格里克进行的此项科学实验。

引入2:从生活当中的场景入手,通过吸盘类的小玩偶或者通过生活中常用的吸盘固定的支架,引出大气压的相关概念。

引入3:制作上部连接装置为由大型大气压吸盘制作的秋千引入,在现场邀请观众上来体验惊险刺激的秋千。在紧张刺激的氛围中,在观众感到好奇的感觉中开展此次有关马德堡半球的展品讲解辅导。

五、离心现象

离心现象是科技馆中与离心力、向心力、离心现象、浮力等有关的非常经典的展品,其中核心概念为离心力与向心力,以及表现形式离心现象。

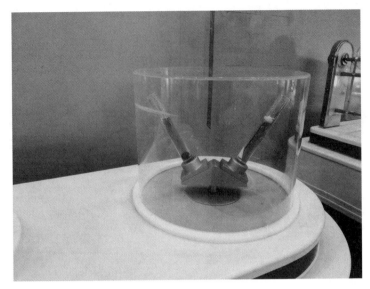

离心

第一步:深度分析展品

操作方式:展台上展示有两个倾斜的玻璃管,中间充满了水,一侧沉在水底的小球是金属球,另一侧浮在水面的是塑料小球,参与者转动手柄驱动两支管子绕共同的轴心旋转。当达到一定转速后,会发现原本沉在底部的金属球会上升到顶部,而原本浮在顶部的塑料球反而会下降到底部。

原理说明:要使物体进行圆周运动必须为其提供足够的向心力,如果向心力不足,物体就不能维持圆周运动,会远离圆心而去,这就是离心现象。对旋转速度相同的物体而言,其质量越大,离心现象越明显,越易远离圆心。

展品中的金属球密度大于水,静止时金属球沉在底部,旋转中金属球的离心倾向较大,趋向于远离旋转的轴心而被甩到管子的顶部。塑料球密度小于水,静止时浮在顶部,旋转起来时水的离心倾向较大,小球被挤到管子的底部。

展品缺陷:做圆周运动的物体,在所受向心力突然消失,或者不足以提供圆周运动所需的向心力的情况下,产生的逐渐远离圆心移动的物理现象。为了便于理解,物理上会假想一种力叫作离心力。离心力的大小与质量、半径、速度三

要素有关。

参与者通过旋转手柄,转动装置,随着速度越来越快可以看到现象的发现,自此过程中可以探究离心力与速度的关系。展品中两次玻璃管分别放置的金属球和塑料球,在旋转过程中能够反映出离心力大小与质量的关系,但是在实际场景中,因为参与者对于两球并没有实际的感受,很少有人能够自行探究到这一点。此外,在转动过程中,小球在管中会发生位移,则意味着旋转半径已经发生变化,但是和上一点一样,此过程参与者没有实际的感受,并且发生速度过快,同样在实际场景中,很少有人能够自行探究到这一点。

第二步:探究式学习拆解展品

离心现象展品核心涉及有关"离心力、向心力"的知识点,通过梳理可以知道,离心力的大小与速度、质量、半径有关,进行探究式学习的拆解将主要针对此三个环节进行探究。

1. 由于展品的缺项,无法充分展示离心力大小与速度、质量、半径的关系,因此需要制作简单的小道具,借助道具让观众能够参与体验中,获得直接经验,进行探究。

2. 首先,探究离心力与速度的关系。为观众提供一端系有砝码的棉绳,邀请观众参与,其中手拿住没系砝码的一端,甩动棉绳。第一次请观众以中速转动,并保证此时的砝码在空中的运动轨迹是圆形,在此过程中注意提醒观众感受手上的力度;第二次请观众以较快的速度转动,并像上一次一样保证此时的砝码在空中的运动轨迹是圆形,在此过程中同样注意提醒观众感受手上的力度。两次尝试后询问观众两次手上的力度有什么变化? 观众在实际参与体验后,能明显地感受到旋转速度越快,手上的拉力越大,砝码想要挣脱的趋势越明显。通过此环节的探究,观众自行得出离心力的大小与速度的关系是成正比的,速度越快,离心力越大。

3. 第二步,探究离心力与质量的关系。为观众提供一端系有砝码的棉绳,邀请观众参与,甩动棉绳。第一次请观众按照中速转动,并保证此时的砝码在空中的运动轨迹是圆形,在此过程中注意提醒观众感受手上的力度;第二次仍然按照之前的中速转动,不过在转动之前为观众更换前端的砝码,更换质量更重一些的,以2—3倍为宜。两次尝试后询问观众手上的力度有什么变化? 观众在实际参与后,能明显地感受到第二次更换质量更大的砝码后,手上所承受的拉力要大于第一次,通过此环节的探究,观众自行得出离心力的大小与质量的关系也是成正比的,质量越大,离心力越大。

4. 第三步,探究离心力与旋转半径的关系。同样为观众提供一端系有砝码的棉绳,邀请观众参与,甩动棉绳。第一次请观众拉住距离砝码20厘米的位置以中速转动,并同样保证此时的砝码在空中的运动轨迹是圆形,在此过程中注意提醒观众感受手上的力度;第二次仍然按照之前的中速转动,不过手拉的位置调整到40厘米处,以中速转动,并同样保证此时的砝码在空中的运动轨迹是圆形,在此过程中注意提醒观众感受手上的力度。通过此环节的探究,观众能明显地感受到第二次旋转半径增大后,手上感受的拉力明显增大,可以自行得出离心力的大小与旋转的关系也是成正比的,半径越大,离心力越大。

5. 通过上面几步的探究,观众已经在探究中自行掌握了离心力大小与速度、质量、旋转半径的关系,此时再回过头来带领观众观察展品,相信此时观众中会有部分已经能够自行解释为什么旋转起来以后,塑料小球沉到水底,金属小球反而浮到水面。

6. 此时,对于部分尚未完全弄清楚的观众,可以利用刚刚经过探究得来的知识一起分析展品,任何物体在做圆周运动时,我们就必须为它提供足够的向心力。如果向心力不足,物体就不能维持圆周运动,就会远离圆心,发生离心现象。通过我们刚刚的探究,了解到质量越大,离心现象越明显,越容易远离圆心。所以我们才会看到,慢慢转的时候两个小球没有变化,而转速加快后,塑料小球沉了下去,就是因为质量比它重的水被甩到了上面,是水把塑料小球压到下面,而金属小球则因为比水的质量大,所以它才会被甩到上面,就像浮在水面一样。

第三步:引入创意设计

离心现象展品对观众来说,初次操作时会发生反常规的现象,所以此件展品本身设计很精巧,观众对此有着天然的好奇。其实生活当中有很多现象蕴含着离心现象这一概念,比如洗衣机的甩干桶、制作棉花糖时用到的离心机,从生活中熟悉的场景入手,观众更容易联想场景与探究。

针对此件展品,可以采取以下几种创意引入:

引入1:从生活入手,在展厅现场可以放置一台真实的制作棉花糖的机器,小朋友对于棉花糖有着天然的喜爱,通过为现场的小朋友制作和发放棉花糖

吸引人流,并引导大家注意观察棉花糖是怎么做出来的,由此引出主题离心现象。

引入2:从杂技表演引入,杂技表演中有一项叫作水流星,在一根彩绳的两端,各系一只玻璃碗,内盛色水。演员甩绳舞弄,晶莹的玻璃碗飞快地旋转飞舞,而碗中之水不撒点滴。在展厅当中表演一段水流星的杂技表演,由此吸引观众,并在表演后引出此次讲解辅导的主题。

引入3:通过多感官的方式引入,在展厅当中,讲解辅导员手拿一把雨伞,在伞上喷洒清水,然后将雨伞撑开后旋转,雨伞上的水珠随着雨伞飞出,并有雨点溅落在观众身上,观众在此过程中眼睛看到雨伞旋转,水珠甩出,同时身上感受到滴上水滴,由此引出此次讲解辅导的主题。

六、球吸

球吸,是科技馆内非常经典的展品。

球吸1

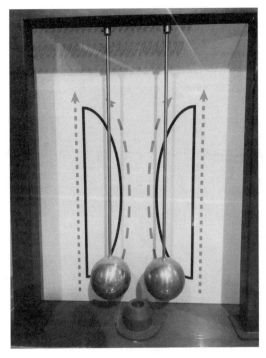

球吸 2

第一步：深度分析展品

操作方式：参与者按下"启动"按钮启动风机，随后，参与者通过转动手轮，调整两球之间距离，当两球在合适的间距下，两球会发生相互吸引的现象。

原理说明：本展品展示的是有关伯努利定律的科学内容。在一个流体系统中，比如气流、水流，流速越快，流体产生的压力就越小，这就是伯努利定律。当两球间有气流通过时，两球内侧的气流流速大，压强小，两球外侧气流流速小，压强大，这样就在球的内外侧形成压差，两球被气流由外侧压向内侧，导致出现两球相吸的现象。

展品缺陷：展品的出风口风速大小不能调节，不能借助展品开展对比实验，探究速度与压强的关系。同时，观众在参与过程中的操作为按下开关按钮后将两个小球推向中间，实验现象仅仅能够通过视觉观看到两个小球吸在一起，没有多感官的刺激，没有自己深入探究的实践。

第二步：探究式学习拆解展品

根据伯努利原理可知，流体中，流速越快，压强越小，流速越慢，压强越大。

进行探究式学习的拆解其实就是对于流体中"流速与压强关系"知识的探究。

1. 提起伯努利原理,首先会想到的是伯努利小球,所以此次探究式学习拆解展品首先将展品中的两个球移到两边,仅需要使用中间的喷气口,需要用到小道具海洋球来完成第一步的探究。向观众介绍中间是一个喷气口,按下按钮后会向上喷气,随后问大家如果我把这个海洋球放在喷气口上方会发生什么?此时,大部分观众按照生活常识认为小球会被吹跑,经过实际测试后发现,小球没有被吹跑,反而悬浮在了喷气口上方,此时可以为大家讲解伯努利原理的内容。

2. 由于展品喷气口的速度无法调节,无法探究速度与压强的关系。因此探究过程中需要借助一些道具的帮助,来帮助观众进行探究。为观众发放两张 A4 纸,左右手各拿一张,向下垂立。第一次,请观众向纸的中间轻轻吹气,同时提醒参与者与周围的观众观察纸张的变化。此时,可以看到两张纸会有轻微的晃动;第二次,请观众向纸的中间使劲吹气,在吹之前可以向在场的观众提问,这次纸会轻轻晃动还是会被吹开,然后请观众吹气,同时提醒参与者与周围的观众观察纸张的变化。通过实践后我们会发现,两张纸不仅没有被吹开,反而紧紧地吸在一起,甚至吹得速度够快的话,两张纸紧紧吸在一起的同时还会振动。

3. 通过上述探究后,观众对于伯努利原理的现象有了初步的认识,了解到流速越快压强越小,流速越慢压强越大。但此时对于伯努利原理仅处于知识性的认识,对于生活应用方面的了解还不足。第二步则通过拆解生活中伯努利原理的应用,进一步深化认识。需要借助小道具,一个塑料泡沫制的飞机模型。因为飞机起飞过程中受到的部分升力就来自于飞机翅膀上的压强差,这其中的部分原因就是伯努利原理,通过飞机这一案例的拆解讲解,相信观众对此会有深刻的认识。通过展示飞机模型,并展示飞机机翼翅膀的剖面图可以发现,机翼上下弧度并不一样,上方弧度比较大,是流线型的,下方弧度比较小,当飞机在向前滑行的过程中,上方空气流速快,压强小,下方空气流速慢,压强大,当飞机滑行的速度越来越快,机翼上下的压强差越来越大,飞机就获得了足够的升力。

第三步:引入创意设计

对观众来说,展品的展示现象与生活认知不同,所以具有吸引力。为了增加趣味性,可以采取以下创意引入:

引入1:通过自制伯努利袋,以竞赛的方式开展实验。我们可以通过自制的方式制作自己的伯努利袋,将数个一次性雨伞套进行粘连成一个长约数米的袋子。自行制作不仅丰富了此次讲解辅导的活动,在其中加入了合作的环节,同时培养了观众的动手能力,并提高了继续探索的欲望。在制作好伯努利袋后,邀请一位观众手拿长条气球,由讲解辅导员手拿数米长的伯努利袋,采取竞赛的方式,比拼谁能在最短的时间内吹起各自手中的气球和伯努利袋。讲解辅导员利用伯努利原理,在吹袋子时不要将吹气口捏紧,而是用双手撑开袋口,然后在距离袋口几厘米的位置,向袋口中间大力吹气,此时我们会发现,讲解辅导员手中的袋子迅速充满,速度远超观众吹气球的速度。

引入2:通过讲故事的方式引入。关于伯努利原理,在历史上有一个非常著名的故事。"奥林匹克"号邮轮隶属于英国白星航运公司,被誉为当时世界上最大的邮轮,于1910年试航成功,从此开始了它长达23年的服役生涯。但在1912年秋天,"奥林匹克"号邮轮在航行过程中发生了一次重大事故,然而,事故的原因非常蹊跷,在当时一度被归为不解之谜。

事情的经过是这样的,那天,"奥林匹克"号正在海上航行,在距离它100米的地方有一艘比它小得多的铁甲巡洋舰"豪克"号。"豪克"号以飞快的速度向前行驶着,二者并没有过多地注意对方的存在。可就在这时,惊人的一幕发生了,正在疾驶中的"豪克"号好像被什么力量吸引,一点也不服从舵手的操纵,竟一头向"奥林匹克"号驶去。最后,"豪克"号的船头在"奥林匹克"号的船舷上撞出了一个大洞,造成了一起重大事故,后果极其恶劣。但究竟是什么原因酿成了这次无妄之灾,谁都给不出一个准确的答案。据说,当时法院在处理这件事情时,也只是稀里糊涂地判决"奥林匹克"号的船长控制不当,并没有深入追究。

引入3:通过联系时事热点引入,中国的大飞机三兄弟C919、运20、AG600于近几年陆续升空,通过大飞机的话题,抛出为什么飞机那么重也能飞上天的问题,引出此次讲解的主题。

引入4:通过炫酷的气球圈表演引入。此种引入方式需要自行制作气球圈,吹10个左右的气球,将其首尾连接在一起,将气球圈竖起后,用大功率鼓风机沿45度角吹气,气球圈会在空中旋转并稳定在吹气口上方。在展厅当中表演吹气球圈的方式,一可以吸引观众驻足围观,二也为接下来讲解伯努利原理埋下了伏笔。

第四章
科技馆辅导员大赛的
进化变迁

一、大赛有这些变化

2009年注定是科技馆发展史上值得铭记的一年，那一年的4月22日，全国首届科技馆辅导员大赛在天津举办，从此拉开了科技馆辅导员大赛的序幕。从2009年到2019年，10年时间，历经五届大赛，大赛的变化作为我国科技馆发展的缩影，也深刻反映着行业的变化。我们一起梳理大赛这么多年的变化，把握大赛的变化脉搏，为我们未来备赛指明方向。

首届辅导员大赛采取命题讲解的方式，展品讲解赛设有专门的展品题库，比赛时选手随机从题库中抽取题卡，根据题卡中的展品名称和图片对相关展品的科学内容、表现形式、教育目的、知识拓展等进行现场讲解，这也就意味着选手会从30件展品库中，随机抽到一件展品进行讲解，考察了选手对于每一件展品的熟悉程度，并需要在5分钟内阐述讲解，具有一定的难度。首届大赛对于辅导员的考察内容主要为科学性准确性、语言表达能力、形体礼仪素质和科普素质等方面。每位选手在讲解完展品后，会回答两道知识问答题。如果大家有首届比赛录像的话，可以看到如今业界多位大咖年轻时青涩的样子，他们当中的大多数就像此时的我们一样，对于一个陌生的比赛、陌生的环境稍显紧张的样子。其实，何止是选手呢，整个科技馆界都是第一次举办专门针对辅导员的技能大赛，所以我们会看到很多选手上台后的第一句话就是"小朋友们好"，而接下来讲的却是专业性非常强的话题，仅仅是在第一句的形式上表现为对象是小朋友，但内容上并没有有所针对。同时，整场看下来，此时的辅导员大赛更像是讲解大赛，甚至是朗诵比赛，通过他们的表现能够感觉出很多选手对于讲解的展品核心内容并不清楚，明显是在背诵别人写的讲解词，在讲者自己不了解的情况下，观众听完更是一头雾水。而在讲解环节结束后的知识问答环节，很多选手面对科学常识问题都能打错，也进一步证明此时的参赛选手本身的科学素质还有待提高。

随着时间来到 2011 年 4 月 25 日，第二届全国科技馆辅导员大赛决赛又一次在中国科技馆拉开帷幕，大赛的比赛规则与首届变化不大，设立了六个赛区，分别是华北赛区（北京、天津、河北、山西、内蒙古）、东北赛区（辽宁、吉林、黑龙江）、华东赛区（上海、江苏、浙江、安徽、福建、江西、山东）、中南赛区（河南、湖北、湖南、广东、广西、海南）、西南赛区（重庆、四川、贵州、云南、西藏）和西北赛区（陕西、甘肃、青海、宁夏、新疆）。可以看出各地科技馆在经历了首届大赛后，对于大赛有了新的认识，很多选手在经过两年的沉淀后，在赛场上的表现不再像首届时的那样青涩，此次大赛也终于不再像是朗诵比赛，讲解的方法、技巧等已经有所呈现。纵观整场，会发现 80% 的参赛选手的开头是"欢迎大家来到科技馆，今天我为大家讲解的展品是……"接下来的讲解内容首先是描述展品外观、操作过程、原理讲解，好一点的选手会在最后有一点的应用扩展，这样的讲解思路其实也是现在很多新进入辅导员行业的人员最开始撰写讲解词时采用的方式，也是最容易上手的一种方式，如果以今天主打探究式的方式来看，此时的大赛模式还是比较机械的。第三届、第四届辅导员大赛和第二届辅导员大赛形式相差不大，这里就不过多描述了。

出现较大变化是在第五届科技馆辅导员大赛，业内对于辅导员大赛的认识在 2015 年第四届大赛之后悄然发生着变化，改革趋势是倡导体验型、探究型展品辅导。因此，第五届辅导员大赛的规则发生改变，从以前的展品库随机抽选展品讲解的模式变为自主确定展品讲解，看似变得简单，但实际上难度更大。首先，时间从原来的 5 分钟缩短为 4 分钟；其次，在 4 分钟内要体现出探究，考察选手开发探究型、体验型辅导教案的开发和实施能力，这就要求选手从根本上改变观念，从讲解变为辅导。展品讲解，是把展品的相关知识告诉观众；而展品辅导，则是引导观众操作、体验、探究展品并自己发现其中的知识。从第五届大赛的实际情况看，已经有部分选手转变，但还有部分选手没有把重点放在引导观众操作、体验、探究展品上，大多数时间还是在滔滔不绝地讲解；展品原理不是观众通过操作、体验、探究发现的，而是辅导员灌输给观众的。显然，这与本次展品辅导赛倡导体验型和探究型辅导的初衷不符，并且违背了科技馆展品的教育特征。

通过从首届辅导员大赛梳理至第五届辅导员大赛，我们可以看到最明显的变化就是大赛从讲解赛逐渐演变到真正符合我们职业定位的辅导比赛，从由"我要告诉观众什么"，转变为"我要引导观众看到什么、想到什么、发现什么"，方式方法的变化也同时反应出科技馆对于自身定位越来越清晰，我相信未来的科技馆辅导员大赛也会继续沿着引导探究的方向发展下去。

二、两年一届的大赛对你来说意味着什么

2009—2019 年，两年一届的科技馆辅导员大赛已经不知不觉中举办了五届。在这 10 年当中，共有几百名的辅导员走上舞台，在聚光灯前展示自己，从最初的 5 分钟到规则变化后的 4 分钟，这短短几分钟的时间，背后是这几百名辅导员多少汗水与辛苦的累积。然而，大浪淘沙，在这几百名辅导员当中，我们又记住了谁？我想写到这，每个人心中都会浮现出一些名字，比如"我有一个梦想，想把自己拔离地面的来自广东科学中心的杨帆"；比如"我不是杨帆，我是来自厦门的林曦"。相信大家此时想到的名字大多数至今仍活跃在科技馆业内，他们有的仍然从事着一线的讲解辅导工作，也许正在摩拳擦掌准备下一届科技馆辅导员大赛，有的已经交出了接力棒，开始培养各自馆里即将参赛的选手。而我要说的是，这些能被大家记住名字的人，每一个都是从历届大赛中脱颖而出的人，经过大赛的洗礼，他们从青涩到成熟，从懵懂的参赛选手变成指导选手参赛的老师，甚至成为业内的明星辅导员和老师。而如果我们想要像他们一样，走向台前，第一步就是参加这两年一届的大赛。

两年一届的大赛，就像是全国科技馆的运动会一样，大家都摩拳擦掌，充分准备，希望在大赛中与同行交流，学习先进的经验，展示自身的形象。而每一位参赛选手就像全运会的运动员一样，即代表着个人，更代表着各自场馆。一荣俱荣，承载着全馆的寄托，希望能够替馆争光。

而这些光环与希望的背后，对于你，其实意味着的是付出与辛苦，想要在大赛中获得好成绩，你需要付出比同事更多的努力，尤其是在大赛规则发生变化的今天，考察的不仅仅停留在原理知识、讲解水平等，而是综合素质。符合大赛要求的探究式的讲解词需要你对展品有深入的研究后才有可能写出，而知识问答环节则需要你有着丰富的知识储备，主题式的串联辅导要求你不仅会讲，更需要

有从宏观串联的技能,在展品之间找到一条有机的线将他们串联起来,并在这个过程当中能够体现科学方法、科学思想和科学精神。用凤凰涅槃来形容也并不为过,因为,真的通过了大赛的考验,回过头来再回到展厅面对展品时,你将会有不同的理解与思路。

三、面对大赛,首先做什么

个人辅导赛第一轮的时间从 5 分钟缩减到 4 分钟,这既是一个好消息也是一个坏消息。好消息是按照正常语速每分钟 200 字计算,4 分钟的时间,我们只需要讲解 800—840 字的内容。也就是说我们第一轮只要记忆 800 字左右的内容即可。然而坏消息是,在大赛参赛选手水平越来越高的今天,4 分钟的时间,想要突出重围,这 800 字的讲解稿中不仅要讲解展品的组成、操作、科学原理,还要能够体现出探究引导的过程,甚至传递出科学方法、科学思想以及科学精神。不知道这对于你来说是好消息还是坏消息,在我最开始准备写稿时,再精炼的稿件写出来都需要 1 000 字左右,如果硬要在 4 分钟的时间内讲完这 1 000 字,首先语速将会非常快,不仅自己讲起来费劲,听的人更费劲,如果其中含有不少专业术语、科学原理,我想听的人根本就没有了继续听下去的动力。

所以,面对限时 4 分钟,我们首先要做的第一步是"写"。先按照原有的写作方式写一篇讲解词,包括恰当有趣的引入、展品的操作过程、现象的描述、原理的阐述,以及最后的应用扩展或是升华。当你把这些东西全部包含进去后,你会惊喜地发现这篇讲解的字数绝对超过千字。那么我们接下来要做的第二步就是"砍"。砍掉看似有用实际无用的话语,比如,很多选手开篇第一句都是"各位小朋友们或者各位同学们好,欢迎来到科技馆,今天我要为大家讲解的展品是……"大家看看,这开篇第一句就占据了至少 10 秒钟的篇幅,然后在评委看来,这一句所要传达的意思无非两个,一是讲解对象是小朋友或者学生,二是讲解的展品是什么。讲解对象的说明完全可以放在正式讲解之前,不需要占用讲解时间,而至于介绍讲解哪件展品更是没有必要,因为在你背后的大屏幕上,已经清晰地展示出了你要讲解展品的外观以及科学原理。这 4 分钟,我们要做的其实就是一场模拟,模拟现实工作中,你在真真实实的展厅,面对某一件真实摆在你身边的展品,面对真真实实的观众时的一场讲解。我相信每一个人在那样

的场景下的讲解开篇肯定不会是这样的。在砍掉很多看似有用实则无用的部分后,第三步就是"添"。添什么? 大赛想要什么,我们添什么。大赛主流方向是探究式、体验式、引导式,那么我们就要在讲解词当中增加探究的部分,观众体验操作的部分,我们要转变我们的思路,从讲解变为引导辅导,从"我告诉"变为"你探究",此时,你会发现之前写的讲解会显得非常生硬和机械。在增加了探究、引导、体验的部分后,我们要做的第四步是"想"。一次好的讲解辅导,除了内容的丰富具体外,还需要形式上的包装,酒香也怕巷子深,所以讲解辅导也要讲究包装,靠什么包装,这个时候就要求助于教育学,教育学发展至今,对于学生的认知特点、认知水平、兴趣方向早已研究得非常深入,教育学家早已总结出了很多教学方法和教学理念,非常多的老师也在教学实践过程中,创造了很多行之有效的调动学生积极性的手段和方式。所以我们就要想一想有没有什么好的方法和形式可以应用到自己的讲解当中,比如竞赛的方式、讲故事的方式、实验验证假说的方式等,从而增加讲解辅导的趣味性。相信通过这几步骤的改变,此时的讲解词和最初的讲解词相比变化将是非常之大的。至于上台后讲解辅导需要注意些什么,我会在下一章分享我的经验。

四、命有一"劫",知识问答

如果说第一轮单件展品辅导是千军万马过独木桥的话,第二轮比赛则更加残酷。因为这一环节,面对每一道题,你会就是会,不会就是不会。有很多在第一轮表现非常优异的选手折戟第二轮知识问答环节,究其原因,我认为还是内功修炼不够。第一轮4分钟的讲解辅导,内容早已背得滚瓜烂熟,配以优秀的稿件和优秀的上台表现,很容易冲出重围,所以业内会有这样的声音,以后都要招学播音主持专业的人来参赛,为什么? 就是因为播音主持专业的人在第一轮比赛中非常占优势,面对这样的场面,首先,他们不怯场;第二,四分钟的稿件对于他们来说简直是小菜一碟,稿件是不是自己写出来的台上没有办法检验,但是可以肯定的是,他们一定可以把这4分钟的稿件一字不差地讲出来;第三,他们在吐字发音、形态仪表方面一定比大多数选手优秀很多,经过训练的嗓音,开口就能紧紧吸引住评委的耳朵。但是,这样的选手在面临第二关知识问答环节时就暴露了自己的短板。科学知识相对匮乏,科学素质相对低下。

知识问答环节的题目既包含了科学知识常识、科学史、科学哲学,从第五届开始,与展品有关的知识,甚至是展品知识的延伸与扩展的题目也出现了大赛中。这也进一步要求参赛选手不仅要有深厚的有关科学史、科学常识的积累,还需要进一步深挖展品,吃透展品中的科学原理,并具有发散思维,这样才能在面对"脑洞大开"的题目时沉着应对。

面对这一道逃不过去的坎,我们唯有迎难而上,通过扎扎实实的积累,才能有效应对。从今天开始积累科学常识、了解科学史、学习科学哲学。同时,在面对展品时,在进行日常的讲解时,不再像昨日一样,日复一日讲同样的东西,而是要钻进去,深挖细究,积极扩展,这样才能淡定面对基于展品发散的题目。

五、第三关主题式串联辅导,你准备好了吗

第五届辅导员大赛最大的变化就是第三轮主题式串联辅导环节,从以往的只是单件展品辅导的比赛形式变化为在最后一轮展开串联式的辅导。其实,这也进一步说明了大赛的变化方向,通过大赛的形式,考察选手在日常工作中的能力表现。日常讲解辅导工作中,单件展品辅导就是在模拟考察我们工作中对于某一件展品的讲解辅导能力;知识问答则是考察我们的知识储备以及对展品的理解程度;主题式串联辅导则是模拟考察了我们对于展厅中展品串联讲解的能力。在实际工作中,每一个展厅都有或明或暗的主题脉络,每一件展厅中的展品就像是珍珠项链里的珍珠一样,将这条主题脉络线串联起来,共同承载着展厅的主题与中心思想。

面对第三轮主题式串联辅导环节,我们不能把这个环节简单地看作是几件展品的串联讲解,而应该深挖这几件展品背后的逻辑线。这条逻辑线可以是以展品主题而设置,比如都是有关电的,发电机、电动机、太阳能发电等;也可能都是有关力学的、光学的、声学的等;可以是以科学家来分类,比如几件展品背后的故事均有某一位科学家的参与;还可以是以时间线来串联,几件展品分别代表了不同时期的科学代表等。当然,通过这个简单的分类要求也能看出,这同样要求讲解辅导员对展品、对科技史、对科学精神等要做到了解、熟悉、掌握。所以,在面对这样的要求时,不知道此时的你觉得自己准备好了吗?

六、又有新变化

2019年底举办的第六届科技馆辅导员大赛紧随时代潮流,紧扣行业发展脉搏,在保持科技馆行业专业技能赛事,聚焦核心业务和队伍建设的功能定位下,搭建行业内学习交流和能力提升的平台,以赛带训,以赛促学。新一届大赛最大的变化是在继续要求展品辅导赛突出现场感的同时,通过改变第二轮和第三轮的考察内容,突出了讲解辅导员教育活动的研发能力。同时,整个大赛的办赛规模也获得空前的提高,不再像以往根据大的地域设置分赛区,而是采取省级预赛、全国决赛的方式,首次完整覆盖全国各省市自治区以及港澳台地区。各分赛区选拔赛具体赛制可参考决赛赛制拟订,并最终推荐展品辅导赛选手2名,参加全国总决赛。这意味着各省的选手需要争夺两个名额才能参加全国决赛。

展品辅导为个人赛,重点考察选手基本功和综合素质,共分为单件展品辅导、辅导思路解析和现场主题辅导三个环节。其中第二个环节辅导思路解析是以往大赛完全没有的,它要求参赛选手在获得题目主题后,思考15分钟,用2分钟的时间,阐述针对该主题设计教育活动的思路与流程,这个非常考验选手的教育活动设计能力,需要丰富的工作经验。第三个环节现场主题辅导则是第五届大赛中串联式辅导的变形与扩充,讲解辅导的地方从空空的舞台,转移到真实的展厅中开展,选手不再需要在舞台上进行无实物表演,而是回归到熟悉的展厅中进行讲解辅导。

第五章
全部经验送给你

一、明确我们的不同

我们最开始来到科技馆，接触到的是全新的行业，可能很多人对讲解员有概念，在博物馆等场所有所接触，但是科技馆的辅导员与讲解员有着很大的不同，博物馆由于工作场所的特殊性，面对的展品都是具有极高历史价值的文化遗产，那里的讲解员很多时候都像观众一样是隔着玻璃与他们相处的，所以在为观众讲解的过程中，更多时候是用话语为观众介绍文物的相关信息，比如文物的年代、材质、用途、文物背后人物的故事等，很少会有机会由讲解员带领观众们一起操作一些什么。而科技馆则完全不一样，从称呼就能看出，我们除了讲解之外还侧重辅导。这里的辅导员不仅要为观众讲解有关展品的外形、展品的操作、展品蕴含的科学原理，还要求辅导员引导观众进行操作体验，有时候，为了能够更好地阐释清楚某一科学原理，还需要辅导员做一些简单的道具或实验装置。为了丰富观众的参观体验，辅导员还会自编自导自演很多的科普剧、手偶剧、科学实验表演，开发形式多样的教育活动，辅导员不仅仅是动动嘴，更多的时候就像小陀螺全面手一样，能讲、会演、善开发。

所以从首届大赛至今，从最初的第一届大赛侧重讲解能力的考察到如今强调现场感、探究式，专门设置一个环节考察教育活动开发能力，并且创新性地将比赛的场地由舞台转移到展厅，这一切大赛的变化，归根到底还是在于职业功能的定位不同。

在明确了这些问题后，我们再来看大赛，看大赛的比赛项目与要求，就会发现我们确实和讲解员不同，我们是辅导员或者是讲解辅导员，要求我们既要会讲还要善于辅导。因此，我们接下来再来谈论时，就要时刻铭记我们写的稿件可能只是习惯性地叫讲解词，但是内容却不仅仅是讲解，还要有探究的部分、有引导的部分、有实验的部分等，有了这样的思维习惯，我们就要继续往下走，向玩积木

一样,认识规则、拆解规则。

二、像玩积木一样拆解规则

小朋友在玩积木时,总是有这样的变化过程,最开始对着说明书一步一步地搭建,如果有一步搭错,会影响最后整个作品的完成。随着拼搭经验越来越丰富,很多小朋友在搭建的时候,将不再参考说明书,而是仅仅把套件里的积木块当作是基础材料,自己发挥想象力,在大脑当中设计自己的图纸,任意发挥。

其实准备讲解辅导赛就特别像玩积木,面对全新的大赛规则,作为选手最初要做的就是熟读规则,深入研究大赛规则,研究清楚大赛的新变化,考察的主要方向,打分的细则标准,然后对照规则准备,做到大方向正确,才能保证最终呈现的作品符合最新的比赛要求。比如,在第五届辅导员大赛的规则中,名称已经由展品讲解赛转变为展品辅导赛,讲解变辅导,二字之差却深刻反映出大赛中心的重大转移,从讲解的考察,变为我们前文中多次提到的辅导,但是很多选手可能尚未发现这样的变化,这也就导致了在备赛的过程中,稿子的撰写方式还是按照之前的准备,从而造成了成绩的不理想。

在第五届辅导员大赛中,单件展品辅导赛的规则如下:

展品辅导赛为个人赛,重点考察选手的辅导基本功与综合素质。

第一轮:单件展品辅导赛

1. 每位选手自选展品(不限展品库)并进行现场辅导。

2. 参赛选手可以使用比赛现场提供的白板、A4 纸等材料绘制相关图示,并作为辅助手段进行辅导。

3. 每人限时 4 分钟,不足时间不扣分,超时扣 0.5 分。

4. 如自选展品不在展品库范围内,须为选手所在馆实际展出的展品,请于比赛前一周向承办单位提交自选展品文字介绍、展品照片(2—3 张)以及 30 秒的展品操作和演示视频(不允许动画)。

通过大赛规则我们能看到很多与上一届大赛的不同。

1. 展品的选择由原来的从展品库中随机抽选变为自选,虽然也提供了展品库,但是选手在选择展品时并不限于展品库,给了各个场馆和选手更多的选择,可以从自身场馆中选择各自认为更适合的展品参赛。我认为这一方面扩大了选择,另一方面也造成了一些困扰。以我的个人经历为例,展品的选择扩大后,我第一时间决定从自身所在场馆选择,由于之前参加了馆内的选拔赛,当时就是选择的自身场馆的展品,最终也获得了不错的成绩,因此决定仍然以选拔赛的展品参加全国大赛。此时,就暴露出来大赛经验少的问题,有领导和老师指出,选拔赛时采用的规则是按照上一届全国大赛的要求制订的,新一届全国大赛规则和之前的完全不同,如果仍然以选拔赛的展品参赛,恐怕难以取得理想的成绩。在综合考虑后,我决定重新选择展品,从场馆当中挑选适合探究、便于探究的展品。在此过程当中,我又重新梳理了一遍馆内的所有展品,前后选择了 3 件展品,并分别为每一件展品撰写了讲解辅导稿,但总觉得离"抽丝剥茧"式的探究式辅导相差甚远。在咨询了业内专家老师后,最终决定还是从大赛提供的展品库中选择展品,因为大赛展品库中的很多展品是经过几十年发展,层层筛选才得以选择的经典展品,每一件展品都设计精巧,展示内容展示方式展示结果都非常贴合探究式讲解辅导模式。而且这些经典展品都较为成熟,相比于各个场馆中各自的特色展品,这些经典展品,对于大赛中评委老师来说更加熟悉,这也更有利于选手获得好成绩。

2. 比赛现场提供白板、A4 纸,可以将其作为辅助手段进行辅导。相信很多人和我一样,在最初看到这一条规则的时候是很懵的,为什么要提供小白板和A4 纸? 很多人可能想了想自己选择的展品后,觉得这两件辅助道具没有什么用,所以在决赛的时候可以看到有很大一部分的选手并没有使用,或者只使用了其中一种。还有一些选手,在看到白板和 A4 纸后,也许脑中反映出的是上课时的场景,最终造成的结果是,原本的辅导赛变成了科技老师的上课大赛,白板变成了用于书写笔记的黑板。比如印象比较深刻是有选手在讲"钉床"这件展品时,就在白板上写下了帕斯卡原理的公式,并在讲解辅导中,像老师授课一样,指着白板上的公式进行正反比的说明,这样就背离了辅导赛的初衷和目的,变辅导为教学。

那么,既然规则第二条当中就提出了可以使用白板和 A4 纸作为辅助,制订规则的专家老师肯定是经过深思熟虑之后才决定加入进来的,作为选手此时就应该从专家老师的角度思考,为什么规则要加入这一条,同时从展厅实地开展辅导时的场景联想,辅导的场地由展厅转变到舞台,有什么地方是需要用到白板和A4 纸作为替代的。我们在展厅进行讲解辅导的时候,身边有实实在在的展品,

操作后的现象可以直观地借助展品展现出来,但是当讲解辅导的场地由展厅转到舞台后,很多原本可以直观看到的现象需要用语言去描述,既费时又费力,而白板的出现,正好可以弥补这样的问题。比如展品离心现象,在转动手柄前,金属小球沉在水底,塑料小球浮在表面。当转动手柄后,展品呈现的现象是玻璃管中的金属球浮在水的表面,塑料小球反而沉到水底。在展厅当中,由于展品就在观众面前,所以即使这样反认识常规的现象发生时,肉眼是可以看到的,但在比赛当中,由于现象与固有认识相反,又没有展品展示现象,对于不了解的评委可能还需要在大脑当中想象这样的画面,如果此时,选手可以在白板上画出展品玻璃管中两个小球的运动变化,对于评委来说,可以通过视觉直观地看到小球的变化,在节省了选手时间的同时,也增加了讲解的现场感,如果能够配合相应的探究思维,相信这样的辅导一定能够在大赛中取得不错的成绩。

3. 非常大的变化在时间的缩短,由原来的 5 分钟缩短为 4 分钟,不足 4 分钟不扣分,但是超时要扣 0.5 分。第四届大赛是限时 5 分钟,纵观整场,很少会有选手出现超时的现象,大部分都在 4 分 30 秒左右结束。按照正常语速,5 分钟的稿子字数在 1 000 字左右,在实际的编写过程中也会发现,1 000 字的稿子是足够用的,能够有完整的引入、展品的操作、现象的描述、原理的讲解和引申的部分。但是当时间缩短到 4 分钟,足足少了五分之一的时间,在实际编写的时候,会明显感觉字数不够用了。在第五届大赛现场也会出现有些选手要么是还有几秒钟时间就要到了而不得已加快语速打乱节奏仓促收尾,要么就是直接超时被终止讲解。这都说明在面对规则的改变时,他们还是按照以前的经验和固有思维撰写讲解词,在字数明显超了的情况下,想要依靠提高语速来完成讲解。但是从实际看来,语速的加快,自己讲起来费力,评委听起来就更费力了,也没有了多余的时间可以进行现场互动来加强现场感,最终结果就是成绩的不理想。

4. 第五届辅导员大赛自选展品可以选择所在馆实际展出的展品,扩大了选手的选择范围,同时规则当中要求,如果选择场馆实际展出的展品,需要一周前向承办单位提交自选展品文字介绍、展品照片(2—3 张)以及 30 秒的展品操作和演示视频(不允许动画)。这是因为全国科技馆的展品,大多数是非标产品,即使展示的是同一科学原理,但是展示形式千差万别,所以需要向大赛组委会提交文字介绍、外观照片和操作视频、演示视频。这些照片和视频要在大赛时播放给评委观看。我们人类都是视觉动物,如果这些照片、操作视频和演示视频拍的专业,能够将展品的操作方法,呈现现象,通过特写镜头等方式呈现在评委眼前,让评委在短时间内了解展品,那么对于选手来说将会大有益处。从大赛实际情况来看往往也是这样,有的场馆拍摄的视频仅有一个固定机位拍摄的大全景,对于操作过程和现象演示并没有特写,由于本身就对这些展品不熟悉,再加上视频拍摄没有描述清楚,就导致评委在听选手讲解辅导时一头雾水,成绩自然不理想。

第二轮:知识问答

知识问答题题库由大赛组委会提供,比赛现场获密码开启。所有问题均为必答题。主持人宣读题目后,选手在 10 秒钟内作答。答对得 1 分,答错不扣分,必答题共 10 道。第一轮前 6 名各有 1 分的起始分,其余选手的起始分为 0 分。知识问答环节的前 8 名选手进入第三轮主题式串联辅导比赛。

第四届辅导员大赛知识问答环节采取的是抢答题的方式,虽然增加了大赛的观感,但是在实际操作过程中却出现了一些不确定因素。比如在分赛区就有选手反应抢答器不好用,所以,第五届辅导员大赛的知识问答均采用必答题形式,避免了因为场外因素影响大赛。

同时,我们要注意到此次必答题一共 10 道,答对得 1 分,答错不扣分,这样就避免出现上一届选手们因为害怕打错扣分而全场无人抢答的尴尬局面。这样的改变对于选手和大赛都是一种进步。对于知识问答最重要的是,第一轮前 6 名选手会有 1 分的起始分,相当于这 6 个人在进入第二轮后已经比别人领先一步,按照这条规则,我们在制订比赛计划时,在第一轮一定要全力以赴,争取获得靠前的成绩。

大赛规则当中提到此次知识问答题库由大赛组委会提供,但是并没有明确出题的范围和参考资料,在面对这样有些简单的信息时,很多选手可能会按照以往的出题方向进行准备,但是此次大赛的合作名单中多了以前没有的单位,通过与主办方联系后得知,此次大赛的题目均由《环球科学杂志》出题。《环球科学杂志》是《科学美国人》的中文版,内容紧跟科技前沿,极具专业性与科普性。据此,我们可以知道此次大赛的题目在专业性上一定会远超前几届,不会像之前仅是简单的科学常识题。第五届科技馆辅导员大赛的知识问答绝大部分是基于展品,并在展品的基础上进行发散思维,考察了选手对于展品科学原理的了解掌握程度,同时,大赛中还出现了与当下热点科学事件有关的题目。

第三轮：主题式串联辅导

参赛选手分为 2 组（由抽签确定组别及比赛顺序），分别在赛前 1 小时拿到由大赛组委会提供 50 件展品库中的 6—8 件展品。各参赛选手自选主题，并从 6—8 件展品中至少选取 3 件展品进行主题式串联辅导。在准备过程中，组委会将提供可上网的电脑一台，供选手备赛，期间严禁选手使用手机与他人沟通和交流，一经发现，取消选手比赛资格。

每人限时 8 分钟，不足时间不扣分，超时扣 0.5 分。

比赛现场为选手提供黑板、A4 纸、笔等材料和道具。

第三轮主题式串联辅导，从环节的名字当中我们能够看到，在串联辅导前特别加注了"主题式"，其实，这就已经把这一环节考察的重点告诉了大家。这个环节不仅仅是简单地将几件展品串在一起讲一遍，而是要根据相应的主题开展，紧紧围绕主题，展品选择时要以主题为核心。在预赛的时候，主题由选手自主选择，展品则是由主办方指定，在决赛的时候，主题由选手抽取大赛组委会预先设定的题目，展品则由选手自主选择。预赛和决赛的方法有一定的变化，但是不管怎么变，选手在选择展品时都要时刻铭记主题二字。同时要注意，在规则当中明确说明为选手提供可上网的电脑一台，期间严禁选手使用手机与他人沟通和交流，一经发现，取消选手比赛资格。在决赛中更是明确说明使用电脑时不可打开邮箱等能够存放文件的工具，所有的资料全部不允许带入备赛室，一经发现，取消选手比赛资格。但是，在决赛时却发生了有选手将自己的背包带入备赛室，在场公证人员发现后取消了选手的比赛资格，相当可惜。这也是没有熟读规则造成的严重后果。

三、时刻记住六有原则

在深入研读规则后，我们了解到大赛第一轮单件展品辅导限时 4 分钟，可以自选展品，超时扣分，提供白板、A4 纸、笔等。那么，我们现在要做的就是挑选适合比赛的展品，在短短 4 分钟的时间内，在充分利用道具的前提下，为观众、为评委、也为自己上演一出精彩的讲解辅导。

俗话说"台上一分钟，台下十年功"，确实如此，大赛第一轮每个人只有短短的 4 分钟时间，但是前期的准备工作是业内公认最辛苦最繁杂甚至最痛苦的。

首先，我们要挑选一件合适的展品去参赛。相信在挑选展品环节，很多人像我最开始时一样，是毫无头绪、一筹莫展的。下面，我就带领大家一起梳理一遍怎么样挑选一件适合参赛的展品。并不是所有的展品都适合参加辅导员大赛，那么什么样的展品适合大赛呢？还是要从大赛的规则以及考察方向出发，没错，就是我们前文当中数十次提到的关键词"探究式"。因为大赛主要考察选手是否在辅导过程中的引导探究，那么在挑选展品时，那些描述性的、展示性的、缺乏操作、现象不明显的展品首先要排除出去，并不是这样的展品不好，只是这样的展品不适合科技馆辅导员大赛。第一轮筛选后，第二步就是在剩余有探究性特质的、有操作过程的、有展示现象的展品中进行第二轮的筛选。这一轮筛选掉的展品是其展示的科学知识目前还有争议的、还没有定论的，避免我们在大赛中讲解时有评委对科学原理提出异议，不过这样的展品在科技馆当中相对较少，科技馆以科普为主，大部分展品都不存在这样的问题。第三轮筛选是要从剩下的展品中挑选出一些作为备选，什么展品呢？它们共同的特点是现象明显且现象可以借助白板、A4纸或者双手模拟，如果现象是反常识的更好，比如"离心现象"中的现象就是金属球反而浮在表面，塑料球沉在水底；"转动惯量"中，同样重的两块板，却是一前一后抵达另一端。同时还要求展品所承载的科学知识不是过于简单，如果太简单，强行探究反而适得其反，要挑选的展品原理要难度适中，对于评委和观众来说听过但不是很了解，这样在大赛中经过我们的探究式讲解辅导后，评委和观众会有恍然大悟的感觉，分数自然也就上去了。

在我们筛选过展品后，还要挑选出 1—3 件备选展品，然后为每一件展品撰写基础版讲解词。在撰写基础讲解词之前，我们需要再次对挑选的展品进行一次梳理与总结，仔细分析此件展品的核心知识点是什么，操作方法是什么，展示现象是什么，并搜集一切与此件展品有关的信息，如相关科学家是谁，他是在什么情况下发现了这样的科学原理，是什么情况下发明了这样的实验装置，这样的科学原理或科学发明在当时的历史大背景下有什么特殊意义，如今，这样的科学原理或科学发明还有什么延伸应用。总之一句话，就是搜集与此相关的一切信息，作为我们撰写讲解词时的资料库，尽力丰富我们的库存。

搜集资料的过程，其实也是重新认识展品、重新学习的过程，在这个过程当中你会发现历史上每一次重大发现和发明都是经历过千辛万苦甚至付出生命的代价，在这个过程当中，你也会慢慢体会到科学家的探索精神、奋斗精神，以及有

些科学家为了探究科学真理而付出生命的大无畏精神。这些新的认识，都可能会在你的稿件当中得到体现。

做好所有的准备工作之后，将正式开始讲解词的撰写工作。请时刻记住六有原则：有意思、有互动、有共鸣、有探究、有内涵、有创新。

第一个原则：有意思。

人类天生喜欢有意思的东西，比如让孩子主动学习太难了，但是，让他看动画片、玩游戏，他就会非常愿意，这就是因为动画片、游戏有意思。所以，当我们在写讲解词时，要把握的第一个原则就是有意思。只有有意思了，才能把大家的眼球吸引过来，兴趣提起来，科普也需要有点意思。

那怎么能做到讲解有意思呢？其实很简单，我们人类天生对于新鲜的事情好奇、对未知的事情好奇、对有疑点的事情好奇，那么我们就可以投其所好，讲一些与展品有关的故事。

除了讲故事的形式外，我们还可以通过制造悬念勾起评委听讲的欲望，比如展品"球吸"所包含的伯努利原理，在历史上就有类似的悬案，谜底就是因为伯努利原理，但是在当时人们并不是很了解的情况下，有船长被冤枉了。这样的故事应用到讲解词中，进行巧妙的设计，讲解辅导过程充满悬疑，就会非常的有意思。

孩子们都喜欢做游戏，其实大人也同样喜欢做游戏，所以，我们在写讲解词时，也可以通过加入游戏环节来增加趣味性。如我在第五届辅导员大赛决赛时，为了一开始就将评委和观众的目光吸引过来，采用的就是"我说你猜"的游戏，通过描述三个关键词，让大家总结是什么东西，并由此引出接下来的讲解辅导。除了关键词，还可以通过谜语的方式，比如可以让观众猜一猜"一个住这边，一个住那边，说话听得见，从小到老不见面。"是什么？观众猜出是"耳朵"后，就可以引出听觉或者双耳效益等内容。

中国文明延续至今五千年，为我们留下了宝贵的遗产，比如唐诗宋词。如果能够在我们的讲解辅导中加入诗词元素，会让评委觉得眼前一亮，很有意思。古诗词当中不仅只有诗人的情感，还有包含很多科学元素，比如王安石的《梅花》："墙角数枝梅，凌寒独自开。遥知不是雪，为有暗香来。"诗人远远就闻到了淡淡的花香，这从科学角度解读是分子的布朗运动，那么当我们讲解有关布朗运动的主题时，利用这首王安石的《梅花》作为开头，就会吸引大家的注意。

在教育学当中有一种教学方法叫作"多感官"，我们人类有视觉、听觉、触觉、嗅觉等,所以我们也可以在讲解辅导中充分调动人体的各种感官,刺激大家的神经与大脑。在讲解辅导时我们通过语言让评委的听觉得到了刺激,那么我们有没有什么方法可以把对听觉的刺激进一步加大呢?可以尝试通过歌声或者一段节奏吸引观众和评委,当然,这段歌声或节奏要与我们接下来讲的内容有关。比如在第四届辅导员大赛中就有选手在讲解展品"光的色散"时,以一首儿歌作为引入,"七色光、七色光,太阳的光彩",一段美妙的旋律引出了问题,为什么七色光是太阳的光彩?进而开展接下来有关展品"光的色散"的有关内容。

第二个原则:有互动。

近两届大赛,以及第六届大赛,都一直在强调现场感。有的人可能会认为在舞台上,没有观众与你进行互动,过分强调现场感就变成自问自答,好像无实物表演。但其实不然,虽然台上没有观众,但是台下有评委和观众,我们要根据比赛的情况有针对性地设计适合比赛的现场感。比如,上文讲到的以"我说你猜"的形式,在展厅当中我们可以用到,在大赛当中同样可以用到,评委和现场的观众在听到你的问题后会不自觉地一起想答案。这种方式不需要道具的使用,既是一种有意思的形式,同时通过问答增强了现场感。

另外,在讲解辅导中设计互动也是为自己的讲解辅导加分的有效手段。如果只是自己在台上干巴巴地讲,自己讲得累,评委听得累,如果加入了互动,评委会跟着你引导的问题进行思考,虽然评委跟你没有语言上的真实互动,但是如果提问互动设计巧妙,评委心中早已与你有了良性的互动,在互动交流中就会给你不错的分数。而且现在大赛主流趋势是探究式引导,要开展探究引导,本身就少不了互动式的提问环节。

当然,我们要注意,在设计互动环节时,一定是要为我们的讲解辅导服务,不能为了互动而互动,本身自己两句话就能说明的问题,刻意设计互动环节,而当真正到了观众自我探究,进行引导互动时又反而自顾自地讲解起来。我们在设计互动时,出发点是在互动中让我们在台上假想的观众可以根据我们的提示进行操作与观察,在互动中总结看到了什么,思考为什么会这样,这样的互动才是我们真正需要的互动。

第三个原则:有共鸣。

在科技馆当中有一件展品叫作"共振环",展品下方有一个扬声器,观众通过旋转旋钮,可以改变扬声器发出声音的频率,在频率由低到高的过程中我们会看

到展品由小到大的几个金属环会分别在不同的频率时各自发生非常剧烈的震动,我们将金属环在扬声器的作用下发生剧烈震动的状态称作共振,把此时的频率叫作共振频率。我们在大赛中要做的其实就像这件展品一样,我们和评委分别就是扬声器和金属环,寻找与评委可以发生共振的频率,有共振、有共鸣才会有好成绩。

那么如何才能与评委和观众产生共振、发生共鸣呢?最根本的还是要从内容入手,通过讲解辅导过程引导和探究,带着评委和观众一起研究展品了解原理,并在掌握了原理后从生活或者身边找到对应的事物或者现象,应用原理进行分析,给人以恍然大悟的感觉,此时,在不知不觉中你就已经和大家产生了共鸣。

第四个原则:有探究。

在科技馆辅导员大赛逐渐演变的今天,探究已经成为主流与趋势。而且不仅是大赛,在实际的工作当中我们也应该将探究融入进去。我们要转变思维观念,从讲解员的"我讲给你听"转变为辅导员的"我带着你探究"。围绕核心原理抽丝剥茧般拆分展品,从现象描述入手,再一步一步地围绕核心原理探究。比如有关帕斯卡原理的展品,核心概念包括压力、压强和受力面积。其核心原理是当面积不变时,压力越大,压强越大;当压力不变时,面积约大,压强越小。所以我们在讲解辅导时就紧紧围绕核心原理展开探究,分别针对不同的初始条件,引导大家体验实验,进行探究。

第五个原则:有内涵。

苏轼曾说"腹有诗书气自华",通过观看比赛大家就会发现,第五届辅导员大赛中,在第一轮单件展品辅导结束后会有评委进行随机提问,此时你会发现,有的选手站在台上回答问题时,给人感觉很自信,感觉讲出来的话非常具有信服力;而有的选手站在台上给人感觉没有自信,眼神飘忽不定,同时伴随着身体的抖动。如果你仔细地听每一个人的内容时也会发现,自信的选手所讲的内容也比较扎实,能够明显感到具有丰富的知识储备,回答问题时淡定从容,有一种"腹有诗书气自华"的感觉,回过头来再看他的第一轮单件讲解辅导的表现,不出意外同样精彩,他的比赛讲解词一定内容丰富扎实。

有内涵不仅仅是给别人的感觉,同时更是对我们自身的要求。要求我们首先要做到对核心原理准确无误地掌握,吃透弄懂,这是最基本的要求,如果核心原理自己都没有弄清楚又怎么可能讲清楚。在核心原理完全掌握的情况下,有内涵就要求我们要做到对有关展品的外延知识的掌握,比如展品在历史上是否真的有原型机、有关科学家的相关历史故事等等,在掌握这些知识的同时其实也在悄无声息地提升着自己的内涵。

第六个原则:有创新。

全国科技馆辅导员大赛自 2009 年举办至今,已经有几百位科技辅导员走上舞台,几乎展品库中的每一件展品都被人讲过,有些热门展品甚至每年都会被讲数次,甚至十数次。那么面对展品已经被很多人讲过,甚至与你同场竞技的选手也讲同样的展品的情况下,如何能够脱颖而出呢? 这就是第六原则:有创新。做到人无我有,人有我优,人优我新。很多展品虽然被人选过讲过,但是大部分并没有太多的创新点。评委老师大多是在科技馆界工作几十年,有着丰富的经验,对于选手内容中的创新点有着很高的敏感度。所以,我们在讲解中还是要聚焦展品,深挖核心原理,学习教育理念和方法,扩充外延知识,在“万事俱备”的情况下,挖掘创新,可以是表现形式的创新,也可以是表达方式的创新,只要我们创新的点方向正确,与展品有关,创新的方式更有利于观众理解,这样的创新都是值得鼓励和肯定的。比如,展品“球吸”就是一件几乎每年都会有多人选择的展品,出镜率相当高,大家选择这件展品的原因有可能是因为原理难度适中,现象明显,有很多生活中的例子可以应用,最关键是可以利用大赛提供的 A4 纸,通过向两张纸中间吹气,来演示伯努利原理。正因为这样,很多人都选择这个展品,雷同严重,缺乏创新。那就这件展品,还能怎么创新呢? 比如我在大赛预赛中,讲到了同样是很多人会讲到的“奥林匹克号”和“豪克号”的故事,大家在讲完这个故事后就会用两张纸演示伯努利原理,进而讲解两船相撞的原因。那么在大多数人都这样演示的情况下,怎么创新? 围绕纸的创新,纸不仅仅是可以用来演示伯努利原理的简单道具,还可以将纸撕为一张大纸和一张小纸,分别用来模拟大船“奥林匹克号”和小船“豪克号”,由简单的吹两张纸变成了模拟道具,由简单的演示原理,变为情景重现两船相撞的过程。

四、徜徉在知识的海洋

首先恭喜你能够通过第一轮的激烈竞争,进入第二轮知识问答环节。很多选手面对知识问答环节时,感觉准备毫无头绪。确实,面对繁杂的知识,尤其是

全国科技馆辅导员大赛没有题库,更是令选手准备起来一筹莫展。

那么面对浩瀚如星海的知识,我们应该怎么准备呢?我认为可以分以下几个步骤进行,"按部就班"逐个击破。

第一阶段:搜集阶段。通过梳理历届大赛的知识问答题,会发现其中有一部分的题目为科技常识题,尤其是前几届的时候,几乎 90% 的题目均为科技常识题。比如有关宇宙的知识、力学常识、光学常识等,其中大部分内容在初中高中学习阶段都有所涉猎,也有很多内容本身就是科技馆展示的知识。对于理工科背景的选手和从业时间比较久的选手几乎不成问题。在搜集阶段,我们要充分利用互联网和科技馆论坛上的资源,将网络上有关各学科基础知识的题目搜集整理出来,将历年大赛的知识问答题整理出来,为接下来的刷题做好准备。

第二阶段:刷题阶段。搜集整理的题涵盖的知识面广、题量大,我们要做好刷题计划,每日刷固定数量的题目,并在刷题过程中将做错的题标注出来,第一轮的刷题主要是将本来就会的题目选出,第二轮刷题主要针对做错的题目。刷题的过程,也是在逐步充实自己知识储备的过程,提高自身科学素养的过程。

第三阶段:深挖阶段。当基础常识题基本刷完后,我们就要开始第三个阶段的准备工作。因为从第五届科技馆辅导员大赛开始,知识问答环节的题目发生了重大变化,由原来以科技常识题为主转变为基于展品原理和现象的延伸和发散、科学热点等。下面是第五届科技馆辅导员大赛各赛区预赛的知识问答题目。

(一)东部赛区

1. 如果让双曲线的直杆与旋转轴垂直,则其穿过立面上留下什么样的形状?(　　)

A. 还是双曲线;　　　　　　B. 一段线段;　　　　　　C. 一个点

2. 让小球从高度相同、倾角不同的光滑斜面滚下(忽略各种阻力),斜面倾角为(　　)时小球刚滚落到斜面下端(未接触地面)的速度最大?

A. 30°;

B. 45°;

C. 速度大小和斜面倾角没有关系

3. 如果喝酒的同时服用了(　　),会引发双硫仑反应,危害健康。

A. 头孢类药物;　　　　　　B. 氯雷他定;　　　　　　C. 维生素 C

4. 下面哪一条不属于爱因斯坦狭义相对论的基本原理之一?(　　)

A. 光速不变；

B. 质量会让空间弯曲；

C. 所有的惯性参考系对于运动的描述都是等效的

5. 展品"惯性车"在匀速行驶过程中竖直向上抛出小球，对于站在两侧不动的观众来说，小球经过的轨迹是(   )。

　　A. 一段抛物线；　　　　　　B. 一段直线段；　　　　　　C. 一段圆弧

6. 关于核聚变和核裂变，下列说法正确的是(   )。

A. 只有核聚变原料的总质量大于产物质量；

B. 只有核裂变原料的总质量大于产物质量；

C. 核裂变、核聚变原料的总质量均大于产物质量

7. 为什么通常会说光有三原色(红、绿、蓝)，而非两原色或四原色？(   )

A. 这是由光本身的性质决定的；

B. 知识由人眼感光细胞的性质决定的；

C. 以上两种说法都不对

8. 在冰壶比赛中、队员用冰刷刷冰的作用包括(   )。

A. 使冰壶两侧的摩擦力不一致，改变运行方向；

B. 在平整的冰面上增加冰壶与冰面的摩擦力，减小运行距离；

C. 以上都对

9. 为了降低一种真菌对果树的危害，园艺家引入一种形态结构、生理特征和原来真菌相似但毒性较低的真菌，使果树增产，请问园艺家利用的原理是(   )。

　　A. 捕食；　　　　　　　　B. 寄生；　　　　　　　　C. 竞争

10. 2016 年诺贝尔生理学或医学奖颁给日本科学家大隅良典，是因为他在哪一方面的开创性研究？(   )

A. 细胞自噬；

B. 细胞重编程；

C. 细胞囊泡运输与调节机制

11. 502 胶在瓶子里一种液体，但倒出来之后能迅速把东西粘牢，其中的科学原理是什么？(   )

A. 502 胶在环境压力下降时会固化；

B. 502胶遇到空气中的氧气会固化；

C. 502胶遇到空气中的水蒸气会固化

12. 地壳中含量最高的元素是（　　）。

A. 碳；　　　　　　　　　B. 氧；　　　　　　　　　C. 硅

13. 关于宇宙微波背景辐射，下述说法不正确的是？（　　）

A. 宇宙微波背景辐射是一种热辐射；

B. 宇宙微波背景辐射是大爆炸的证据之一；

C. 宇宙微波背景辐射在大尺度上不具有各向同性

14. 格陵兰岛和澳大利亚的地理面积哪个大？（　　）

A. 格陵兰岛；　　　　　　B. 澳大利亚；　　　　　　C. 一样大

（二）西部赛区

1. 做化学实验时不小心手碰到氢氧化钠，会感觉摸起来滑滑的，为什么？（　　）

A. 氢氧化钠把手上的油脂提取出来了；

B. 氢氧化钠把手上的油脂分解成了滑滑的物质；

C. 氢氧化钠本身的质感是滑滑的

2. 长久以来，科学家一直以为黑洞只会向内吞噬信息，但（　　）发现，黑洞可能也存在普遍的对外辐射现象。

A. 斯蒂芬·霍金；　　　　B. 大栗博司；　　　　　　C. 贾维斯

3. 下列完全没有利用全反射的应用是（　　）。

A. 自行车灯；　　　　　　B. 光导纤维；　　　　　　C. 路口凸面镜

4. 物体在月球上受到的月球引力，只有在地球的六分之一，假设在月球上有一个从静止开始做自由落体的物体，关于这个问题，下列说法正确的是（　　）。

A. 下落同样距离，时间花费是在地球的六倍；

B. 下落到同样距离时，物体最终速度是在地球的六倍；

C. 要达到同样速度，下落距离是在地球的六倍

5. 大气中含量最高的温室气体是（　　）。

A. 水蒸气；　　　　　　　B. 二氧化碳；　　　　　　C. 甲烷

6. 王维"庭槐北风响，日西方高秋"中风声是怎样产生的？（　　）

A. 空气振动；　　　　　　B. 空气温度变化；　　　　C. 空气对流

7. 2016 年 9 月 15 日发射的"天宫二号"上搭载的"天极"望远镜,主要研究的是宇宙中哪种剧烈的现象?(　　)

　A. 超新星爆发;　　　　B. 双黑洞并合;　　　　C. 伽马暴

8. 在展品"转动惯量"的倾斜轨道底端接上一段平直的轨道,两个总质量相等的转轮从倾斜轨道上方同样高度滚下,哪个在平直轨道上滚得更远?(假设轨道对两个转轮摩擦力相等)(　　)

　A. 质量分布靠外围的滚轮滚得远;

　B. 质量分布靠中心的滚轮滚得远;

　C. 一样远

9. 最高产的哈勃太空望远镜因设备问题,即将停止服务,取代它的是口径达 6.5 米的(　　)。

　A. 钱德拉太空望远镜;

　B. 詹姆斯·韦伯太空望远镜;

　C. 阿雷西博太空望远镜

10. 热量的本质是什么?(　　)

　A. 构成物质的分子无规则运动;

　B. 物体中每个分子单独具有的一种属性;

　C. 都不是

(三)北部赛区

1. 在国际单位制作的 7 个单位中,目前唯一一个仍在用物理实体进行定义的是(　　)。

　A. 米;　　　　　　　B. 千克;　　　　　　　C. 坎德拉

2. 2015 年,美国国家航空航天局(NASA)宣布在火星表面发现液态水,该结论源自哪一台探测器提供的证据?(　　)

　A. 火星勘测轨道飞行器(MRO);

　B. "好奇号";

　C. MAVEN 火星探测器

3. "海上生明月,天涯共此时",如果诗人和异地的朋友"共此时",说明他们在(　　)。

　A. 同一纬度;　　　　　B. 同一经度;　　　　　C. 同一半球

4. GPS之所以能为人们精确导航,并不归功于爱因斯坦发现的(   )。

A. 广义相对论;   B. 狭义相对论;   C. 光量子理论

5. 随着行星的自转,傅科摆的摆动平面也会发生偏转,已知金星的自转方向与地球相反,假设在金星上有一个傅科摆,关于其摆动平面的变化,下列叙述正确的是(   )。

A. 在金星北半球时,摆动平面顺时针变化;

B. 在金星赤道上,摆动平面不会发生变化;

C. 随着纬度升高,摆动平面变化周期变长

6. 世界上第一座实现可自控链式核裂变反应的核反应堆是"芝加哥一号"堆,主持该项目的科学家是(   )。

A. 恩里克·费米;

B. 罗伯特·奥本海默;

C. 阿尔伯特·爱因斯坦

7. 今日,科学家开始拿DNA作为存储媒介储存数据,不同于计算机用0和1进行二进制法运算,DNA由四种脱氧核苷酸组成,他们的组成元素不包括(   )。

A. 碳元素;   B. 磷元素

8. 以下哪一种药物成分在发展时,不是从植物中提取的?(   )

A. 青蒿素;   B. 阿司匹林;   C. 青霉素

9. 关于焰色反应,以下说法不正确的是(   )。

A. 焰色反应是化学变化;

B. 焰色反应可以用于制作烟花;

C. 钠的焰色反应呈黄色

10. "物体上滚"展品,假设双圆锥体在两条轨道上静止不动,如果想实现"上滚"效果,因进行哪种改造?(   )

A. 增加轨道的倾斜程度;

B. 增大两轨道之间的夹角;

C. 将双圆锥体换成顶角更小的

(四)南部赛区

1. 2015年通过LIGO首次探测到的引力波来自(   )。

A. 早期宇宙暴涨的遗迹;

B. 双黑洞系统并合;

C. 超大质量恒星的坍塌

2. 信口雌黄的雌黄是(　　)。

A. 三硫化砷;　　　　　　B. 三氧化硫;　　　　　　C. 四硫化四砷

3. 在国内外大型演出时可能会遇到全息投影的技术,其设备主要是由一块倾斜 45 度的半反半透镜组成,关于这种技术下列说法不正确的是(　　)。

A. 这种技术和展品全息图原理不同;

B. 由激光干涉和衍射成像;

C. 这种技术借助光的反射成像

4. 近年来,哈佛大学的教授试图把猛犸象的 DNA 片段拼接到亚洲象的 DNA 当中,从而复活猛犸象,以下技术中,与该研究最相似的是(　　)。

A. 抗旱转基因番茄;　　　B. 克隆羊多利;　　　　　C. 三亲婴儿

5. 与人类亲缘关系更近的是(　　)。

A. 猩猩;　　　　　　　　B. 大猩猩;　　　　　　　C. 黑猩猩

相信大家在做完上述题目后,对于前文所描述的变化应该有了新的认识,科技常识类题目除了生活中的积累外,通过我们前两轮的准备,相信会有所提升。针对科技热点事件,我们要做的就是时时关注国内国际热点科技事件,时间应该从大赛前一年内的新闻热点。而对于基于展品的发散和延伸类的题目,我们需要做更多的工作,在前几届大赛有展品库的情况下,每一件展品都要进行深度学习和挖掘。我们以第五届展品库为例在下一章给大家系统梳理一遍。

五、辅导思路解析,怎么解

第六届全国科技馆辅导员大赛增加了此前完全没有的比赛环节——辅导思路解析。我们一起通过研究大赛规则来探讨这个环节主要是考察什么能力,可以有什么好的方法在这个环节获得不错的成绩。

辅导思路解析规则:

在比赛前 15 分钟现场抽取 1 个主题任务单,同一组其他选手依序各延时 2 分钟获得所抽取的任务单。比赛现场为选手提供平板电脑、黑板、A4 纸、笔等材料。每位选手应围绕任务单要求进行教育活动思路解析(包含但不限于活动对

象、活动形式、切入思路、实施过程、创新点及预期效果等)，思路解析限时 2 分钟，超时即叫停，不扣分。

我们会在赛前拿到此次的主题，共有 15 分钟的准备时间，在准备期间，我们可以使用平板电脑查资料，这一点与以前大赛中的第三环节类似。准备时间结束后，选手有 2 分钟的时间上台进行阐述此次主题活动的思路解析，超时不扣分，但是会被叫停。同时规则当中已经把需要解析的内容为大家进行了梳理，如活动对象、活动形式、切入思路、实施过程、创新点及预期效果等。也就是说在短短 2 分钟的时间内，我们要根据主题，为评委阐述上述内容，当然也可以扩充更多的内容。时间还是比较紧张的，所以我们要切记有关内容点到为止，关键的部分和自己的亮点可以适当重点加强，但一定要注意时间，避免因到时而被叫停，得不偿失。

通过研究规则内容，可以发现辅导思路解析环节，主要是借助大赛考察辅导员策划开展主题活动的能力。从侧重讲解辅导能力的考察，扩展到主题活动开发能力的考察。也更加贴合辅导员日常工作的实际。所以，在备赛时，我们可以比照实际工作中开展活动时的准备思路，来准备辅导思路解析环节。接下来，我们一起根据辅导思路解析的内容要求，进行细化拆解。

活动对象：在实际工作中开展主题教育活动时，我们会根据不同的对象人群进行不同的活动计划与安排。比如针对低龄儿童，在设计上以互动、游戏等方式为主，内容专业性较弱，更强调趣味性与启发性；针对中小学生时，则在互动性的基础上，更加强调知识性和专业性。同时，还要注意此次活动对象的人数，人数的不同，在开展活动时需要注意的点也不同。因此，在辅导员大赛辅导思路解析环节，我们首先要明确此次活动的参与对象，再根据抽取的主题进行对象活动的灵活设置，如果主题有关内容对于青少年和低龄儿童都不是太难理解，就可以结合自身准备情况灵活选择，如果主题内容对于低龄儿童比较难，则可以在选择活动对象时，挑选更利于我们的方向。

活动形式：同样联系实际工作场景，开展活动的形式有：操作体验展品、深度体验展项、小实验、小制作、科普剧、手偶剧、小游戏、角色扮演、脱口秀等。共同目的是提高活动中观众的积极性与参与度。同样的，我们在大赛中有关活动形式也可以借助这几种形式。同时，每一次的活动并不局限于其中的一种，我们可以根据需要选择其中的 1—3 种，丰富我们的活动。

切入思路：主题式活动的切入思路，类似于我们开展主题活动时的引入，通过各种行之有效的方式吸引大家参与活动，比如我们可以以故事的方式引入、以制造悬念的方式引入、以时事热点引入、以游戏的方式引入，这些引入方式与前文中个人单件展品辅导的引入思路类似。但在大赛中因为时间仅有 2 分钟，因此此处的切入思路只是简单地介绍，如以什么故事引入、什么热点引入，并不需要完整的阐述整个故事或者热点，点到为止，节省时间。

实施过程：在活动通过多种形式引入后，开始描述整个活动的活动过程，设置哪几个教学环节，采用哪种教学法，这样设置的目的和意义是什么，在这个过程当中要引导观众观察对比体验思考什么？通过语言的描述，告诉评委整个活动的实施过程，这部分的篇幅可以占的相对多一些，因为这里涉及的是更实际的内容部分，在设计过程中，如果能够和中小学科学标准联系起来，活动主题与科学标准对应，并应用相应的教学法，最好能够做到学科间的交叉，内容会显得更加充实和饱满。

创新点：此处表述要突出该教育活动与以往同类教育活动的最大区别是什么，是教学法的应用还是活动开展的形式，是与时事热点的紧密联系还是深度挖掘展品的同时发散扩展等，表述的宗旨是给评委的感觉是"人无我有、人有我优"。

预期效果：此处主要表述通过此次活动，参与者能够掌握什么知识，探究了什么问题，对于主题等有什么新认识，对于未来有什么影响。

接下来，我们以具体案例的形式展开。

案例 1：

辅 导 任 务 单

以南仁东为首的科学家和工程技术人员历经 22 年，设计建造了具有中国自主知识产权、世界最大单口径、最灵敏的射电望远镜 FAST。请结合 FAST 的相关技术突破以及南仁东教授事迹，设计教育活动，并简述活动思路。

分析：

1. 任务单中简要介绍了以科学家南仁东为首的团队设计建造了具有中国自主知识产权且世界最大单口径、最灵敏的射电望远镜，要我们结合 FAST 的相关技术突破以及南仁东教授事迹来设计教育活动。这就要求我们要对南仁东事迹熟悉的同时，还需要了解什么是射电望远镜，工作原理是什么，为什么中国

这个是世界最大，为什么是最灵敏，其中有什么值得我们国人骄傲自豪的技术突破。只有在充分了解了这些相关信息后，才能有针对性地开展教育活动。

2. 南仁东教授介绍。南仁东，天文学家、中国科学院国家天文台研究员，曾任 FAST 工程首席科学家兼总工程师，主要研究领域为射电天体物理和射电天文技术与方法，负责国家重大科技基础设施 500 米口径球面射电望远镜(FAST)的科学技术工作。坚守 22 年，用心血铸造"天眼"。为了在贵州选到最适合建造大口径球面射电望远镜的位置，南仁东分析了上千张卫星地图，实地考察了上百个地区，白天黑夜不停地走访。经过十几年实地勘察在最终确定最佳选址，带领团队攻克一项项看似无解的技术难关。在已罹患肺癌，并在手术中伤及声带的情况下，不顾身体病痛，从北京飞赴贵州，在远处目睹了 FAST 正式启用仪式。在他的注视下，这项雄伟的工程从此凝望太空、永恒坚守。然而，此后不久，南仁东终因工作劳累、积劳成疾，因病逝世，享年 72 岁。

3. FAST 介绍。500 米口径球面射电望远镜(Five-hundred-meter Aperture Spherical Telescope)，简称 FAST，位于贵州省黔南布依族苗族自治州平塘县克度镇大窝凼的喀斯特洼坑中，工程为国家重大科技基础设施，由主动反射面系统、馈源支撑系统、测量与控制系统、接收机与终端及观测基地等几大部分构成。

500 米口径球面射电望远镜被誉为"中国天眼"，由我国天文学家南仁东于 1994 年提出构想，历时 22 年建成，于 2016 年 9 月 25 日落成启用，是由中国科学院国家天文台主导建设，具有我国自主知识产权、世界最大单口径、最灵敏的射电望远镜，综合性能是著名的射电望远镜阿雷西博的 10 倍。

4. FAST 的三个特点。第一是大，它是目前国际上口径最大的单天线射电望远镜，面积相当于 30 个足球场那么大。沿着 FAST 的圈梁走一圈需要 43 分钟。FAST 的能力就和它的大小息息相关。简单来说，眼睛越大，看得越远。第二是活，它由 8 000 多根钢索和 4 000 多个三角形面板组成，可以自主调节角度追踪天体信号。第三是轻，FAST 采用了轻型馈源系统，馈源是指望远镜用来接收宇宙信号的装置系统，就好比 FAST 的视网膜，要知道世界第二大的 305 米口径望远镜的馈源平台就重达上千吨，如果按照美国人的设计思路，中国天眼的馈源平台需达到上万吨，但是采用了新型的馈源支撑系统后，整个馈源台只有 30 吨重。

5. 什么是射电望远镜。

射电望远镜是专门探测地球以外天体发射的电磁波的专用设备。射电望远镜是观测和研究来自天体的射电波的基本设备,它包括收集射电波的定向天线,放大射电信号的高灵敏度接收机,信息记录,处理和显示系统等。射电望远镜的基本原理和光学反射望远镜相似,投射来的电磁波被一精确镜面反射后,同向到达公共焦点。用旋转抛物面作镜面易于实现同相聚集,因此,射电望远镜的天线大多是抛物面。由于无线电波可穿透宇宙中大量存在而光波又无法通过的星际尘埃介质,因而射电望远镜可以透过星际尘埃观测更遥远的未知宇宙。同时,由于无线电波不太会受光照和气候的影响,所以射电望远镜几乎可以全天候、不间断的工作。

参考答案:

活动名称:南仁东与 FAST。

活动对象:针对六年级学生。

活动形式:提问互动 + 游戏体验 + 角色扮演。

切入思路:造悬念方式。

实施过程:以悬念的方式引入,如"在山里的一口大锅",启迪观众好奇心学会求知,让观众彼此讨论猜想,营造舒适学习氛围。在合适时间揭秘引出中国天眼 FAST,通过多媒体视频等手段,让观众了解 FAST 的基本构造及外观,让其对 500 米口径球面射电望远镜有一个初步的认识。抛出问题:这样的一个设备有什么作用? 让观众分组讨论并交流所得学会共处,培养其想象力,探究式解答射电望远镜技术。通过模拟实验制作,了解 FAST 抛物面的作用,加深观众对此次活动的印象。最后引入南仁东教授名言警句,试问如果你们是 FAST 的设计师,你们最想要给它附加什么功能,激发学生创造力,弘扬科学精神。

创新点:结合了人教版《科学》六年级下册"无限宇宙"章节中的探索宇宙,紧贴教育教学过程中应该达到的三个目标维度,同时运用德洛尔的教育四大支柱及问题驱动式学习理念。

预期效果:培养学生求知欲,学会彼此共处并领会科学发展需要探索精神。

创新点:1.结合课标;2.紧贴教学三维度;3.德洛尔教育四大支柱;4.问题式驱动;5.学会求知、共处的科学探索精神。

活动参考一:

活动对象为小学三年级学生,以模拟还原 FAST 工作原理为主题。

实验步骤:

1. 在桌面固定红色发光灯泡并点亮。

2. 在灯泡一侧,直尺测量 15 cm 位置放置一张白纸,观察白纸上红色颜色的深度。

3. 在灯泡另一侧 15 cm 处,将老式手电对准红色灯泡,制作面积为食指指腹大小的纸片。

4. 调整手指位置,找到老式手电焦点的位置,观察红色的颜色深度。

5. 通过比较可以发现,老式手电这一侧白纸上的红色颜色更深。

实验总结:FAST 是用来接收地外电磁波信号的装置,在其表面会形成类似手电筒的抛物面来聚焦电磁波,将更多的电磁波反射到馈源仓。但是电磁波肉眼不可见,此次实验用红光来代替不可见的电磁波,便于观察和理解。

活动参考二:

"折出曲线"教育活动。

面向 6—8 岁儿童开展"折出曲线"教育活动,借助视频内容学习了解 FAST 射电望远镜的基本情况,明确望远镜中光学望远镜与射电望远镜的本质区别。

课程内容主要围绕 FAST 的外形与寻址来进行,通过模型展示和多媒体演示向同学们介绍有关抛物线、抛物面的基础知识,并动手参与用一张 A4 纸折出抛物线的体验活动。找到 A4 纸长边的中点向对边反复折叠,当折叠次数足够多时,折痕叠加起来就把纸的局部围城了抛物面的形状,从而实现了折出曲线的教育目标。

通过系列化的学习让同学们认识到任何一种国之重器的建立、科研成果的创新都经历了漫长而复杂的过程,通过介绍中国天眼之父南仁东先生在 FAST 建设过程中的突出贡献,激发同学们对科学的探究精神和奉献精神。

六、现场主题辅导,这么办

第五届科技馆辅导员大赛中的最后一个环节是"主题式串联辅导",决赛中采取的方式是由选手抽取主题,由选手根据抽取的主题,自行从大赛展品库中选择需要的展品,进行主题式串联辅导。进行辅导的场地是舞台上,身边没有实物。这个环节主要考察的是辅导员在面对特定主题时,进行主题式串联展品的能力,需要根据主题需要,梳理辅导脉络,并据此选择相应展品进行主题辅导的能力。

而第六届的最后一个环节变化为现场主题辅导。辅导场地由舞台转移到展厅,同时比赛现场会安排有不同年龄的观众现场观摩。我们一起通过大赛规则的变化来梳理一下。

现场主题辅导规则:选手提前获得辅导材料,选手需明确辅导主题,在决赛举办地场馆限定展厅自选展品,面向真实辅导对象(学生群体或普通公众两类)开展现场辅导。所选展品数量不限,鼓励串联辅导。

选手辅导过程中,鼓励参赛选手与辅导对象进行互动交流。每人限时 10 分钟,不足时间不扣分,超时即停,不扣分。比赛现场为选手提供平板电脑、黑板、A4 纸、笔等材料。

1. 关键词是"主题",所以,不管是选择什么展品,限定在什么展厅,进行什么辅导,都一定要紧紧围绕抽取到的主题开展。规则中说明选择展品数量不限,鼓励串联式辅导,为了保险起见,建议选择 3 件左右,因为时间仅有 10 分钟,数量太多容易超时被叫停的局面。

2. 第三环节会在展厅实地开展,并且面向真实观众,观众分为学生群体和普通公众两类,随机抽取,确定自己面向的是哪一组。如果抽取的是学生群体,学生本身好奇心高,配合意愿较高,但是需要注意观察此次学生是小学生还是中学生,针对不同年龄的学生采取不同的互动引导策略。如果抽取的是普通公众,成年人在听取辅导时参与度较低,对于知识性要求更高,针对此类群体,要适当调整策略,提高互动性,引导他们操作观察、积极参与。现场互动性越好,引导操作参与体验度越高,成绩相应的会更好。

3. 现场提供黑板、A4 纸,但是考虑到是在展厅实际开展讲解,身边有真实的展品,建议仅仅使用 A4 纸作为辅助,在此环节不管是观察现象还是操作体验,应将重点放在展品上,因时间仅有 10 分钟,再加上在展品间过渡的时间,时间会非常紧。

4. 大赛决赛会在赛前一定时间公布所选场馆与所选展厅,根据公布的展厅名称能够基本推断此次选定的主题,考虑到大赛的公平性,选择展厅的主题应该是全国大中小科技馆均会涉及的主题,展厅中的展品也应该是常规展品,如涉及力学、光学、电学、磁学、宇宙、自然等知识点的展品,具体根据最终公布的结果确定。但是,公布时间临近决赛时间,等公布了再进行准备,时间就非常紧张了,因此需我们提前做好准备工作。可以自行在自家场馆的展厅当中,分别针对不同的主题,进行相应的模拟训练。

第六章
属于你的资料库

第四届全国科技馆辅导员大赛的展品库中共有 30 件展品,第五届全国科技馆辅导员大赛在 30 件展品的基础上替换增加到 50 件,第六届全国科技馆辅导员大赛没有提供馆方资源包,这是因为此次大赛第一环节单件展品辅导可自主命题,第三环节现场主题辅导会在赛前一段时间公布比赛的场馆和展厅,到时候选手可以选择的展品只会局限在这个展厅当中。但是,如果等到公布了有关比赛场馆和展厅再准备,可能为时已晚,还是需要我们未雨绸缪提前准备。前文中,我们已经分析过,此次比赛所选择的应该是全国大多数科技馆均会涉及的主题,而第五届全国科技馆辅导员大赛中的 50 件展品就非常具有代表性,涵盖了各个学科的代表展品。所以,为了能够有效地应对,在这里带领大家一起重新梳理一遍展品库。

1. 光纤传输

互动方式:展品由全反射原理和光纤传输实验两部分组成。全反射原理展示:左右移动有机玻璃管观察光纤中的全反射现象。光纤传输实验:两块透视屏中的点阵是以光纤连接的,每条光纤的两端分别连接到采集区和显示区对应的点上。当在采集区选择好图形并用光源照射后,其形状和颜色信息被传输至显示区的屏上。

展品说明:光纤是利用光的全反射原理将光线从一端传输到另一端的。光从光密介质射向光疏介质时,当入射角超过某一角度(临界角)时,折射光线完全消失,只剩下反射光线的现象叫作全反射。利用光的全反射原理可以使光线近乎无损失的远距离传输。多根光纤组成的点阵还可以用来传输图像。

知识扩展:(1)在古代人们通常利用马作为交通工具传递信息,距离较远则使用驿站，一站接一站的接力传递。在军事上，有更快捷的办法，那就是烽火狼烟和信鸽。不过这两种方法要么只能传递简单的信息，要么会有很多的限制。在19世纪前，人类传递信息的办法与几千年前相比，并没有多少改进，这绝不是人类对于通讯的变革无所作为，早在1794年，法国人克拉克、恰陪兄弟就发明了电讯机，1809年德国解剖家左迈林利用伏打电池的原理也制成过通讯机，但都由于一些原因没有得到实际应用。直到1835年美国画家摩尔斯在高斯和韦伯发明的基础上发明了有线电报。1844年5月14日，是人类通讯史上一个重要的日子，华盛顿国会大厦会议厅座无虚席，摩尔斯按动电报机，64千米外巴尔的摩城拍出了一连串的点划符号"上帝创造了何等奇迹"，这是人类历史上最早的一份正式长途电报。2.华裔科学家高锟早年在国际电话电报公司任职期间，即从事光导纤维在通讯领域运用的研究。1964年，他提出在电话网络中以光代替电流，以玻璃纤维代替导线。1965年，在以无数实验为基础的一篇论文中提出以石英基玻璃纤维作长程信息传递，将带来一场通讯业的革命，并提出当玻璃纤维损耗率下降到20分贝/千米时，光纤维通讯就会成功。高锟在电磁波导、陶瓷科学（包括光纤制造）方面获28项专利。由于他取得的成果，有超过10亿千米的光缆以闪电般的速度通过宽带互联网，为全球各地的办事处和家庭提供数据。2009年高锟因此项研究获得诺贝尔物理学奖。

2. 穿墙而过

互动方式：在玻璃管中间看上去有一堵不透光的"墙"，抬起管子的一端使其倾斜时，能看到小球穿过管子中间的这堵"墙"，滚到低垂的一端。

展品说明：玻璃管内的"墙"是由光的偏振现象形成的。光是一种横波，振动方向与传播方向垂直。自然光的振动方向是四面八方的，当通过偏振片后仅剩下与偏振片的偏振方向相同振动的偏振光。玻璃管左右两部分的内壁分别贴了两种偏振方向相互垂直的偏振膜，使得进出左右两部分的光线只剩下与各自偏振膜偏振方向一致的两种偏振光，虽然亮度变暗，我们依然可以看到管子的内部。然而透过左侧的偏振膜看右侧的偏振光时，由于左右两个偏振膜的偏振方向相互垂直，导致光线无法透出，反之亦然。因此在两个偏振膜交接之处好像存在一堵不透光的"墙"，实际上这堵"墙"是不存在的，所以小球可以顺利穿过。

知识扩展：偏光镜是根据光线的偏振原理制造的镜片，用来排除和滤除光束

中的直射光线,使光线能于正轨之透光轴投入眼睛视觉影像,使视野清晰自然。多用于太阳镜和照相机镜头。其工作原理是选择性地过滤来自某个方向的光线。通过过滤掉漫反射中的许多偏振光,从而减弱天空中光线的强度,把天空压暗,并增加蓝天和白云之间的反差。具体实拍时要看着取景器并旋转前镜,取景器中天空最暗时的效果最明显,最暗与最亮相差 90 度,可根据需要转到最暗与最亮间的任意角度。

3. 声驻波

互动方式:参与者按下启动开关,调整频率旋钮,使得玻璃管内的介质随声波振动。选择不同的频率,观察振幅最大处和振幅为 0 处有什么变化。

展品说明:驻波是由振幅、频率、振动方向都相同而传播方向相反的两列波叠加而产生的。用扬声器发出入射声波,此入射声波在管内另一端发生反射而形成反射波,入射和反射两列声波互相叠加。两波重叠处各点的振幅为两波各自振幅所合成,其中叠加振幅最大的点称为波腹,波腹处液体质点振动最剧烈、振幅最小的点称为波节,波节处液体质点静止不动,振幅为 0。相邻两波腹(或两波节)间距为 1/2 波长,波腹与波节间距离为 1/4 波长。

知识扩展:许多乐器依靠驻波产生声音。在管风琴内振动的空气中,在小提琴或吉他的弦上,在喇叭或长笛的气柱中都会产生驻波。为了改变乐器的曲调,乐器中的驻波必须被改变。通过改变管乐器的长度,或者改变弦乐器弦的长度和张力,会产生不同频率的驻波,形成不同的音乐波节。

4. 共振摆

互动方式:最左侧重摆的摆长可以自由调节。参与者将重摆调节到一定高度位置后令其摆动,在它的带动下,其他摆随之摆动。其中,一些摆的摆动幅度明显大于另一些摆的摆动幅度。

展品说明:共振在物理上定义为两个振动频率相同的物体,当一个发生振动时,引起另一个物体振动至最大振幅的现象。单摆的固有频率通常被认为与其摆长有关,摆长相同的单摆可能发生共振现象。

知识扩展:伽利略在教堂观察教堂吊灯被微风吹拂的轻轻来回摆动,发现吊灯来回摆动所需的时间是一样的,实验后发现摆动所需时间跟悬挂摆件的绳长成正比,科学家惠更斯利用这一规律制作了世界上第一台有钟摆的时钟。

5. 声聚焦

互动方式:"声聚焦"的外观是一对抛物面形的"大锅",中间的黑圈位置是它的焦点,如果一个人在一边的焦点上小声说话,在40多米外的另一个抛物面焦点上可以清晰地听到。

展品说明:声波在传播过程中遇到不同的介质表面时,部分会反射回原介质。就这件展品而言,焦点处说话者的声音大部分被抛物面反射到对面的抛物面,又经过反射聚焦到对面焦点,因此可以被对面听者清楚地听到。

展品说明:声波在传播过程中遇到不同的介质表面时,部分会反射回原介质。就这件展品而言,焦点处说话者的声音大部分被抛物面反射到对面的抛物面,又经过反射聚焦到对面焦点,因此可以被对面听者清楚地听到。

知识扩展:展品中抛物面的造型,在生活中经常可以见到,比如手电筒,灯泡所在的位置就是大锅前的圆环位置,手电筒里面的玻璃罩就是展品抛物面的造型。世界上的射电望远镜,包括尺寸最大的射电望远镜 FAST 也是抛物面的造型。

6. 离心现象

互动方式:参与者转动手柄驱动两支管子绕共同的轴心旋转。当达到一定转速后,会发现原本沉在底部的金属球会上升到顶部,而原本浮在顶部的塑料球反而会下降到底部。

展品说明:要使物体进行圆周运动必须为其提供足够的向心力,如果向心力不足,物体就不能维持圆周运动,会远离圆心而去,这就是离心现象。对旋转速度相同的物体而言,其质量越大,离心现象越明显,越易远离圆心。展品中的金属球密度大于水,静止时金属球沉在底部,旋转中金属球的离心倾向较大,趋向于远离旋转的轴心而被甩到管子的顶部。塑料球密度小于水,静止时浮在顶部,旋转起来时水的离心倾向较大,小球被挤到管子的底部。

知识扩展:(1)离心力是一种虚拟力,是一种惯性力,它使旋转的物体远离它的旋转中心。在牛顿力学里,离心力曾被用于表述两个不同的概念:在一个非惯性参考系下观测到的一种惯性力,向心力的平衡。在拉格朗日力学下,离心力有时被用来描述在某个广义坐标下的广义力。(2)在通常语境下,离心力并不是真实存在的力。它的作用只是为了在旋转参考系(非惯性参考系)下,牛顿运动定

律依然能够使用。在惯性参考系下是没有离心力的,在非惯性参考系下(如旋转参考系)才需要有惯性力,否则牛顿运动定律不能使用。

7. 旋转的银蛋

互动方式:按下按钮接通电源,圆盘中的金属蛋会旋转起来,随着转速的增加会竖立转起来。

展品说明:圆盘下方成 120 度角放置的三个线圈在通上三相交流电后会产生旋转磁场,而旋转磁场会使金属蛋中产生感生电流并形成磁场,两个磁场相互作用使金属蛋旋转。

知识扩展:(1)1820 年 4 月的一天,丹麦科学家奥斯特在上课时,无意中让通电的导线靠近指南针,他突然发现了一个现象。这个现象并没有引起在场其他人的注意,而奥斯特却是个有心人,他非常兴奋,紧紧抓住这个现象,接连三个月深入地研究,反复做了几十次实验。显示通电导线周围存在着磁场的实验。如果在直导线附近(导线需要南北放置),放置一枚小磁针,则当导线中有电流通过时,磁针将发生偏转。这一现象由丹麦物理学家奥斯特于 1820 年 7 月通过试验首先发现。(2)法拉第仔细地分析了奥斯特实验中的电流的磁效应等现象,认为既然电能够产生磁,反过来,磁也应该能产生电。于是,他企图从静止的磁力对导线或线圈的作用中产生电流,但是努力失败了。经过近 10 年的不断实验,到 1831 年法拉第终于发现,一个通电线圈的磁力虽然不能在另一个线圈中引起电流,但是当通电线圈的电流刚接通或中断的时候,另一个线圈中的电流计指针有微小偏转。法拉第心明眼亮,经过反复实验,都证实了当磁作用力发生变化时,另一个线圈中就有电流产生。他又设计了各种各样的实验,比如两个线圈发生相对运动,磁作用力的变化同样也能产生电流。这样,法拉第终于用实验揭开了电磁感应定律。法拉第的这个发现扫清了探索电磁本质道路上的拦路虎,开通了在电池之外大量产生电流的新道路。根据这个实验,1831 年 10 月 28 日法拉第发明了圆盘发电机,这是法拉第第二项重大的发明。这个圆盘发电机,结构虽然简单,但它却是人类创造出的第一个发电机。现代世界上产生电力的发电机就是从它开始的。

8. 手蓄电池

互动方式:展台上的铝制触摸板和铜质触摸板通过导线与电流表连接在一

起,参与者双手分别按住铝质触板与铜质触板,会发现电流计的指针发生偏转,证明有电流产生,而此时整个回路中除了双手的接入,并没有外接电源。将手拿开后电流计会归零。

展品说明:人手上带有汗液,而汗液是一种电介质,里面含有一定量的正负离子。铝板比铜板活泼,铝板上汗液中的负离子与铝板发生化学反应,而把外层电子留在铝板上,使铝板集聚大量负电荷;铜板上则通过汗液中的离子集聚大量正电荷。两个金属触板间产生电位差,铝板上的电子通过导线向铜板移动,同时由于人体也具有一定的导电性,形成回路从而产生了电流,故串接在回路中的电流计指针偏转。这实际上就构成了一个简单的原电池。

知识扩展:(1)1750年,瑞士学者苏尔泽将银片和铅片的一端互相接触,另一端用舌头夹住,舌头感到有点麻木和酸味,既不是单片银的味道,也不是单片铅的味道。他想到,这可能是两种金属接触时,金属中的微小粒子发生震动而引起舌头神经兴奋产生的感觉。为此苏尔泽做了另一个实验来进一步研究这个现象。他将一个盛水的锡杯子放在银台上,舌头接触杯子内的水,并没有酸味的感觉;但当用手接触银台时,舌头就明显地感觉到酸味,这时已构成电流回路,但是苏尔泽没有继续研究下去。(2)1786年的一天,伽伐尼在实验室解剖青蛙,他把蛙腿剥了皮,用刀尖碰蛙腿上外露的神经,蛙腿剧烈地痉挛,同时出现电火花。经过反复实验,他认为痉挛起因于动物体上本来就存在的电,他还把这种电叫作"动物电"。1791年他把自己长期从事蛙腿痉挛的研究成果发表,这个新奇发现,让科学界大为震惊。但是伽伐尼的解释由于缺少必要的知识,并不正确。意大利物理学教授伏打反复重做伽伐尼的实验,仔细观察后发现电并不是发生于动物组织内,而是由于金属或是木炭的组合而产生的,同时他注意伽伐尼的实验中是使用不同的金属。于是1799年,伏打以含食盐水的湿抹布,夹在银和锌的圆形板中间,堆积成圆柱状,制造出最早的电池——伏打电池。

9. 倾斜的小屋

互动方式:小屋整体倾斜一个角度,墙壁、吊钟等均与小屋地板垂直,参与者进入会感觉到站里不稳,行走困难,有头晕目眩的感觉。

展品说明:由于小屋为整体倾斜,进入小屋内部,从视觉角度看,看不出房子是倾斜的,但依据内耳前庭和肌肉重力感觉的判断,要保持垂直于地板站立,人

体是倾斜的,而这又与视觉信息相矛盾,大脑难于迅速做出判断并指挥肢体运动,因此会感到行动困难。

知识扩展:在生活中经常能够听到有关"怪坡"的新闻,在怪坡上行车,竟然与常理相反,上坡不用加油,下坡却要刹车。骑自行车上坡时也不用蹬,自然滑行却依然能上行。其实,这样的怪坡就像这小屋一样,是周围的环境造成的视觉误差。

10. 傅科摆

互动方式:参与者观察傅科摆一段时间后会发现,傅科摆并不是在一固定平面内进行摆动,在摆动过程中,傅科摆会在顺时针方向发生旋转。

展品说明:傅科摆在摆动过程中发生了偏转,证明了地球自转的存在。

由于惯性,摆锤的摆动方向将始终指向太空中的固定方向不变,但由于地球在自转,地球上的观察者便随着地球一起转动,站在摆附近的观察者却发现摆的摆动方向正在相对地面缓缓地转动。

如果把摆放置在地球的南、北极点上,旋转一圈为 24 小时。若把摆放置在赤道上,观察者相对于摆平面没有转动,所以观察不到傅科摆摆动方向有任何改变。若把傅科摆放到除极点和赤道外的其他任何位置,傅科摆的旋转角速度介于两极极点和赤道之间,每小时偏转的角度为 $\theta° = 15t \sin \varphi$。式中 φ 代表当地地理纬度,t 为偏转所用的时间,用小时作单位。

知识扩展:(1)16 世纪时,"太阳中心说"的创始人哥白尼曾依据相对运动原理提出了地球自转的理论。可从他提出这一理论后的相当长一段时间内,这一理论只能停留在让人们从主观上接受的水平。(2)人类对地球的认识从地心说到日心说,经历了上千年。除了围绕太阳的公转,地球还会以自身为轴进行自转,这也是昼夜更替存在的原因。为验证地球自转,1851 年的某一天,法国物理学家莱昂·傅科邀请各界名流来到巴黎先贤祠,他要在这里进行一次公开的科学实验。傅科先让人在穹顶上安装了一个钟摆装置,钟摆长 67 米,垂在下面的摆锤是一个重达 28 公斤的圆铁球,铁球的下方嵌入了一根尖针,尖针指向地面上摆放的直径 6 米的沙盘,钟摆在穹顶下自然摆动着,成千上万人前来观看这一奇妙的实验。随着时间一分一秒地流逝,他们发现了奇迹,那就是摆在悄悄地发生着"移动",并且是沿顺时针方向发生旋转,这是因为,由于地球的自转,每一个观测者都被地球带着运动,尽管观测者站在原地没有动,可脚下的地面是动了,也就等于把观测者悄悄地带离了原地。因此,真正没有移动的是摆动平面。由此证明了地球在不停地自转。

11. 钉床

互动方式:参与者躺在钉床上,由工作人员启动按钮,下面的钉子会慢慢升起将参与者托起,虽然钉子扎在参与者的身上,但是参与者却感觉不到疼痛。

展品说明:压强是表示压力作用效果的物理量。若将一个重物放在一个支点上,由于受力面积很小,所以压强很大;若将一个重物放在许多个支点上,每个支点将会分散受力,所以压强会小很多。这张由数千颗钉子组成的钉床,每个钉子上的受力很小,所以,慢慢升起的钢钉不会刺入身体,参与者也就不会感到疼痛了。

知识扩展:(1)如坐针毡,汉语成语,像坐在插着针的毡子上,形容心神不定,坐立不安,出自房玄龄《晋书·杜预传》。西晋时候,名将杜预之子杜锡,学识渊博,性格非常耿直,在做了太子中舍人以后,多次规劝晋惠帝的儿子愍(mǐn)怀太子。愍怀太子不仅不听劝告,反而对杜锡心怀怨恨,便故意在杜锡坐的毡垫中放了一些针。杜锡没有发觉,屁股被扎得鲜血直流。第二天,太子故意问杜锡:"你昨天出了什么事?"杜锡难以开口,只好说:"昨天喝醉了,不知道干了些什么。"太子说:"你喜欢责备别人,为什么自己也做错了事呢?"(2)帕斯卡在1648年表演了一个著名的实验:他用一个密闭的装满水的桶,在桶盖上插入一根细长的管子,从楼房的阳台上向细管子里灌水。结果只用了几杯水,就把桶压裂了,桶里的水就从裂缝中流了出来。原来由于细管子的容积较小,几杯水灌进去,其深度很大,使压强增大,便将桶压裂了,这就是历史上有名的帕斯卡桶裂实验。因为液体的压强等于密度、深度和重力加速度常数之积。在这个实验中,水的密度不变,但深度一再增加,则下部的压强越来越大,其液压终于超过木桶能够承受的上限,木桶随之裂开。帕斯卡"桶裂"实验可以很好地证明液体压强与液体的深度有关,而与液体的质量和容器的形状无关。

12. 转动惯量

互动方式:参与者首先通过调整轮子上的滑块,改变轮子的质量分布,随后将不同质量分布的两个轮子放在轨道顶端,旋转手轮后,同时释放两个轮子,看

看哪个轮子先到达终点。

展品说明:本展品展示的是有关转动惯量的科学内容。在轮子转动过程中,转动惯量阻止轮子转动。它不但与轮子质量有关,还与其质量分布有关。当两个轮子质量相同时,质量分布离轮轴中心距离较远的,转动惯量就大。在同样力矩作用下,转动惯量大者,角加速度就小。在本展品中,当两轮子质量相同时,质量分布离轮轴中心远的,转动惯量较大,角加速度较小,所以轮子滚得较慢。

知识扩展:(1)为什么运动员收缩双手后转得更快了呢? 冰上运动中,运动员收缩双手,转得更快。原因是因为人体质量分布相对转轴的距离减小,使人的转动惯量减小,而施加的力矩不变,则旋转的角加速度变大。(2)棒球选手习惯握着球棒的末端,因为距离远转动惯量大,一旦挥棒继续转动的倾向较大,比较有机会出现全垒打。

13. 肥皂膜和最小表面

互动方式:参与者按下"启动"按钮,相应的框架进入肥皂液中,并从中被拉出,参与者可以观察到框架间形成的最小表面的肥皂膜。

展品说明:表面张力是分子力的一种表现,液面上分子受到液体内部分子吸引而使液面趋向收缩,使表面尽可能小,达到最小能量状态。将框架置于肥皂液中,由于表面张力的作用,联接框内各杆件中的肥皂膜,将是连接这些杆件的所有可能的表面中最小的,在数学上称这种情况为取最小值,分子间能量也处于最小值。

知识扩展:露珠,是(接近)球形的,漂亮的肥皂泡,是球形的。球形是一定体积下具有最小的表面积的几何形体,因此,在表面张力的作用下,液滴总是力图保持球形。这股凝聚力就是表面张力。

14. 双曲线槽

互动方式:参与者转动金属直杆,会看到一根直杆穿过了一条弯曲狭缝的神奇现象。

展品说明:当一直杆与一固定轴成一角度,并沿该固定轴旋转,可形成一个单叶双曲面。而该双曲面被通过轴的平面所截得的图形为双曲线。

本展品立板上所刻的是双曲线形狭槽,正是直杆转动时在空中划出的双曲面被通过轴的平面截取双曲线,正因为此,直杆旋转时能正好穿过弯曲的狭缝。

知识扩展：(1)发电厂循环水自然通风冷却塔,也叫双曲线冷却塔。它的作用就是利用循环水自然风进行降温的冷却系统。由于上下的空气压差,就有风从塔底进入,从塔顶流出(烟窗效应)。将从汽轮发电机冷凝器中出来的热水打到水塔中部喷射成水滴状,水滴下落,冷风上升,从而冷却了热水,加热了空气,使得空气在水塔中的流动更快,冷却热水的效果更好。被冷却的水滴下落到塔底的水池内收回,重新打入汽轮发电机的凝结器(换热装置)继续循环。双曲线冷却塔下口大更容易进空气,中间细,气流由宽变窄就会加速,更容易换热。(2)烟囱效应,是指户内空气沿着有垂直坡度的空间向上升或下降,造成空气加强对流的现象。当烟囱由宽变窄时,气流就会加速。(3)双曲面的经济性不是因为最节省材料,而是因为其建造方式,双曲面是一种直纹曲面,是由一条直线通过连续运动构成,这是它最重要的几何性质。如果选择抛物线或者圆弧形,在材料的制作和施工上就会增加很多困难。(4)广州电视塔就是双曲面的造型,它的每一根钢梁都是直的,直钢梁更经济、更容易施工。

15. 多普勒效应

互动方式：参与者按下启动按钮,电机带动控制盒匀速运动,参与者按下音乐开关按钮,控制盒发声,当控制盒高速远离观众时,声音变低,当控制盒转过最高点后,又以高速接近观众时,声音变高。参与者可以通过展台上音乐切换按钮来切换不同的声音。

展品说明：多普勒效应主要内容是:波在波源移向观察者时接收频率变高,而在波源远离观察者时接收频率变低。当观察者移动时也能得到同样的结论。

知识扩展：(1)1842年的一天,多普勒正路过铁路交叉处,恰逢一列火车从他身旁驰过,他发现火车从远而近时汽笛声变响,音调变尖,而火车从近而远时汽笛声变弱,音调变低。他对这个物理现象感到极大兴趣,并进行了研究。发现这是由于振源与观察者之间存在着相对运动,使观察者听到的声音频率不同于振源频率的现象。这就是频移现象。因为,声源相对于观测者在运动时,观测者所听到的声音会发生变化。当声源离观测者而去时,声波的波长增加,音调变得低沉,当声源接近观测者时,声波的波长减小,音调就变高。音调的变化同声源与观测者间的相对速度和声速的比值有关。这一比值越大,改变就越显著,后人把它称为"多普勒效应"。(2)当波源接近观察者时,速度越快,观察者感觉到的

频率越高,反之,当波源远离观察者时,速度越快,频率越低,如果是声波的话就会变得低沉,如果是天体发出的光波,其光谱就会向红色(红光波长最长,蓝紫光波长短)移动,叫作红移,根据红移的幅度可以计算出星体离我们远去的速度。

(3)利用多普勒效应,可以根据发出电波的频率和回波频率计算出运动物体的速度与距离,这就是多普勒雷达原理;另外在B超的原理上加上多普勒效应,即可探视到行进中的血液、心跳等的三维影像,这就是"彩超"。

16. 魔力水车

互动方式:展品由水车叶轮、叶片及水箱组成,没有任何动力驱动,但它却在自动的、永不休止的旋转。

展品说明:展示一种新型的功能材料——双向形状记忆合金的基本原理与表现形式。水车转动圆盘的叶片由双向记忆合金制作,在一定温度条件下,可按预先设定的形状弯曲和伸展,因此水车圆盘的叶片在进入该合金临界温度的水中后,发生弯曲产生划水作用,带动圆盘转动。

知识扩展:(1)1932年,瑞典人奥兰德在金镉合金中首次观察到"记忆"效应,即合金的形状被改变之后,一旦加热到一定的跃变温度时,它又可以魔术般地变回到原来的形状,人们把具有这种特殊功能的合金称为形状记忆合金。(2)1969年7月20日,"阿波罗"11号登月舱在月球着陆,实现了人类第一次登月旅行的梦想。宇航员登月后,在月球上放置了一个半球形的直径数米的天线,用以向地球发送和接收信息。天线就是用当时刚刚发明不久的记忆合金制成的。用极薄的记忆合金材料先在正常情况下按预定要求做好,然后降低温度把它压成一团,装进登月舱带上天去。放到月球上以后,在阳光照射下温度升高,当达到转变温度时,天线恢复成了自己的本来面貌,变成一个巨大的半球形。

17. 超导磁悬浮

互动方式:向超导材料制作的车体内倒入低温液氮($-196\ ℃$),将其放在永磁铁做成的轨道上,车体就会悬浮起来。

展品说明:当温度低到一定限度,某些金属导体内部电阻会突然消失,成为超导体。超导材料具有零电阻性和完全抗磁性。本展品中使用的材料属于非理想第二类超导材料,它有一个特殊的性质,即在合适的温度和磁场强度下,会允许一部分磁场进入导体内部并将其锁定,产生钉扎效应。它会把通过内部的磁场牢牢锁住,从而悬浮在磁场中并和磁场共同运动。

知识扩展:(1)人类最初发现超导体是在 1911 年,首先,卡末林·昂尼斯将汞冷却到 −40 ℃,使汞凝固成线状;然后利用液氦将温度降低至 4.2 K 附近,并在汞线两端施加电压;当温度稍低于 4.2 K 时,汞的电阻突然消失,表现出超导状态。(2)超导体具有三个基本特性:完全电导性、完全抗磁性和通量量子化。(3)1986 年,中国科学家赵忠贤带领团队获得了 40 K 以上的高温超导体,突破了“超导临界温度最高不大可能超过 40 K”的麦克米兰极限。随后在超导电性低温环境的创造、发现并创造大块铁基超导体 55 K 最高临界温度纪录。

18. 法拉第笼

互动方式:参与者进入全封闭的金属笼子内,用高压电极进行放电演示。这时即使笼内人员将手贴在内壁上,笼外用电极向手指放电,笼内人员不仅不会触电,而且还可以体验电子风的清凉感觉。

展品说明:由于电荷只分布在封闭导体的外表面,金属导体无论被加上多高的电压,其内部电场为零。电火花的电流通过金属网传入大地,内部人所处的位置电场为 0,没有电流通过,所以没有触电的感觉。

知识扩展:(1)带电作业屏蔽服又叫等电位均压服,是采用均匀的导体材料和纤维材料制成的服装。其作用是在穿用后,使处于高压电场中的人体外表面各部位形成一个等电位屏蔽面,从而防护人体免受高压电场及电磁波的危害。等电位说明电势相等而不是等于 0,等电势时电势差为 0,电场强度为 0。(2)当一部手机被放入一个全金属的容器中时,金属容器会对手机形成电磁屏蔽,也就是说外来的电磁信号被金属壳体完全吸收,手机在里面完全收不到信号,因此也就无法使用。电梯就相当于金属容,所以手机在里面信号会变得很差。

19. 画五角星

互动方式:手持触控笔,对照镜子中五角星的影像在面板上描绘五角星图形,参与者会发现持笔运动的方向常常和镜子中五角星的轨迹相反而偏离,很难顺利地描绘出五角星图形。

展品说明:五角星经平面镜反射,使得原视网膜上得到的图像又颠倒过来,但大脑依然按以往经验对所获得的视觉信息按倒立像加以修正,并以此指挥手和其他器官动作,于是出现了手眼不协调的现象。经过反复练习,大脑会逐步适

应这一变化。

知识扩展:平面镜成像是一种物理现象。指的是太阳或者灯的光照射到人的身上,被反射到镜面上平面镜又将光反射到人的眼睛里,因此我们看到了自己在平面镜中的虚像。当你照镜子时可以在镜子里看到另外一个"你",镜子里的"人"就是你的"像"。在镜面成像中,你的左边看到的还是在左边,你的右边看到的还是在右边,但如果是两个人面对面,你的左边就是在对方的右边,你的右边就是在对方的左边。镜中的效果就叫镜像。

20. 公道杯

互动方式:瓷质的杯子中间有个寿星造型,向杯中倒水,当杯中水超过某一高度时,水会从杯底的小孔中流出,直到水流尽为止。

展品说明:公道杯内的寿星实际上是由两个圆柱体构成,外面圆柱体与杯衔接处有一暗孔,整个杯子构成一个虹吸管,当杯中水位超过某一高度,水会从小孔中流出,根据虹吸原理,水会一直流下去,直到杯中水流尽为止。

知识扩展:据传说,当时的浮梁县令为了讨好皇帝,博得皇上的赏识,指令"御窑厂"的瓷工半年内制出一种"九龙杯"用来进贡皇上,好则赏,不好则罚。指令发出后,县老爷亲自监制。由于"九龙杯"的制造难度大,时间又短,瓷工们个个急得寝食不安。他们日夜研制,充分发挥大家的聪明才智,经过三个多月,几十次的反复试验,终于获得了成功。看到精制的"九龙杯",县太爷喜笑颜开,亲自快马加鞭将"九龙杯"送至京城,进贡皇上。洪武皇帝朱元璋看着浮梁县令进贡的"九龙杯",爱不释手,连声夸赞景德镇瓷工制瓷技艺高超,夸赞景德镇不愧为"瓷都"。浮梁县令由于进贡有功,得到了皇上的赏识,不久便加官晋级,由县令升迁为府台。朱元璋得到"九龙杯"后,便经常使用这种珍品盛酒宴请文武大臣。在一次宴会上,洪武皇帝有意奖赏几位心腹大臣多喝一点酒,便特意为他们把御酒添得满满的,而对其他一些平时喜欢直言不讳进谏忠言的大臣则将酒筛得浅浅的。结果事与愿违,那几位被皇上有意照顾的大臣点酒未喝,御酒全部从"九龙杯"的底部漏光了,而其他大臣都高高兴兴地喝上了皇帝恩赐的御酒。皇帝对此甚是不解,究其原因,方知此杯盛酒最为公道,盛酒时只能浅平,不可过满,否则,杯中之酒便会全部漏掉,一滴不剩。因"九龙杯"的公道,洪武皇帝便把"九龙杯"命名为"公道杯"。知足者水存,贪心者水尽。"公道杯"的典故告诉了人们办事必须讲求公道,为人不可贪得无厌。

21. 全息图

互动方式:移动手柄可将全息图一分为四,参与者可以观察到每张拆分的图上都能完整呈现出先前看到的全息图上的图案。

展品说明:全息图的每一小块上都记录着景物的全部信息即相位和强度。全息图的每一部分,不论有多大,都能再现出原来的整个影像,这就是说,可以将全息照片分成若干小块,每一小块都可以完整地再现出原来的景象。因此,如果全息图被打破了,撕碎了,总可以从一小块碎片重新复制出原来的照片。

知识扩展:(1)全息图在艺术、科学和技术上有很多用途。它可以用在一些产品的包装上,可以贴在出版物的封面上,也可以用于信用卡、驾照甚至衣服上以防假冒。一个片面的医学图像(例如一个 CAT 扫面图像)可以最终制作成三维全息图。计算机生成的全息图也可以使工程师和设计师的设计图样获得前所未有的视觉效果。(2)工程师可以在生产过程中利用全息图检查产品上可能出现的裂纹及进行质量控制,这种技术叫作全息无损检测。全息图还用于很多民用和军用飞机。飞行员在望向驾驶舱窗外时,全息图为他们提供很多重要的信息,这叫作智能显示。智能显示在一些汽车上也可以看到。

22. 光路可见

互动方式:展品由激光发射装置、按钮、透明的玻璃罐和实体磨砂不透明挡板等四部分组成。参与者按下按钮,启动激光,手推动玻璃罐在轨道上移动,将所选的玻璃罐置于激光束通过的路径中,就可以在盛有氢氧化铁胶体的玻璃罐中看见光路,而在另外两个玻璃罐里看不见光路。

展品说明:展示胶体中的丁达尔现象。当一束光线透过胶体时,从入射光束的侧面可以观察到胶体里光束通过的一条光亮的"通路",这种现象就叫作丁达尔现象。光在传播的过程中照射到微粒时,如果微粒直径大于入射光波长很多倍,就发生光的反射;如果微粒直径小于入射光的波长,则发生光的散射。由于胶体中的微粒大小在 1—100 nm 之间,小于可见光的波长(400 nm—700 nm),所以,当可见光通过溶胶时会产生明显的散射作用。丁达尔现象就是微粒对光的散射现象。

知识扩展:(1)1869 年,科学家丁达尔发现,若令一束汇聚的光通过溶胶,则

从侧面(即与光束垂直的方向)可以看到一个发光的圆锥体,这就是丁达尔效应。丁达尔为英国皇家学会物理学教授,他也是迈克尔·法拉第的学生。(2)清晨,在茂密的树林中,常常可以看到从枝叶间透过的一道道光柱,类似于这种自然界现象,也是丁达尔现象。这是因为云、雾、烟尘也是胶体,只是这些胶体的分散剂是空气,分散质是微小的尘埃或液滴。

23. 调光玻璃

互动方式:参与者可通过旋钮接通和关闭电源来操作展品。不通电时参与者看到的只是一块"磨砂"玻璃,当通电时则可以清楚地看到玻璃后面的错觉画。

展品说明:调光玻璃的调光原理是在自然状态下(断电不加电场),它内部液晶的排列是无规则的,入射光在聚合物发生散射,呈乳白色,即不透明状态。当加上电场(通电)以后,有弥散分布液滴的聚合物内液滴重新排列,液晶从无序排列变为定向有序排列,此时入射光完全可以通过,形成透明状态。

知识扩展:液晶是一种介于固体和液体之间的特殊物质,它是一种有机化合物,常态下呈液态,但是它的分子排列却和固体晶体一样非常规则,因此取名液晶,它的另一个特殊性质在于,如果给液晶施加一个电场,会改变它的分子排列,这时如果给它配合偏振光片,它就具有阻止光线通过的作用(在不施加电场时,光线可以顺利透过),如果再配合彩色滤光片,改变加给液晶电压大小,就能改变某一颜色透光量的多少,也可以形象地说改变液晶两端的电压就能改变它的透光度(但实际中这必须和偏光板配合)。

24. 球吸

互动方式:参与者按下"启动"按钮启动风机,随后,参与者通过转动手轮,调整两球之间距离,当两球在合适的间距下,两球会发生相互吸引的现象。

展品说明:本展品展示的是有关伯努利定律的科学内容。在一个流体系统中,比如气流、水流,流速越快,流体产生的压力就越小,这就是伯努利定律。当两球间有气流通过时,两球内侧的气流流速大,压强小,两球外侧气流流速小,压强大,这样就在球的内外侧形成压差,两球被气流由外侧压向内侧,导致出现两球相吸的现象。

知识扩展:(1)1912年秋天,远洋巨轮"奥林匹克号",正在波浪滔滔的大海中航行着,很凑巧,离"奥林匹克号"100米左右的海面上,有一艘比它小得多的铁甲巡洋舰"豪克号",同它几乎是平行地高速行驶着,忽然间,那"豪克号"似乎是中了"魔"一样,突然调转了船头,猛然朝"奥林匹克号"直冲而去,在这千钧一发之际,舵手无论怎样操纵都没有用,"豪克号"上的水手们束手无策,眼睁睁地看着它将"奥林匹克号"的船舷撞了一个大洞,其原因就是因为伯努利原理。(2)飞机为什么能够飞上天?因为机翼受到向上的升力。飞机飞行时机翼周围空气的流线分布是指机翼横截面的形状上下不对称,机翼上方的流线密,流速大,下方的流线疏,流速小。由伯努利方程可知,机翼上方的压强小,下方的压强大。这样就产生了作用在机翼上的方向的升力。(3)球类比赛中的"旋转球"具有很大的威力。旋转球和不转球的飞行轨迹不同,是因为球的周围空气流动情况不同造成的。不转球水平向左运动时周围空气的流线。球的上方和下方流线对称,流速相同,上下不产生压强差。再考虑球的旋转,转动轴通过球心且平行于地面,球逆时针旋转。球旋转时会带动周围得空气跟着它一起旋转,致使球的下方空气的流速增大,上方的流速减小,球下方的流速大,压强小,上方的流速小,压强大。跟不转球相比,旋转球因为旋转而受到向下的力,飞行轨迹要向下弯曲。

25. 物体上滚

互动方式:将双圆锥体放在轨道的最下端,由静止释放。当将双圆锥体由静止释放后,我们会发现它在没有任何动力的情况下,缓慢地"向上"滚动,最后到达了轨道的最高端。

展品说明:本展品的轨道形状很特殊,呈八字排列而非平行排列。双圆锥体在底端时,轨道之间距离小,轨道没有与双圆锥体的轴接触,从旁边的玻璃参照物可以看出轴的上边缘与玻璃上的第一条线对齐;当双圆锥体在高端时,高端轨道之间距离大,锥体落在双杆中间,从旁边的玻璃参照物可以看出轴的上边缘与玻璃上的第三条线对齐。而双圆锥体的重心在轴上,所以锥体在低端时的重心高度比其在高端时还要高。

虽然我们看到的是锥体在向上滚,但由于锥体和轨道的巧妙结构,实际上锥体的重心还是在向下运动,这是符合自然规律的。

知识扩展:(1)重心,是在重力场中,物体处于任何方位时所有各组成支点的重力的合力都通过的那一点。规则而密度均匀物体的重心就是它的几何中心。

不规则物体的重心,可以用悬挂法来确定。物体的重心,不一定在物体上。另外,重心可以指事情的中心或主要部分。(2)寻找重心,悬挂法:只适用于薄板(不一定均匀)。首先找一根细绳,在物体上找一点,用绳悬挂,画出物体静止后的重力线,同理再找一点悬挂,两条重力线的交点就是物体重心。

26. 万有引力

互动方式:按下按钮,将钢球提升后自动释放。球从台面边缘沿圆的切线轨道滚出后,沿以台面中心为一个焦点的椭圆轨迹滚动。由于重力和摩擦力的作用,小球滚动轨迹不断缩小,滚动速度越来越快,但始终为椭圆轨道,最后落入漏斗中心的洞中。

展品说明:滚动的钢球模拟行星或地球卫星,漏斗形的台面表面是个双曲线的旋转面,它利用钢球的重力势能模拟太阳系中的万有引力势能,使小球的运动规律接近开普勒三定律。

开普勒三定律为:

(1)轨道定律:行星都沿着各自的椭圆轨道运动,太阳在该椭圆的一个焦点上;

(2)面积定律:运动着的行星和太阳的连线在单位时间内所扫过的面积总是相等的;

(3)周期定律:各行星公转周期的平方和它们的椭圆轨道长半轴的立方成正比。

知识扩展:(1)如果我看得比别人更远些,那是因为我站在巨人的肩膀上——牛顿。中世纪的1347—1345年,欧洲爆发的"黑死病"夺取了近四分之一的欧洲人口,300年后,黑死病卷土重来,欧洲紧急疏散城市人口。正在剑桥大学三一学院读书的牛顿回到了他出生的家乡林肯郡的小村庄。为了排遣心中的苦闷,他经常到他父亲的庄园里读书和散步,有一天,一颗苹果从他经常散步的苹果树上落下来,引起了他的思考,苹果为什么会落地呢? 他怎么不朝天上去呢? 肯定是有什么力在牵引着它。在苹果落地的启发下,他发现了万有引力。这大约是1666年的事情。(2)伽利略改进了望远镜,开普勒利用望远镜继续观星,总结出了行星运动三定律,伽利略发展了惯性和力的概念,这是牛顿力学的基础。伽利略的力学基本概念和开普勒观测的行星定律,并牛顿用高超的数学方法结合在一起,并以此扩大延伸,形成了经典物理学的基本框架。这个过程中,哥白尼是挑战旧天文体系的人,科学家第谷和开普勒做了经验总结,伽利略创建了力学概念,并首次使用革命性工具望远镜,牛顿将力学和天文学两个似乎不沾边的学科结合了起来。

27. 汽车发动机

互动方式:展示发动机内部结构的实物,还有演示发动机工作过程的动画、视频和可操作的展品,可以单独通过拨动不锈钢拨轮操作曲轴连杆机构。曲轴连杆机构可以将活塞的直线往复运动转变为曲轴旋转运动而对外输出动力。

展品说明:气缸按照四冲程工作,所谓的四冲程分别为:进气冲程、压缩冲程、做功冲程、排气冲程。进气冲程,即进气阀打开,活塞向下移动使汽缸吸入汽油和空气的混合物;压缩冲程,即活塞往顶部运动从而压缩油气混合物,使得爆炸更有威力;做功冲程,即火花塞放出火花点燃油气混合气,爆炸推动活塞再次向下运动;排气冲程,即活塞回到底部,排气阀打开,活塞往上运动推动混合尾气从汽缸的排气管排出。

知识扩展:1712 年,英国人托马斯·纽科门发明了不依靠人和动物来做功而是靠机械做功的蒸汽机,被称为纽科门蒸汽机。1757 年,木匠出身的技工詹姆斯·瓦特被英国格拉斯哥大学聘为实验室技师,有机会接触纽科门蒸汽机,并对纽科门的蒸汽机产生了兴趣。1769 年,瓦特与博尔顿合作,发明了装有冷凝器的蒸汽机。1774 年 11 月,他俩又合作制造了真正意义的蒸汽机。蒸汽机曾推动了机械工业甚至社会的发展,并为汽轮机和内燃机的发展奠定了基础。1861 年,法国的德·罗夏提出了进气、压缩、做功、排气等容燃烧的四冲程内燃机工作循环方式,于 1862 年 1 月 16 日被法国当局授予了专利。1866 年,德国工程师尼古拉斯·奥托成功地试制出动力史上有划时代意义的立式四冲程内燃机。1876 年,又试制出第一台实用的活塞式四冲程煤气内燃机。这台单缸卧式功率为 2.9 kW 的煤气机,压缩比为 2.5,转速为 250 r/min。这台内燃机被称为奥托内燃机而闻名于世。奥托于 1877 年 8 月 4 日获得专利。后来,人们一直将四冲程循环称为奥托循环。奥托以内燃机奠基人载入史册,其发明为汽车的发明奠定了基础。

28. 惯性车

互动方式:选择"快速"或"慢速"按钮,"确认"键启动火车,观察当火车在将

要通过横跨火车轨道的小桥时,将两个车厢内的小球竖直向上依次抛出。被抛出的小球在越过小桥之后,仍然回到相应的车厢内。

展品说明:惯性定律表明一切物体在不受力的作用时,总保持静止状态或匀速直线运动状态。为什么小球会落回原来的车厢呢?小球和小车原来以同样的速度沿轨道匀速直线运动,当小球从小车上竖直向上抛起后,小球在水平方向不受任何力的作用,由于惯性,小球在水平方向仍然保持原来的运动状态,即跟小车同样的速度运动,因此,在水平方向上,小球和小车始终以同样速度保持同步运动,小球最终落回起跳的位置。

知识扩展:发射卫星所需的推力,不但与卫星的重量和发射倾角有关,而且还与发射方向和发射地点的纬度有关。地球由西向东旋转,如果火箭向东发射,就可以利用地球自转的惯性,节省推力。随着地球纬度的变化,各处转动的速度也不一样,地球转动的速度在赤道处最大,可达每秒钟 0.46 千米,这个速度随着纬度的增加而减小,在南北两极为零。所以,发射地点的纬度越高,火箭所需要的推力也越大。如果顺着地球自转的方向,在赤道附近发射倾角为零的卫星,就可以充分利用地球的自转惯性,好像"顺水推舟"一样。

29. 雅各布天梯

互动方式:展品中的一对羊角形金属杆是两个电极,一个电极接地,另一个为高压电极。转动圆形把手给装置通电,观察两电极之间有没有放电现象。给高压电极通电后,当电压足够大时,就会击穿两根金属杆之间的空气层,产生电弧放电现象,伴有高温和耀眼的弧光。

展品说明:产生电弧放电现象后,在空气和电磁力的作用下,电弧会沿金属杆上升。金属杆上端的间距越来越大,当电弧上升到一定高度时,电压将不足以维持如此长距离的电弧放电,电弧就此消失。但在同时,底部的空气层会再一次被击穿,新的电弧将会产生。美丽的电弧从下向上爬升,就像爬一架高高的梯子,于是这个现象被称为雅各布天梯。

知识扩展:(1)希腊神话中有这样一个故事:雅各布做梦沿着登天的梯子取得了"圣火",后人便把这神话中的梯子,称之为雅各布天梯。(2)利用两根接触的碳棒电极在空气中通电后分开时所产生的放电电弧发光的电光源。碳弧灯由英国人 H.戴维于 1809 年发明,但直至 1870 年才进入实用阶段。碳弧灯是 T.A.

爱迪生发明白炽灯以前,人类用于实际照明的第一支电光源。碳弧灯的光谱由炽热碳电极圆形阱的连续辐射和金属蒸气特征谱线叠加组成,含有很强的紫外辐射并产生剧毒的氰气,污染大,应注意防护,还需常调节距离,操作强度大,光色不理想。除原有的大功率探照灯外,现几乎都为短弧氙灯和金属卤化物灯取代。

30. VR剧场

互动方式:本展品采用工控机驱动虚拟现实头盔系统,一次互动可以28人同时参与。观众通过虚拟现实头盔进行虚拟现实体验,工作人员通过中控管理软件控制虚拟现实影片的播放,可以所有机器播放相同影片,也可不同机器播放不同影片,可以统一控制全部机器也可单独控制某一台或几台机器。

展品说明:虚拟现实头盔,即虚拟现实头戴式显示设备(VR头显),是一种利用头戴式显示器将人对外界的视觉、听觉封闭,引导用户产生一种身在虚拟环境中的感觉。头戴式显示器是最早的虚拟现实显示器,其显示原理是将小型二维显示器所产生的影像借由光学系统放大。具体而言,小型显示器所发射的光线经过凸状透镜使影像因折射产生类似远方效果。利用此效果将近处物体放大至远处观赏而达到所谓的"全像视觉"(Hologram)。并通过左右眼屏幕分别显示左右眼的图像,人眼获取这种带有差异的信息后在脑海中产生立体感。虚拟现实技术最早应用于军事、航天领域,目前在模拟训练、3D游戏、远程医疗和手术等领域应用广泛。

知识扩展:人的两只眼睛看到的图像是不一样的,因为两只眼睛在不同的位置,所以成的像也是两种不同的像。这样眼睛的视神经通过物体成像的大小颜色等就粗劣的判断大概的位置,又由两只眼睛看到的像组成的相差(比如一个点,知道另外两个点相对于它的位置,还有这个点对于另外两个点的角度,由三角函数就可以算出给出点的位置)。视神经自动判断他们的位置,于是生成立体的图像。

31. 光伏发电

互动方式:按动启动按钮,使照明灯发光,观察电机是否转动、LED灯是否发光。用遮光板遮住灯光,观察电机的转动以及LED灯的亮度是否会发生变化。我们会看到当灯光照射到光伏板上时,电机旋转,LED灯发光;当改变灯光

照射到光伏板上的强弱时,电机旋转速度改变,LED灯亮度发生变化。

展品说明:光伏发电技术就是将太阳能直接转化为电能存储起来的技术。常用的太阳能电池使用的就是光伏发电技术。当用导线把用电器和电池的两个电极连接起来时,就会有电流源源不断的通过用电器。

遮光片代表太阳照射到地球需要经过大气层和云层的阻挡。大气层阻挡率为10%,云层阻挡率为5%。当遮光板挡住灯光时,代表太阳光变弱,相对应光伏板输出的电能减少,电机的旋转变慢、LED灯亮度变暗。我们可以直观地看到太阳的强弱决定电力输出的大小。

知识扩展:太阳距地球的距离是1.5亿千米,在地球大气层表面单位时间测量的太阳能量为1 368瓦/平方米。通过单位面积的功率×总面积($4\pi R^2$),可以求得太阳单位时间内(每秒)发射的能量为$4 * 10^{25}$焦耳。太阳每秒钟向外辐射约28 600亿亿兆瓦的能量,2007年世界一次能源消费总量为111亿吨油当量地球每年经光合作用产生的生物质有2 200亿吨,其中蕴含的能量相当于全世界能源消耗总量的10倍。太阳是人类能源之母。尽管太阳辐射到地球大气层的能量仅为其总辐射能量的22亿分之一,但已高达173 000 TW,也就是说太阳每秒钟照射到地球上的能量相当于500万吨煤产生的能量。地球每秒接收的太阳能量相当于3 367颗"小男孩"核弹的威力。

32. 火星探测器

互动方式:参与者按下"开始"按钮,操作摇杆控制火星车寻找火星石,找到火星石后(屏幕显示),点击屏幕"分析"按钮,分析了解火星石是否含有水分。无操作30秒后自动返回待机界面。

展品说明:在火星表面上没有液态水的存在,几乎只在极冠以冰的形式存在。不过,据最新考察,发现火星表面过去存在过液态水。

火星车全称为火星漫游车,人类发射的在火星表面行驶并进行考察的一种车辆,是一个自动化的移动装置,能在着陆后在火星表面自己行走。成功发射的火星车有旅行者号、勇气号、机遇号、好奇号。

本展项借助模型和视频,采用互动操作的方式,让游客对火星和火星车进行基本理解。

知识扩展:从1962年苏联发射的火星一号,再到后来1964年美国发射的水手 4 号,拉开了人类对火星探测的序幕!从第一个探测器到如今,人类已经向火星发射了 45 个探测器,虽然由于太空中种种不确定因素,使得成功到达火星并开始工作的探测器仅有 18 台,但人类对于探测火星的欲望并没有熄灭。而且,尽管随着时间的流逝,目前仍在火星上正常工作的探测器仅有 8 台。我国计划在 2020 年和 2028 年进行两次火星探测,后一次将采样返回。

33. 神舟与天宫

互动方式:通过实物、仿真模型、互动展品、互动多媒体、图文板等展示方式,向观众真实再现神舟飞船和天空实验室的内部组成、交会对接过程、航天员在太空的工作、生活等场景。

展品说明:神舟飞船是中国自行研制,具有完全自主知识产权,达到或优于国际第三代载人飞船技术的飞船。神舟飞船是采用三舱一段,即由返回舱、轨道舱、推进舱和附加段构成。天宫实验室是设立在太空的用于开展各类空间科学实验的实验室,由实验舱和资源舱两部分组成,实验舱可以保障航天员的太空工作和生活,前段的对接机构可与飞船实现交会对接。该展品由神舟飞船(含返回舱、轨道舱)和天宫实验室大型仿真模型(比例 1∶1)组成,向观众展示神舟飞船和天宫实验室的内部构造和基本功能。

知识扩展:"天宫二号"空间实验室,是继"天宫一号"后中国自主研发的第二个空间实验室,将用于进一步验证空间交会对接技术及进行一系列空间试验。"天宫二号"主要开展地球观测和空间地球系统科学、空间应用新技术、空间技术和航天医学等领域的应用和试验,打造中国第一个真正意义上的空间实验室,发射时释放伴飞小卫星。"天宫二号"空间实验室于 2016 年 9 月 15 日 22 时 04 分 12 秒在酒泉卫星发射中心成功发射。2017 年,"天舟一号"货运飞船与"天宫二号"对接。"天宫二号"将在轨飞行至 2019 年 7 月,之后受控离轨。2019 年 7 月 19 日,"天宫二号"受控再入大气层,标志着中国载人航天工程空间实验室阶段全部任务圆满完成。7 月 19 日 21 时 06 分受控离轨并再入大气层,少量残骸落入南太平洋预定安全海域。

34. 认识纳米

互动方式:通过多媒体的形式介绍纳米及纳米材料的相关知识,通过互动操作方式了解纳米磁流体、纳米涂层玻璃以及碳纳米管的相关特点,并可动手拼装

碳纳米管结构。

展品说明:纳米是一个长度单位,原称毫微米,1纳米是1米的10亿分之一,相当于人类头发直径的万分之一。颗粒尺寸在1—100纳米之间的超微颗粒材料被称为纳米材料。科学家发现,纳米材料由于比表面积大、尺寸接近光波长和电子相干长度,从而显示出许多奇异的光学、热学、电学、磁学、力学以及化学等特性。比如纳米秤、纳米陶瓷、纳米磁流体、纳米涂层等。石墨烯纳米纤维,作为一种新型纳米材料,是目前发现的最薄、强度最大、导电导热性能最强的,又被称为"黑金",是"新材料之王"。

知识扩展:石墨烯是一种由碳原子以 sp^2 杂化轨道组成六角型呈蜂巢晶格的二维碳纳米材料。石墨烯具有优异的光学、电学、力学特性,在材料学、微纳加工、能源、生物医学和药物传递等方面具有重要的应用前景,被认为是一种未来革命性的材料。英国曼彻斯特大学物理学家安德烈·盖姆和康斯坦丁·诺沃肖洛夫,用微机械剥离法成功从石墨中分离出石墨烯,他们从高定向热解石墨中剥离出石墨片,然后将薄片的两面粘在一种特殊的胶带上,撕开胶带,就能把石墨片一分为二。不断地这样操作,使薄片越来越薄,最后,他们得到了仅由一层碳原子构成的薄片,这就是石墨烯。他们也因此共同获得2010年诺贝尔物理学奖。

35. 八大行星

互动方式:点击按钮,观察八大行星运行。

展品说明:八大行星特指太阳系的八个行星,按照离太阳的距离从近到远,它们依次为水星、金星、地球、火星、木星、土星、天王星、海王星。八大行星自转方向多数也和公转方向一致。只有金星和天王星两个例外,金星自转方向与公转方向相反,而天王星是在轨道上横滚的。曾经被认为是"九大行星"之一的冥王星于2006年8月24日被定义为"矮行星"。

知识扩展:1990年4月,"旅行者2号"宇宙飞船飞越海王星,拍摄了一系列令人难以置信的太阳系最外层行星的照片。150年前,没有人知道我们的太阳系最终会包含八颗行星。1846年,勒威耶在得不到同行的支持下,以自己的热诚独立计算出了海王星的轨道。根据其计算,柏林天文台的德国天文学家伽勒,在同一年的9月23日晚间(9月23日恰好也是勒威耶逝世的日子)观测到了海王星,与勒维耶预测的位置相距不到 1°。

36. 可再生能源——氢能

互动方式:观众可按照指示顺序,依次按下启动按钮,观察各步的现象。当观众按下第一个按钮时,模仿太阳光的灯亮起,光线照到前方的光伏板上发电,利用电能电解水,进而制取氢气和氧气;按动第二个按钮时,氢气和氧气通过特定管道输送,净化后输送至燃料电池;按动第三个按钮时,燃料电池被启动,通过氢与氧的反应产生电能,最终驱动转盘转起。

展品说明:氢能就是氢的化学能,一般是由氢和氧反应所释放的能量。氢能是目前备受关注的一种新型清洁高效能源。氢广泛分布于地球中,不过绝大多数以化合物形式存在,最常见的就是水及有机物。要获得能够释放氢能的单质氢,只能依靠人工制取的方法。海水可以成为氢的最大来源,而氢与氧反应后所得产物是水,不会向环境释放其他有害物质,由此形成了一个"水—氢—水"的良性循环。本展品向观众展示了"太阳能电解水制氢—氢的储存运输—燃料电池驱动转盘转动"的全过程。

知识扩展:氢在地球上主要以化合态的形式出现,是宇宙中分布最广泛的物质,它构成了宇宙质量的 75%,是二次能源。氢能在 21 世纪有可能在世界能源舞台上成为一种举足轻重的能源,氢的制取、储存、运输、应用技术也将成为 21 世纪备受关注的焦点。氢具有燃烧热值高的特点,是汽油的 3 倍,酒精的 3.9 倍,焦炭的 4.5 倍。氢燃烧的产物是水,是世界上最干净的能源。其资源丰富,可持续发展。

37. 遥感图像识别

互动方式:观众可通过按钮选择不同模式。在遥感看变迁模式下,观众选择感兴趣的内容,屏幕会播放不同类型的遥感图片,感受社会与自然变迁。在遥感图像识别 PK 模式下,屏幕随机显示气象、资源、环境等遥感卫星拍摄的图片,并可按钮选择相应的图片了解卫星遥感知识。

展品说明:遥感技术,是应用各种传感仪器对远距离目标所辐射和反射的电磁波信息,进行收集、处理,并最后成像,从而对地面各种景物进行探测和识别的一种综合技术,是在航天技术和电子计算机技术基础上发展起来的。其中较为重要的应用就是航空航天遥感,可以从不同高度、大范围、快速、多谱段进行检

测,获取大量信息,如应用气象检测、资源考察、地图测绘和军事侦察等。

知识扩展:中国"遥感"系列卫星专指冠以"遥感××号卫星"的系列卫星,不包括中巴系列、资源系列、环境系列、高分系列等国产遥感卫星。2006 年 4 月 27 日,"遥感卫星一号"在太原卫星发射中心发射成功。至 2015 年 8 月 27 日 10 时 31 分,在太原卫星发射中心成功将"遥感卫星二十七号"送入太空,中国已经成功发射 27 颗"遥感"系列卫星。

38. 基因竖琴

互动方式:入口图文介绍了有关人类基因组计划内容及意义;该展品由 24 根大型彩色光柱构成,分别代表 1 号—22 号、X 和 Y 染色体。每根光柱可随着背景音乐逐步亮灭,仿若波浪起伏。当观众站立在光柱前,光柱整个点亮,灯柱两侧亮起上百行的基因列表。

展品说明:"人类基因组计划"建立的人类基因组图,就是一部有关人的"生命百科全书",有了它,人类便能彻底了解自己。这样的基因图谱,也可以理解成"人体第二张解剖图"。它将成为疾病预测、预防、诊断、治疗及个体医学的参照,并奠定生命科学、基础医学与生物产业的基础。展品以互动的方式向观众展示目前人类基因组计划公布的一些重要的功能基因位点,使观众了解人类基因组计划的部分研究成果及重要意义。

知识扩展:人类基因组计划由美国科学家于 1985 年率先提出,于 1990 年正式启动。美国、英国、法国、德国、日本和我国科学家共同参与了这一预算达 30 亿美元的人类基因组计划。

39. 遗传物质结构

互动方式:展品以展板和模型两种方式展示。展板主要介绍了基因编码的基本规则和 DNA 及 DNA 复制的重要作用;实体模型展示了碱基配对的过程,同时观众也可转动 DNA 模型,使其呈现双螺旋结构。

展品说明:大部分基因位于细胞核内,称为核 DNA、染色体 DNA 或基因组 DNA。基因编码由简单的四个符号 A、T、C、G 四种碱基组成,A 与 T 配对、G 与 C 配对,他们排列成碱基序列,用来形成 DNA、RNA 单体以及编码遗传信息的化学结构。细胞不断地分裂和增殖,是为了完整地把生命蓝图传递给新生成的细胞,每次细胞分裂都要复制基因密码,这个过程叫作 DNA 复制。

知识扩展：(1)脱氧核糖核酸(Deoxyribo Nucleic Acid，DNA)是生物细胞内含有的四种生物大分子之一核酸的一种。DNA携带有合成RNA和蛋白质所必需的遗传信息，是生物体发育和正常运作必不可少的生物大分子。(2)1953年4月，英国的《自然》杂志刊登了沃森和克里克在英国剑桥大学合作的研究成果：DNA双螺旋结构的分子模型，这一成果被誉为20世纪以来生物学方面最伟大的发现，标志着分子生物学的诞生。DNA分子结构的发现，更好地解释了DNA是遗传物质以及在分子水平上阐明了DNA的复制和控制蛋白质合成的功能。

40. 桌面3D打印机

互动方式：首先，在电脑上使用相关软件制作三维模型，之后将其保存为打印机识别的格式。然后，根据模型特点设置速度、支撑等相关参数。最后将模型导入打印机并进行打印，之后继续后续完善工作。

展品说明：Fused deposition modeling，简称FDM。作为最常见的3D打印类型，该打印采用熔融沉积成型技术，先将PLA(一种可降解塑料)材料加热熔化成液态，吐丝喷头挤出一条条细丝并排形成一个平面薄层，逐层打印堆积成型。该技术的打印精度取决于层厚和打印速度，一般在0.1 mm。主要应用于家庭、学校教育中的模型制作。

知识扩展：C919中央翼缘条，尺寸3.07米，重量196千克，于2012年1月打印成功，同年通过商飞的性能测试，2013年成功应用在国产大飞机C919首架验证机上。这是国产机型首次在设计验证阶段，利用3D打印技术制备承力部件，在国际民机的设计生产中亦属首次。在C919的设计验证阶段，中央翼缘条的成功试制贡献巨大，传统工艺6个月才能完成的制造工作，用金属3D打印技术耗时仅仅5天，并且一次成形，一次成功，金属原料钛合金涂层粉末，几乎没有半点浪费。金属3D打印出的蜂窝状金属结构体，因良好的力学性能、轻量化、拓扑优化的特点，可以广泛应用于对材料要求极其严苛的航空航天领域。比如，替代传统技术所生产的机翼、机身材料，在坚固结实的同时，大大地减轻航空航天器材自重，设计人员就无须再经常为减重而不得不牺牲飞机性能，牺牲武器挂载。

41. 孟德尔豌豆实验

互动方式：观众按压操作台上第一阶梯的两个(杂交授粉)不同性状的种子

模型,操作台上贴有光电膜的玻璃板显现豌豆苗长高、开花、授粉的发光图案,操作台第二阶梯桌下弹出代表第二代的种子模型(4个)。同理,当观众按压第二代种子模型中任意一个(自交授粉)时,看到豌豆苗生长、开花、授精发光图案及产出的第三代种子模型(4个)。

展品说明:孟德尔豌豆杂交实验是人类探索遗传规律进程中的一项重要实验。通过实验,孟德尔发现,生物存在显性性状和隐性性状,基因对于性状的发育赋予潜在的作用。由此,孟德尔提出颗粒性遗传因子的概念,并推论遗传因子在生物的体细胞中成对存在,体细胞形成生殖细胞时,成对的遗传因子发生分离,并分别进入不同的生殖细胞中,即遗传分离法则;而且,不同染色体上的基因在配子形成时是彼此自由、随机地被组合到子细胞中,即自由组合定律。

知识扩展:1822年7月,孟德尔出生。现代遗传学之父若望·孟德尔(Gregor Johann Mendel)1822年7月20日出生于奥地利布隆。作为现代遗传学的奠基人,孟德尔于1854年起,进行了12年的豌豆实验,发现了遗传规律、分离规律及自由组合规律。豌豆作为孟德尔所研究的遗传规律的试验首选对象具有很多优势。首先豌豆是严格的自花传粉、闭花授粉的植物,因此在自然状态下获得的后代均为纯种。豌豆的不同性状之间差异明显、易于区别,如高茎、矮茎,而不存在介于两者之间的第三高度。孟德尔还发现,豌豆的这些性状能可以稳定的遗传到后代。用这些易于区分的、稳定的性状进行豌豆品种间的杂交,实验结果很容易观察和分析。豌豆一次能繁殖产生许多后代,因而人们很容易收集到大量的数据用于分析。同时,豌豆花个体较大,易于做人工授粉。以高茎和矮茎这一对形状为例,以他用纯种的高茎豌豆与矮茎豌豆作亲本,在它们的不同植株间进行异花传粉。如图所示高茎豌豆与矮茎豌豆异花传粉的示意图。结果发现,无论是以高茎作母本,矮茎作父本,还是以高茎作父本,矮茎作母本,它们杂交得到的第一代植株都表现为高茎。1866年,孟德尔定律发表。从12年的杂交实验中,孟德尔总结出了两条著名的定律,并称孟德尔定律——基因的分离定律:杂合体中决定某一性状的成对遗传因子,在减数分裂过程中,彼此分离,互不干扰,使得配子中只具有成对遗传因子中的一个,从而产生数目相等的、两种类型的配子,且独立地遗传给后代,这就是孟德尔的分离规律。

42. 月球行走

互动方式:根据自身体重的不同,选择与体重相匹配的蹦极绳。系好安全带后,抓好扶手,从斜坡借力跳下。踩踏地面的脚印路线,使地灯亮起。

展品说明:月球质量是地球的八十分之一,重力只有地球的六分之一。航天员们穿着舱外航天服,走出登月舱,在月球上行走,总是蹦跳着前进。展品利用蹦极绳的方式,抵消掉参与者六分之五的重力,从而体验在月球上身轻如燕的感觉。

知识扩展:2004 年,中国正式开展月球探测工程,并命名为"嫦娥工程"。"嫦娥工程"分为"无人月球探测""载人登月"和"建立月球基地"三个阶段。2007 年 10 月 24 日 18 时 05 分,"嫦娥一号"成功发射升空,在圆满完成各项使命后,于 2009 年按预定计划受控撞月。2010 年 10 月 1 日 18 时 57 分 59 秒,"嫦娥二号"顺利发射,也已圆满并超额完成各项既定任务。2012 年 9 月 19 日,月球探测工程首席科学家欧阳自远表示,探月工程已经完成"嫦娥三号"卫星和"玉兔号"月球车的月面勘测任务。"嫦娥四号"是"嫦娥三号"的备份星。"嫦娥五号"主要科学目标包括对着陆区的现场调查和分析,以及月球样品返回地球以后的分析与研究。

43. 核聚变、核裂变

核裂变是一个原子核分裂成几个原子核的变化,只有一些质量非常大的原子核才能发生核裂变,如铀、钍等。原子核在发生核裂变时,释放出巨大的能量称为原子核互动方式,展品共有两个操作界面,分别演示核裂变与核聚变过程。

核裂变:通过滚动操作球,控制面板上的中子球不定方向地滚动,当撞击到屏幕上模拟的原子核时,屏幕就开始显示裂变反应。

核聚变:代表氘、氚的小球在屏幕上零零散散移动着,当推动上方的横向推杆时,模拟挤压氘氚,屏幕上显示"温度"和"压力"进度,当推到一定程度时,就能看到屏幕上发生的聚变反应。

展品说明:能,俗称原子能。1 克铀 235 完全发生核裂变后放出的能量相当于燃烧 2.5 吨煤所产生的能量。核聚变是指由质量小的原子,主要是指氘或氚,在一定条件下(如超高温和高压),发生原子核互相聚合作用,生成新的质量更重的原子核,并释放巨大能量的一种核反应形式。核裂变,如原子弹爆炸,目前的核电站多是利用核裂变发电;核聚变,如太阳发光发热的能量来源等。

知识扩展:全超导托卡马克核聚变实验装置,其运行原理就是在装置的真空

室内加入少量氢的同位素氘或氚,通过类似变压器的原理使其产生等离子体,然后提高其密度、温度使其发生聚变反应,反应过程中会产生巨大的能量。2009年,世界上首个全超导非圆截面托卡马克核聚变实验装置(EAST)首轮物理放电实验取得成功,标志着我国站在了世界核聚变研究的前端。2016年2月,中国EAST物理实验获重大突破,实现在国际上电子温度达到5 000万摄氏度持续时间最长的等离子体放电。2018年11月12日,从中科院合肥物质科学研究院获悉,EAST已实现1亿摄氏度等离子体运行等多项重大突破。

44. PM2.5

互动方式:"颗粒的世界"通过按动按钮切换样本,可以观察PM2.5、PM10、水稻花粉等样本的图像,对PM2.5有直观感受;"它去哪里了"通过视频方式,直观展示PM2.5和PM10通过鼻腔进入人体的过程,再现PM2.5直接进入肺部并附着在肺部的过程;"口罩的秘密"设置互动触摸屏,通过选择棉纱、医用普通和N95口罩,来了解不同口罩组织可吸入颗粒物的效果,并可了解有关PM2.5的相关信息。

展品说明:由"颗粒的世界""它去哪里了""口罩的秘密"三件展品组成,重点介绍PM2.5特点、危害和预防。通常把空气中小于2.5微米的颗粒物叫作可入肺颗粒物,它们可以通过鼻腔气管直接进入到我们的肺部,这对人体会有较大危害。人类可以选择不同类型的口罩来阻止可吸入颗粒物进入我们的身体,减少对人体的危害。并且,在生活中,应该倡导清洁、低碳的生产和生活方式,减少对环境的污染和破坏。

知识扩展:美国国家航空航天局(NASA)2010年9月公布了一张全球空气质量地图,专门展示世界各地细颗粒物的密度。地图由达尔豪斯大学的两位研究人员制作。他们根据NASA的两台卫星监测仪的监测结果,绘制了一张显示出2001至2006年细颗粒物平均值的地图。

45. 三维滚环

互动方式:两名观众同时坐上座椅并固定好安全保护装置,启动电机,观众随着三维滚环做多自由度旋转。旋转分为慢速、中速和快速三档,可应观众要求选择不同的转速。

展品说明:航天员作为在空间从事航天活动的特殊职业人群,他们要在特殊环境下,在航天器舱内外完成飞行监视、操作、控制、通信、维修及科学研究等特殊工作任务。因此,航天员必须经过严格的训练,具备优良的生理、心理素质和能力,并具有各种专业知识和技能。本展品以载人航天体能训练器材为原型,模拟飞船在太空发生故障导致失控时,航天员在飞船出现二自由度或三自由度旋转时的适应能力,训练航天员的自我平衡能力和旋转环境下的操作能力。

知识扩展:普通人在地球上乘车、船时,还有晕车、晕船和晕机的,更不要说太空环境了。国外,遨游太空的航天员,差不多有40%的人曾发生航天运动病,出现头晕、恶心、出虚汗等症状,工作效率低下。前庭功能训练分主动训练和被动训练两种。主动训练是若干体育运动项目,如徒手操、跳弹跳网、滑雪、滑冰、冲浪、旋梯、滚轮等运动项目。这些运动项目在提高航天员身体素质的基础上,锻炼前庭器官感受器和运动系统。通过系统训练,平衡功能可以提高一半以上,训练效果可保持半年左右。被动训练是用秋千、转椅、离心机、飞机等产生角加速度、线性加速度以及"科里奥利"加速度,反复刺激前庭器官,提高人体对运动刺激的耐受性,使之在接受刺激时,不会发生眩晕和错觉症状。

46. 陨石坑

互动方式:按下"发射"按钮,观察发射管弹出钢球,在模拟月球地表的沙盘上形成陨石坑,待倒计时变成零之后,再次按下"发射"按钮,制造陨石坑。按下"转动"按钮,将陨石坑推平。

展品说明:陨石坑是行星、卫星、小行星或其他天体表面通过陨石撞击而形成环形的凹坑,是太阳系固态行星和卫星的主要地质特征。地球拥有大气层和活跃的内部活动,因此较于月球的陨石坑数量要少。根据陨石坑的数量和形状,科学家可以了解该天体的历史。

知识扩展:(1)地球上已被确认的大陨石坑中,以美国的亚利桑那巴林杰坑(过去曾称坎扬迪亚布罗坑)最有名。坑的直径约1 240米,深170多米,坑的周围比附近地面高出约40米。根据考察,这一陨石坑是2万年前,由一直径约60米、重约10万吨的陨石体以约20千米/秒的速度撞击地面形成的,地球上最古老、最大的陨石坑弗里德堡陨石坑,直径为250至300千米。(2)恐龙是地球上出现过的最大的陆地脊椎动物。它们突然灭绝的谜团正在慢慢地被揭开。原因可能是因为6 500万年前有一颗小行星撞到了墨西哥尤卡坦半岛上,美国最近

的计算机模拟也表明了这一点。从 2001 年 12 月起,德国波茨坦地理研究中心开始了这方面的研究。这个天体可能以相当于 100 亿颗原子弹的冲击力在地球表面撞出了几千米深的裂缝,撞击的碎片纷纷散落,引起了强烈地震、海啸、大洪水和大火灾。这次碰撞产生的大量灰尘和气体混合到大气中,遮天蔽日,使气候出现反常。先是大火,再是冰川期,接下来又是难以忍受的炎热。这场生态灾难造成了植物群和动物群的灭绝,其中包括恐龙。

47. 细胞工厂

互动方式:通过一个放大的立体动物细胞模型,为观众直观地展示细胞的形状、各个组成部分。同时通过多媒体演示,让观众了解细胞各个组成部分的具体功能和作用。

展品说明:细胞是生物体基本的结构和功能单位。已知除病毒之外的所有生物均由细胞组成,但病毒生命活动也必须在细胞中才能体现。细胞可分为两类:原核细胞和真核细胞。细胞的基本结构包括细胞膜、细胞核、内质网、核糖体、线粒体、溶酶体和细胞骨架等部分。而且,细胞各结构的功能各不相同,其中细胞核含有控制细胞生命活动的最主要的遗传物质,是细胞的信息中心和最重要的细胞器。

知识扩展:1665 年胡克根据英国皇家学会一院士的资料设计了一台复杂的复合显微镜。有一次他从树皮中切了一片软木薄片,并放到自己发明的显微镜下观察。他观察到了植物细胞(已死亡),并且觉得他们的形状类似教士们所住的单人房间,所以他使用单人房间的 cell 一词命名植物细胞为 cellua,是为史上第一次成功观察细胞。以后的科学家们还发现,所有生物,包括单细胞生物细菌以及高等动物和人,都是由细胞组成的,而细胞又是一切生物结构和功能的基本单位。

48. 窥视无穷

互动方式:双眼贴近观察区域,可看到内部物品无限延伸的效果。

展品说明:这是一件有关光的反射定律的展品。它包括一个由两块平面反射镜组成的反射成像光学系统,前面是一块半透半反镜(既能实现两个平面镜之间的多次反射,又能让我们看到反射的结果),后面是一块全反镜。两块镜子平行放置,具有多次反射成像的特点。如果改变前一面镜子的位置,其反射的影像的深度也会发生变化,无限延伸的效果也会变化。

知识扩展:(1)反射定理:反射角等于入射角;反射光线、入射光线和法线在同一平面。(2)平面镜成像的特点:正立虚像,物与像对称(像与物等大、等距)分列镜的两侧。(3)半透半反镜的特点:透射光线强度等于反射光线强度。(4)光线在两面平行放置的平面镜之间多次反射,形成一连串的镜像,第一次反射形成的是物的像,以后就是像的像……,由于镜面反射光总是弱于入射光(有一少部分被吸收)。所以这种反射不是无限次的(反射的次数越多,像就越暗、越模糊)。而且,每反射一次,像与镜的距离就扩大一倍。所以形成的像就组成了一条像的长廊。由于远小近大的透视原理,所以看起来像就越来越小,像与像的间距也就越来越小。使人觉得两镜之间无限深远。前面的镜子是半透半反镜,因此就有一半的反射光线透射出来,很容易看出多次反射形成的像的长廊(在没有采用半透半反镜以前,前面的镜子上需要磨去局部的镀层,使光线可以进入观察者的眼睛)。小幅晃动前面的摆镜时,两面相向放置的镜子之间的距离不等,根据平面镜成像的特点,距离较大的一侧成像的距离也较大,距离较小的一侧成像的距离也较小,多次反射后,就形成了弯曲的镜像。

49. 龙卷风

互动方式:该展项主要由下部台面上的切向进风口和顶部的一排气扇组成,且切向进风口沿着有机玻璃圆柱呈圆周分布。点击"开始"按钮,顶部排气扇开始转动,并逐步将空气抽成柱状,下部的切向进风又使空气形成空气涡漩,类似自然界的龙卷风旋涡。

展品说明:龙卷风又称"龙卷",其外形像一个上大下小漏斗状的云柱,一般与强对流云相伴;其水平尺度很小,在地面上只有几米到几百米的直径,在空中2—3 千米高处,依据雷达探测,大多直径在 1 千米左右。其瞬间速度可达 100—200 米/秒,比 12 级台风的速度还大 3—6 倍。它的破坏力很大。龙卷风的成因很复杂,大多是由于干燥寒冷的原地气团与潮湿的海洋热带气团相遇产生的,多产生于高温高湿地区。由于发生时间短、空间尺度小、移动速度快,生成和发展具有很大的随机性,因此定时、定点的龙卷风预报是世界性的难题。

知识扩展:2019 年 8 月 16 日下午 4 点左右,我国辽宁营口遭遇了雷暴大风等强对流天气,但更激烈的是,局地传出了发生龙卷风的消息。此次出现龙卷风

的位置大约是辽宁营口的老边区,当地居民拍摄的画面可以看到天上雷雨云中发展出来的漏斗云和接地高速旋转的龙卷风。

50. 魔方机器人

互动方式:主要分为四个步骤:(1)观众接受魔方机器人的邀请,打乱魔方,将魔方正形,放回魔方仓。(2)在触摸屏上点击解魔方按钮,机器人抓取魔方,开始解魔方。(3)机器人语音提示解魔方的进程,譬如:识别魔方状态和开始解魔方等。(4)解魔方完成,机器人语音提示并显示时间。

展品说明:魔方机器人是一台可以将观众随意打乱的魔方迅速还原的机器人。它可以自主用手臂从魔方仓中抓取被观众打乱的魔方,然后通过头部的摄像头依次拍摄魔方每个面的图片,使用图像识别算法得到整个魔方的状态,再通过解魔方算法得到解魔方的具体步骤,最后控制机械臂来执行每一步的解法,最终像人类一样将整个魔方还原。

知识扩展:在英国举行的大爆炸博览会(Big Bang Fair)上,ARM 的两位工程师 David Gilday、Mike Dobson 示范了新型机器人"Cubestormer 3"配合了一部 Exynos 八核心的三星 Galaxy S4。在吉尼斯世界纪录工作人员的见证下,Cubestormer 3 启动,仅仅用了 3.253 秒钟就搞定了魔方。Cubestormer 3 是该系列机器人的第三代,上一代的魔方还原记录还是 5.27 秒,这次一下子缩短了 38%。人类的记录则是 Mats Valk 去年创造的 5.55 秒,差距瞬间拉开。

二、还不错的单件展品讲解词

球 吸 1

朋友们,1911 年发生了一件冤案,你们知道吗?"泰坦尼克号"的姐妹号"奥林匹克号",在那一年被撞了,可是却把"奥林匹克号"的船长给抓起来了,简直太冤枉了,看样子你们都不知道呢,那我给大家说说这事。(短停)那天,"奥林匹克号"正在海上航行,离他不远的地方,有一艘小船叫"豪克号",当时"豪克号"正在全速前进、想要超过它,可就在这时,砰!"豪克号"竟一头撞向了"奥林匹克号",可是事后法官调查却说是"奥林匹克号"没给"豪克号"让路,还把船长给抓起来了。你们说他冤不冤呀,冤吧,对了,问问大家,你们觉得这应该谁负责?(停)

"豪克号"！那他又把"豪克号"给冤枉了。我说呀,他俩都没责任,为什么这么说,我是可以通过实验来证明的,大家想不想看！好,大家看这有两个小球,可以调节它们的距离,中间的喷气口一直在喷气,问问大家,如果两个小球慢慢靠近喷气口,小球会怎么样呢？小球会被吹开？我们来试一试。大家看,当小球慢慢靠近还有一段距离时,它俩不仅没有被吹开,反而紧紧地吸在了一起,你看,现在我用手拨开,它俩立马又吸一块去了。为什么会这样呢？对了,我们都往中间吹气了,科学家伯努利早在两百多年前就已告诉我们了,在流体当中,流速越快压强越小,流速越慢压强越大。我们往小球的中间吹气、中间的空气流速快,压强小,外侧空气流速慢压强大,存在压强差,小球就被紧紧地压在了一起。实验做到这,大家知道为什么我说船长是冤枉的了吧？(停)什么,你还有疑问？哦,他说得很有道理,这船是一大一小,而做实验用的球是一样大的,另外他看到的是"豪克号"撞向"奥林匹克号",并不是像小球一样两艘船撞到了一起,这还真是提醒我了,我们还需要再做一个实验。这次咱们用一个大球模拟大船"奥林匹克号",一个小球模拟小船"豪克号",再靠近喷气口,看看会发生什么？大家看,这次小球移动得更明显,两个球又紧紧地吸在了一起。当时"奥林匹克号"和"豪克号"在同向行驶的时候,都会向中间排水,就像我们往小球中间吹气一样,中间的河水流速大于船外侧的流速,根据伯努利原理,中间河水流速快,压强小,外侧河水流速慢,压强大,也存在压强差,所以两艘船都会受到一个向内的推力,但是由于"豪克号"质量小,就像这个小球,它的运动状态更容易被改变,所以我们看到是"豪克号"撞向了"奥林匹克号"。这下大家明白两艘船为什么会撞到一起了吧！1 船速太快;2 距离过近。是水把"豪克号"推向了"奥林匹克号"。我想法官可能是仅凭经验就做出了这次的判决。

球 吸 2

同学们,我们先来做个游戏,我说你猜,"china""浦东""飞机",你想到了什么？太棒了！2017 年 5 月 5 日,就在上海浦东机场,C919 首飞成功！中华民族的百年大飞机梦取得历史突破！可是这 C919 重达 70 多吨,这么重,它怎么就能飞上天呢？你看一张纸,它飞不起来,折成纸飞机就可以飞很远。关于飞机飞行的原理非常复杂,不过这奥秘之一就藏在展品球吸当中。我们看,这有两个小球,中间的喷气口一直在喷气,问问大家,如果两个小球慢慢靠近喷气口,小球会怎么样呢？小球会被吹开？那就请你来试一试。慢慢调节他俩往中间靠,他俩

吸在了一起,你再把他俩拨开,快看,又吸一块去了。老师,为什么会这样呢?1726年科学家伯努利在实验中也发现了类似的现象,他发现,流体中,流速越快、流体压强越小,流速越慢,流体压强越大。我们看,中间喷气时,中间的空气流速快,所以压强小,外侧空气流速慢压强大,里外存在压强差,两个小球会受到向内的推力,他俩就被紧紧地压在了一起。那现在我们把这个球拿走,只剩下一个球慢慢靠近喷气口,又会发生什么?你再来试一试,看,它也被吸了过去,那你能告诉大家这是为什么吗?小球左边的空气流速快,压强小,右边的空气流速慢,压强大,左右存在压强差,所以他会受到一个向左的推力。说到这,可能有同学要问了,球吸我知道了,可这和飞机飞行有什么关系呢?太有关系了,如果我们把小球换成飞机,再把展品旋转90度。大家看!这不正是飞机飞行时的状态吗。飞机飞行时,由于翅膀上下流速不同,存在速度差,也就有了压强差,这才获得了向上的升力,大家明白了吗!你还有疑问?哦,你还想知道为什么翅膀上下流速不同!好,你能告诉我飞机翅膀长什么样子吗?(双臂展开)长这样。那我们把翅膀纵向切开,就像这样,大家看翅膀上面是什么形状的?那下面呢?为什么要设计成这个样子呢?其实呀上面这条曲线是流线型的,实验证明,空气流经它的时候速度很快。而下面的形状比较平直,空气经过它的时候速度就要慢一些了。上下速度不一样,存在速度差,也就有了压强差。咱们可以用小纸条来模拟验证一下,从侧面看,它的形状像不像飞机翅膀的弧形,现在我们把纸放在嘴下,向前吹气,看看小纸条会怎么样?(小纸条飞起来了)纸条上面空气流速快,下面空气流速慢、就像飞机翅膀一样。

手 蓄 电 池

今天那,老师要和大家伙儿一起挑战不可能!你问什么挑战?徒手发电!当然了,还要借助我们身边这件展品——手蓄电池。挑战前,还和大家要借一件东西,什么东西?借双手!就请这位同学到台上来。四块金属板、一个电流表,如果你能让电流表偏转,挑战就成功。

挑战不可能正式开始!我们瞧,只见他将两只手放在铜板上,指针没动。两只手换到铝板上,也没动。一只手放在铜板上,一只手放在铝板上。动了动了!挑战不可能,成功!你觉得他带电?你来摸他一下!他身上也不带电啊。可是电流表偏转了,肯定是产生电流了呀。这是怎么事儿啊!当年有位科学家和你有一样的疑问。

故事，要从 1786 年的一条青蛙腿说起。一次，伽伐尼的助手拿手术刀碰到了青蛙腿，蛙腿突然跳动了。要知道这是一直死青蛙，甚至只有腿。这让伽伐尼百思不得其解，决心要弄清楚怎么回事。经过反复实验，他得出结论，这是因为生物电。一时间，伽伐尼"生物电"的研究，声名鹊起。

突然，一位科学家跳出来实名反对这个说法，他就是伏特。伏特通过一次又一次的实验，发现了其中真正的奥秘，不是青蛙腿带电。伽伐尼的实验中，青蛙腿同时接触到了两种活动性不同的金属，这才是电流产生的关键。

伽伐尼，手提青蛙腿。伏特，腰别金属板。伽伐尼非说是生物电。伏特坚持是电位差。伽伏二人争不休，我们一起来探究。

请大家举起自己的手观察一下，上面有什么？汗！没错。汗是一种天然的电解质，含有一定量的正负离子。而电解质与两种金属产生了化学反应。又因为铝板比铜板活泼，所以电解质使铝板聚集大量负电荷，使铜板聚集大量的正电荷。两种金属产生了电位差，电子一移动，电流就产生了。

手蓄电池的秘密被我们破解了，可得好好热闹一下。请大家手拉手变成一个圆圈。请这位同学把手放在铜板上，我把手放在铝板上，电流表偏转了。接下来，大家仔细看，我把这只牵着的手放开，电流又消失了。这是为什么呢？没错。人体是导电的，刚刚大家牵在一起，就像好几条电线连接在一起。我把这只手松开，完整的回路被断开了，所以没有产生电流。说得很好。

我们通过一步步的探究，了解了手续电池。大家是满意了，有个人还不服气呢，谁呀？伽伐尼！因为伏特电位差的质疑，他最后索性放弃金属材料只使用青蛙腿和蛙腿神经，蛙腿也能成功跳动，证实了生物电的存在。伏特也不甘示弱，通过进一步研究，升级了自己的实验，找来锌板和铜板，分开浸泡在盐水中，制造出了人类历史上第一块电池——伏打电池。科学就是探索求知的旅程，寻求真理的道路上充满了惊喜，谁知道你会不会是下一位科学巨星！

谢谢大家。（鞠躬）

马德堡半球

我们每个人都在各种压力下生存着，工作压力，学习压力，但有一种压力已经与我们朝夕相处了几百万年，什么压力呀？——那就是大气压力。

没感觉？那现在我们通过一个实验来感受大气压力，请大家和我一起伸出双手，一只在下，一只在上，然后紧紧压在一起，把手掌里的空气尽可能地给挤出

去,这时你会发现双手吸在了一起,当它们分开时还能听到一声"噗",你们看,在不经意间我们就用手模拟了 1654 年奥托冯格里克做的马德堡半球实验。

我们周围的空气看起来完全没有重量,事实却不是那样的。空气由大量的分子组成,虽然单个分子的质量非常轻,但他们也受到重力的作用,所以说大量的分子就压在你的头顶上。因为人在漫长的进化过程中已经适应了这样的压力环境,体内体外的大气压力相互抵消了,所以我们才感受不到它的存在。其实一个指甲盖大小的面积就要承受一公斤左右的大气压力。简单地说,这就等于你的头顶上一直压着一辆奔驰轿车。

今天咱们就借助我脚边的这个家伙感受一下大气压的威力!这家伙的名字叫作马德堡半球,它由三个直径不同的半球组成,球的下面已经被抽成了真空的状态,所以因为大气压的缘故,球被牢牢地压在地上,现在我们只需要将它拔起,就可以感受大气压真正的威力。我请一位观众上来拔起它试试。好!他轻松地将最小号的半球拔了起来,经过努力,中号的半球也顺利被拔起,他要尝试最大号的半球!非常可惜,他并没有将最大的半球拔起来。我们将掌声送给这位观众,谢谢他的参与。通过刚才的实践,我们可以看到随着半球半径的增大,我们拔起它所需的力气也会增加,最大的那个半球可能需要三位成年男性合力才能将它拔起,这是因为面积不同,压力差不同所导致的。

那可能你们会问了,大气压力这么大,如果体内体外存在压力差会发生什么事情?这就像深海的带鱼一样,一旦离开深海就会因为压力差而一命呜呼。

在飞机升空时耳朵充气,其实就与压力差有关。飞机升空时,随着高度升高,空气越来越稀薄,大气压力迅速降低,机舱内气压小于耳朵内部气压,导致了我们的耳膜凸起,也就是我们常说的耳朵充气,一般我们都会通过咀嚼和吞咽动作使得中耳内压和外界大气压力保持平衡来消除不适。

大气压不仅影响着我们的耳膜,也影响着我们探索太空呢!火星,太阳系中最接近地球的行星,在它的周围也笼罩着大气层,但是火星上的大气压力只有地球的 1%,如果我们没有任何保护措施,登陆火星,那么溶解在你血液里的所有气体都会沸腾变成气泡,我们就像一瓶从地球一路摇晃到火星的可口可乐一样。

最后我想和大家讨论一个问题,如果我能在火星长大,大气压力小一点,头上的奔驰变自行车,我是不是就能长得更高了?我在火星或许可以长到一米八!谢谢大家!

离心现象

开讲前首先问大家一个问题:大家吃过棉花糖吗? 都吃过啊! 那棉花糖是怎么做出来的你们知道吗? 我看到有人摇头了,这棉花糖老师就会做,非常简单,你们看,抓起一把砂糖,放到机器中间的小碗里,然后怎么样呀? 对了,转起来! 砂糖加热融化后,随着转动的速度越来越快,就变成了一条一条的白丝,然后,我们用一根小木棍一缠一绕,就做好了像云朵一样的棉花糖了。

棉花糖做好了,可是大家有没有想过,为什么转一转,这砂糖就能拉成细丝呢? 今天呀,我们借助这件展品,一起来探讨其中的奥秘!

大家看这有两根倾斜的玻璃管,浮在顶部的是塑料小球,沉在底部的是金属球,问问大家,如果我们把展品像我们的棉花糖机一样旋转起来,会发生什么呢? 哪位同学愿意来帮助我完成操作呢?

好,首先请你慢慢地转,我们看看会发生什么? 我们看到,两个小球似乎没有太大变化,还是塑料小球浮在表面,金属小球沉在水底。好,现在请你快速转动手柄,越快越好,周围的同学可要瞪大眼睛看好了! 快看快看! 金属小球怎么浮上来了,塑料小球沉下去了! 好,现在松开手,我们看看转动速度降下来又会发生什么? 塑料小球随着转速下降后,又慢慢浮到了表面,金属小球也慢慢重新沉了下去。怎么样,是不是好神奇啊!

刚开始还在表面的塑料小球,随着转速越来越快竟然沉到了水底,金属小球则浮到了表面,这是怎么回事呢? 这其中的关键就一个字:转! 没错,任何物体在做圆周运动时,我们就必须为它提供足够的向心力。如果向心力不足,物体就不能维持圆周运动,就会远离圆心,发生离心现象,就像老师手里的这根链球一样,而离心现象的发生程度就与刚刚的关键词转动有关系,转得越快离心现象越明显。而对于旋转速度相同的物体而言,其质量越大,离心现象越明显,越容易远离圆心。所以我们才会看到,慢慢转的时候两个小球没有变化,而转速加快后,塑料小球沉了下去,就是因为质量比它重的水被甩到了上面,是水把塑料小球压到下面,而金属小球则因为比水的质量大,所以他才会甩到上面,就像浮在水面一样。

那现在,我们回过头来想想棉花糖的制作是不是就很简单了呀,砂糖融化后,快速旋转起来,当转速越来越快,由摩擦力提供的向心力不足以维持转动时,融化的砂糖就发生了离心现象,被拉成了一根一根的细丝,最后,我们用小棍一

缠,好吃的棉花糖就做好了！关于离心现象就为大家介绍到这里,谢谢大家。

混 沌 摆

同学们,说起伽利略大家能想到什么?比萨斜塔的铁球实验、人类第一架天文望远镜,还有什么?大家看老师手里有什么?没错,单摆,这和伽利略有什么关系呢?

我们先让它摆动起来,你们发现了什么?单摆来回摆动所需时间好像一样。那这次摆动幅度小一点,我们再看,还是一样,太棒了!同学们就像当年的伽利略一样,通过观察对比发现了单摆的秘密,不论摆动幅度大小,所需时间都相同。后来伽利略利用单摆这个特点发明了钟表,钟摆来回摆动,将时间精确地表示出来,俨然像一位公正的时间老人。

那么,如果把单摆像这件展品一样组合成一个整体,他们摆动起来又是什么样呢?大家注意看,它就像跳舞的孩子一样,有些转得快有些转得慢,这其中有什么规律吗?我们一起通过对比实验进行验证。

首先,我将主摆放在 12 点位置,转动手柄,大家在 5 秒内观察每个摆的运动轨迹,好,现在将主摆放在 9 点位置,转动手柄再观察,运动轨迹一样吗,完全不一样!那我们这次重新从 9 点钟位置转动,你们觉得这次会一样吗?一样?不一样?大家看,完全不一样!同样的位置、同样的初始状态,为什么会完全不同呢?

其实,这就是混沌现象,这个特殊的摆就叫混沌摆,刚刚看似相同的初始条件,由于我们手的触觉误差、眼的视觉误差等这些好像几乎可以忽略不计的初始差异,在摆动过程中却导致了巨大的结果差异。这就是混沌现象最大的特点,对初始值的极度敏感依赖性。

举一个例子,人们常常调侃天气预报忽悠人,预报暴雨,实际就是有雨,不一定能下!大雨,就是大约有雨!中雨,就是中午可能掉几个雨点!小雨,就是小心有雨,基本不下!其实大家都错怪气象局,因为天气变化就是混沌现象,就像这混沌摆一样对初始值极端敏感,一旦有新变化,就会影响到天气预报的准确性,甚至完全不同。

现如今,混沌学的研究热悄然兴起,已经渗透到化学、生物学、生态学、力学、气象学、经济学、社会学等诸多领域,在看似无序中找到有序的规律,在一次次的尝试与观察中预测无序的世界,其实这不正是我们应该秉持的科学态度吗。

三、主题式串联辅导案例

"科学和技术"

展品包含：公道杯、八大行星、核裂变与核聚变

1977年夏天，美国航空航天局发射了两艘探测太阳系的飞船"旅行者1号"和"旅行者2号"，1990年2月初，他们在海王星附近相会，将要离开太阳系，成为宇宙间永久巡游的人造天体。这时，美国天文学家卡尔·萨根建议，由他们在那里拍摄一张遥望地球的照片。后来，人们从传回的图片中看到，在隐约的银河背景中，有一个孤独的黯淡蓝点，它就是地球。地球上曾出现400亿种动物和植物，而今，这些物种绝大多数已消亡；幸存的物种只有千分之一，人类是其中的佼佼者。

在漫长的生命演化历程中，人类逐渐产生理解宇宙的智慧，爱因斯坦也曾感慨：世间最不可思议的是，人类作为宇宙的产物，居然能够理解宇宙。人类作为自然的一部分，选择了不同于其他物种的生存方式，动物通过进化适应自然，唯有人类是改变自然，不断创造新的生存环境。

据统计，近一万年以来，地球人口增加了一万倍，近200年来，人类的平均寿命增加了一倍。人类的生存方式，20万年前与10万年前相比，不会有太大的改变；3000年前与2000年前相比，不会有太大的改变；但是，今天与500年前相比，甚至和100年前相比呢？可以说是发生了翻天覆地的变化。400年前当伽利略拿望远镜对着月球时，他可能不会想到400年后已经有12个地球人到访那里。那么同学们，是什么推动了人类的发展呢？对了，是科学技术。

但是同学们，科学是从一开始就有了吗？先有科学还是先有技术，这就是我们今天谈论的话题。

人类最古老的活动应该是生产，可以说有了人类就有了生产。人类从事生产活动的方法和诀窍，就是技术，因此，技术和人类一样古老。

比如，东汉末年，人们用渴乌取水，用来农业灌溉。当时的人们可能并不知道这就是虹吸原理，但是已经掌握制作的技术。再比如，大家看这件精美的瓷器，瓷杯中间有个寿星造型，我们现在向杯内倒水，看看会发生什么，当杯中的水超过这个高度时，杯中水竟全部流光了。古代工匠们，可能并不能用公式来精确的计算，但却利用虹吸原理制造了这样精巧的公道杯。

而科学的出现要比技术晚得多了。约在公元前 3 000　前 2 000 年,人类社会进入奴隶社会,由于脑力劳动与体力劳动之分工,少数人有条件从事文化学术工作。在这个阶段,世界各地形成了几个文明中心:古埃及、古巴比伦、古印度和古代中国。它们在天文学、数学等方面取得了许多成就。但主要还是现象描述、经验总结和猜测性的思辨,形式上是直觉的、零散的,本身没有取得独立的存在,科学大部分依附于技术。甚至在欧洲中世纪,哲学都沦为宗教的奴仆,科学更是难以有发展的余地。

到了文艺复兴时期,随着资本主义兴起和发展,生产和技术开始获得比较迅速的发展,封建神权统治受到猛烈的冲击。科学史家把 1543 年作为近代科学的诞生之年,这是因为哥白尼的《天体运行》和维萨留斯的《人体构造》这两部具有重大历史意义的科学著作是在这一年问世的。

通过哥白尼革命,科学宣告自己的独立存在,并逐步建立起不同于古代科学的近代科学,它是把系统的观察和实验同严密的逻辑体系结合起来,形成以实验事实为依据的系统的科学理论。科学从此完全摆脱了对技术和自然哲学的依附关系,而成为人类文明中最有生命力的部分。这个时期,有一部分科学同技术保持密切关系,它们为技术解决难题,并由此得到了丰富的实验资料,促进了科学自身的发展。

比如,八大行星、牛顿万有引力定律就是基于对苹果落地、月球绕地飞行等自然现象的好奇心而进行大量的数学计算得来的。大家面前的这件展品演示的就是八大行星,由内向外,分别是水星、金星、地球、火星、木星、土星、天王星和海王星,他们都符合牛顿的万有引力定律。这最后一颗海王星,最初并没有被人所看到,是科学家在利用牛顿万有引力公式计算天王星轨道时,发现计算结果与通过望远镜实际观测的数据总有偏差,于是科学家猜想在天王星轨道附近应该还存在一个大行星,为此,科学家希望通过建造更为大的望远镜来观测,验证自己的猜测。随着技术的发展,更大的望远镜最终被观察到海王星的存在,也证明了科学家的猜测是正确的。

但此时,科学和技术的关系,还是技术占据着主导地位。

科学与技术关系的转变出现在"电力时代"的开端。当 1819 年奥斯特在授课时,偶然发现通电的导线,使旁边的小磁针发生了偏转。这在当时的欧洲引起了轰动,人们这才发现,原来电可以产生磁;直到 1831 年法拉第发现的电磁感应定律,告诉我们磁也可以产生电,这才引发了发电机、电动机、电报、电话、无线电的发明。由此,开始出现了以电为基础的现代物质文明。这表明:科学已经走在技术的前面,起着指导的作用了。

那现在,请同学们想一想,如今科学和技术的关系又是怎样的呢? 如今科学和技术,我觉得更多是相互交织在了一起,科学产生技术,技术催生科学,二者相互促进,共同推动社会的进步。

爱因斯坦在 1905 年提出了质能方程 $E = mc^2$,我们来看这个公式,质量能够转换成能量,能量也能转换成质量。E 是能量,m 是质量,c 是光速,光速是 3×10^8 立方米/秒。仅仅是 1 克质量,就可以产生非常的大的能量,这为制造原子弹和核电站提供理论基础。到了 1942 年,美国科学家费米就根据爱因斯坦的理论在芝加哥大学设计和制造出来首个核反应堆。我们现在可以利用(核裂变与核聚变)展品模拟一下。请你来控制展台上的中子球,让它撞击屏幕上的原子核,我们看,屏幕上的铀原子核在中子的撞击下,分裂成了多个小质量的原子核,同时释放出了大量的能量和同时放出 2—3 个中子,这裂变产生的中子又去轰击另外的铀 235 原子核,引起新的裂变。1 克的铀 235 完全发生核裂变后释放出的能量相当于 2.5 吨煤所产生的能量。

尽管核裂变的能量巨大,但是它有一个很大的问题就是核废料还具有很强的放射性。怎么办呢? 还是爱因斯坦的质能方程,根据质能方程,核裂变能产生能量,核聚变也可以,比如太阳就在每时每刻地进行着核聚变,而且科学家通过计算发现,核聚变产生的能量比核裂变还要大得多。那为什么核电站不用核聚变呢? 要发生时核聚变需要至少 300 万度的高温才能引起聚变反应,在爱因斯坦提出质能方程的 20 世纪,我们人类的技术水平还无法制造出满足这些要求的设备,但随着科学和技术的发展,我国科学家去年就已经获得了超过 60 秒的稳态高约束模等离子体放电,简单地说,就是我国科学家在去年已经做成了 60 秒的人造太阳。我们一起来模拟一下,请你来推动这个横杆,模拟挤压氘氚,同学们看,随着屏幕上显示的温度和压力越来越大,已经显示发生了聚变反应。尽管以目前的科学技术水平,我们只能发生 60 秒的稳定核聚变反应,不过,我相信在不久的未来,随着科学与技术的发展,我们一定能用上真正清洁无污染的核聚变能源。

说了这么多,科学和技术的关系就好似我们的左腿和右腿,我们想要往前

走,不管是先迈科学这条腿还是先迈技术这条腿,都需要另 条腿支撑我们的身体,如果想要快步前进,就要两条腿交替前行,毕竟两条腿跑步比单腿跳要来得更快更稳。

同学们,你们作为中国梦的缔造者,不管是科学还是技术,这两条腿都要硬,都要强,只有这样,我们中华民族的伟大复兴才会走得更快,来得更稳!

四、如果这些都知道,你的科学素质很优秀

1. 物物相连的互联网被称作?

A. 因特网;　　　　B. 物联网;　　　　C. 万维网;　　　　D. 局域网

答案:B。物联网,顾名思义,就是物物相连的物联网,它是一个基于互联网、传统电信网等信息承载体,让所有能够被独立寻址的普通物理对象实现互联互通的网络。

2. 下列只利用太阳能光伏效应的是?

A. 太阳灶;　　　　　　　　　B. 太阳能热水器;

C. 太阳能电池;　　　　　　　D. 太阳能热泵系统

答案:C。利用光热效应可以把太阳的辐射能转化为热能,太阳能热水器和太阳灶皆是其典型范例。利用光伏效应可以将太阳光的辐射能直接转变成电能,而太阳能电池就是具有这种性能的半导体器件。太阳能热泵系统则需要同时利用光热效应和光伏效应。

3. 自动门、烟雾报警器、电子秤的一大共同点就是用到了?

A. 超导技术;　　B. 传感器技术;　　C. 超声波技术;　　D. 互联网技术

答案:B。传感技术是一种将外界物理信号转换成电信号的现代信息技术,如自动门、烟雾报警器、手机的照相机及数码相机、电子秤、水位报警、温度报警、湿度报警、光学报警等装置都用到了这一技术。

4. 交流电输电电压一般分为?

A. 低压、高压、超高压;　　　　　B. 高压、超高压、特高压;

C. 低压、配电电压、高压;　　　　D. 高压、配电电压、特高压

答案:B。交流输电电压一般分高压、超高压和特高压。国际上,高压(HV)通常指35—220千伏电压;超高压(EHV)通常指330千伏及以上、1 000千伏以

下的电压;特高压(UHV)定义为 1 000 千伏及以上电压。

5. 理论上 4G 网络系统能够达到的下载速度是?

A. 100 Mbps 以上;　　　　　　　B. 50 Mbps;

C. 60 Mbps;　　　　　　　　　　D. 80 Mbps

答案:A。从理论上讲,4G 网络系统能够达到 100 Mbps 以上的下载速度,比拨号上网快 2 000 倍,上传的速度也能达到 20 Mbps,并能够满足几乎所有用户对于无线服务的要求,例如高清电影、大文件传输等。此外 4G 网络还可以在 DSL 和有线电视调制解调器没有覆盖的地方部署,然后再扩展到整个地区。

6. 人工智能领域的研究不包括?

A. 3D 打印;　　B. 机器人;　　C. 语言识别;　　D. 图像识别

答案:A。人工智能的研究包括机器人、语言识别、图像识别、自然语言处理和专家系统等。

7. 2016 年 3 月在对弈中成功击败韩国棋手李世石的谷歌 AlphaGo,其主要工作原理是?

A. 模拟分析;　　B. 深度学习;　　C. 大数据分析;　　D. 浅度学习

答案:B。2016 年 3 月,谷歌 AlphaGo 机器人在与韩国棋手李世石进行的围棋五番对弈中,成功击败对手,开创了人工智能的新纪元。后来,AlphaGo 又成功击败中国棋手柯洁,继续着人工智能的神奇。AlphaGo(阿尔法围棋)是一款围棋人工智能程序,由位于英国伦敦的谷歌旗下 Deep Mind 公司开发。它的主要工作原理是"深度学习",这个程序利用"价值网络"去计算局面,并用"策略网络"去选择落子。

8. 人工智能技术创立的初衷是?

A. 取代人类进行思维和计算;　　B. 用机器模拟人类计算过程和思维;

C. 创造一个机器人世界;　　　　D. 纯粹为了好玩

答案:B。1956 年,以麦卡赛、明斯基、罗切斯特和申农等为首的一批年轻科学家在一起聚会,共同研究和探讨用机器模拟智能的一系列有关问题,并首次提出了"人工智能"这一术语,目的是希望用机器模拟人类的计算过程和思维。

9. "人工智能"的英文缩写为?

A. AI;　　　　B. VR;　　　　C. IT;　　　　D. BI

答案:A。人工智能(Artificial Intelligecnce, AI),是研究、开发用于模拟、

延伸和扩展人的智能的理论、方法、技术及应用系统的一门新的技术科学。该领域的研究包括机器人、语言识别、图像识别、自然语言处理和专家系统等。2017年全国两会的政府工作报告中提出：要加快人工智能技术研发和转化。《全球人工智能发展报告2016》显示，中国人工智能专利申请数累计达到15 745项，列世界第二；人工智能领域投资达146笔，列世界第三。

10. 移动通信领域的所谓"5G"，其信息传输的峰值速率可达到多少？

A. 2 Mbps；　　　B. 50 Mbps；　　　C. 100 Mbps；　　　D. 1 Gbps 以上

答案：D。第五代移动电话行动通信标准，也称第五代移动通信技术，英文缩写：5G，也是4G之后的延伸，目前这一技术还在研究中，目前还没有任何电信公司或标准制订组织（像3GPP、WiMAX论坛及ITU-R）的公开规格。作为新一代的移动通信技术，5G将提供更加快速的下载速率（达到1 Gbps以上，甚至达到几十 Gbps），可支持的用户连接数增长到100万用户/平方千米，可以更好地满足物联网这样的海量接入场景。同时，端到端的延时将从4G的十几毫秒减少到5G的几毫秒，甚至1毫秒以下，网络也更加稳定。2017年全国两会的政府工作报告中提出：加快第五代移动通信（5G）等技术研发和转化。

11. 关于5G网络，下列说法正确的是？

A. 传输速度更快，但稳定性差；　　　B. 构建网络要减少低功率节点数量；

C. 需要自组织网络的智能化；　　　D. 端到端的延时更长

答案：C。作为新一代的移动通信技术，5G将提供更加快速的下载速率（达到1 Gbps以上，甚至达到几十 Gbps），可支持的用户连接数增长到100万用户/平方千米，可以更好地满足物联网这样的海量接入场景。同时，端到端的延时将从4G的十几毫秒减少到5G的几毫秒，甚至1毫秒以下，网络也更加稳定。在未来5G网络中，减小小区半径，增加低功率节点数量，是保证5G网络支持大幅度流量增长的核心技术之一。同时，与传统移动通信网络主要依靠人工方式完成网络部署及运维不同，5G网络要求自组织网络的智能化，以克服传统移动网络维护运营及网络优化不理想等缺陷。

12. 移动通信领域中的所谓"漫游"，不需要具备哪个条件？

A. 用非蜂窝移动电话；　　　B. 在不同地区或国家；

C. 网络制式兼容且已经联网；　　　D. 要记录用户所在位置

答案：A。漫游是移动电话用户常用的一个术语。指的是蜂窝移动电话的用户在离开本地区或本国时,仍可以在其他一些地区或国家继续使用他们的移动电话。漫游只能在网络制式兼容且已经联网的国内城市间或已经签署双边漫游协议的地区或国家之间进行。为实现漫游功能在技术上是相当复杂的。首先,要记录用户所在位置,在运营公司之间还要有一套利润结算的办法。2017年全国两会的政府工作报告提出:年内全部取消手机国内长途和漫游费。

13. 转基因技术在 2017 年全国两会广受关注。其中,已在我国推广的转 Bt 基因抗虫棉对下列哪种害虫有效果?

A. 盲椿象;　　　B. 棉蚜;　　　C. 红蜘蛛;　　　D. 玉米螟

答案:D。转 Bt 基因抗虫棉主要抗的是鳞翅目昆虫,如棉铃虫、棉红铃虫、玉米螟、水稻螟虫等,而对盲椿象、棉蚜、红蜘蛛等害虫没有防治效果。其中,盲椿像是半翅目昆虫,棉蚜是同翅目昆虫,红蜘蛛是蜱螨目昆虫。

14. 激光发出后,光会怎么传播?

A. 光向四面散开传播;　　　　　B. 光基本沿直线定向传播;

C. 光呈抛物线向前传播;　　　　D. 光呈圆环状循环传播

答案:B。普通光源是向四面八方发光。激光器发射的激光是朝一个方向射出,光束的发散度极小,大约只有 0.001 弧度,接近平行。

15. 激光的理论最早是由谁提出来的?

A. 牛顿;　　　B. 伽利略;　　　C. 爱迪生;　　　D. 爱因斯坦

答案:D。激光的理论基础起源于大物理学家爱因斯坦。1917 年爱因斯坦提出了一套全新的技术理论"光与物质相互作用"。这一理论是说在组成物质的原子中,有不同数量的粒子(电子)分布在不同的能级上,在高能级上的粒子受到某种光子的激发,会从高能级跳到低能级上,这时将会辐射出与激发它的光相同性质的光,而且在某种状态下,会出现一个弱光激发出一个强光的现象。这就叫作"受激辐射的光放大",简称激光。

16. 维生素 B2 的主要健康功效是什么?

A. 止血;　　　　　　　　　　B. 维护皮肤和黏膜的完整性;

C. 杀死癌细胞;　　　　　　　D. 维持神经细胞活动

答案:B。维生素 B2 又称核黄素,主要存在于绿色蔬菜、豆类、动物的肝、肾、心、蛋黄和乳类中,同其他的 B 族维生素一样,不会蓄积在体内,所以时常要以食物或营养补品来补充。它是蛋白质、脂肪和碳水化合物代谢过程中不可缺

少的物质,促进人体正常的生长发育,维护皮肤和黏膜的完整性。维生素 B2 缺乏,会引起皮肤和黏膜的损害,其临床症状常表现在面部五官和皮肤。

17. 如果要补锌,并不适合选择哪类食物?

A. 贝壳类海产品;　　　　　　　B. 瘦肉、动物内脏;

C. 干果、谷类胚芽和麦麸;　　　　D. 植物性食物

答案:D。人体内如果锌元素缺乏,轻则造成厌食、偏食、免疫力下降、爱感冒、皮肤粗糙、嗜睡等;重则造成生长发育缓慢、身材矮小、精神障碍、不孕不育、胎儿畸形等。锌一般在动物性食物中含量丰富,比如瘦肉、动物内脏等,贝壳类海产品、干果、谷类胚芽和麦麸中也富含锌。一般植物性食物中含锌量较低,故素食主义者更容易出现缺锌的现象。

18. 氟缺乏对健康的主要危害是什么?

A. 龋齿;　　　　B. 坏血病;　　　　C. 免疫力低;　　　　D. 脑血栓

答案:A。氟是人体必需的微量元素,适量的氟化物可通过降低釉质溶解度和促进釉质再矿化、对微生物产生作用以及影响牙体形态来预防龋齿。氟可以增强牙齿钙的抗酸性,同时抑制细菌发酵产生酸,因此能够坚固骨骼和牙齿,预防龋齿。氟还可以减少菌斑在牙齿表面的附着。

19. 氟过量对健康的主要危害是什么?

A. 龋齿;　　　　　　　　　　　　B. 氟斑牙、氟骨症;

C. 高血脂;　　　　　　　　　　　D. 高血压

答案:B。氟是人体必需的微量元素,但其生理剂量范围很窄,少了会引起缺乏,多一点儿又有可能引起中毒。氟过量摄入可导致氟斑牙,严重的甚至是氟骨症,因环境条件的不同及变化,氟的摄入情况很难确定。

20. 膳食纤维可以有效预防哪种癌症的发生?

A. 胰腺癌;　　　　B. 肝癌;　　　　C. 结肠癌;　　　　D. 乳腺癌

答案:C。膳食纤维能够促进肠道蠕动,缩短粪便在肠道内停留时间,减少各种致癌有毒物质对肠壁的刺激,有效预防和降低肠肿瘤的发生。长期高热量、高蛋白、高脂肪及低膳食纤维的食物摄入可增加患肠癌的风险。

21. 哪种零食不宜儿童、青少年经常食用?

A. 纯鲜牛奶、纯酸奶;　　　　　　B. 非盐焗或糖裹坚果类;

C. 新鲜蔬菜、水果;　　　　　　　D. 全脂或低脂炼乳等

答案:D。全脂或低脂炼乳等属于营养价值低且主要成分为高脂肪、高糖、高盐的食品,缺乏人体需要的其他营养素,经常食用这样的零食会增加超重与肥胖、高血压以及其他慢性疾病的风险,应限制食用。

22. 鸟巢蕨属于一种什么生物?

A. 动物;　　　　B. 植物;　　　　C. 真菌;　　　　D. 细菌

答案:B。"鸟巢蕨"又名山苏花,为铁角蕨科巢蕨属下的一个种,属多年生阴生草本观叶植物。蕨类植物有明显的世代交替,孢子体与配子体各自独立生活,蕨类植物为须根系,茎多为地下根状茎。蕨类植物的叶有小型叶和大型叶之分。

23. 从植物分类学角度看,玫瑰与月季的关系是?

A. 同一种植物;　　　　　　　B. 不同科的植物;

C. 同科不同属植物;　　　　　D. 同属不同种植物

答案:D。月季和玫瑰是同一科属不同种类的植物,市场上买到的玫瑰大多数其实是月季,月季小叶 3—5 枚,叶片两面无毛,叶柄和叶轴散生皮刺;玫瑰小叶 5—9 枚,叶背有柔毛及刺毛,枝条密生刚毛和倒刺。

24. 关于杨柳的飞絮,说法正确的是?

A. 杨树和柳树都会产生飞絮;

B. 只有杨树和柳树中的雌株才产生飞絮;

C. 只有杨树和柳树的雄株才产生飞絮;

D. 只有大杨树和柳树才会产生飞絮

答案:B。植物的雌雄异株,指在具有单性花的种子植物中,雌花与雄花分别生长在不同的株体而言。仅有雌花的植株称为雌株,仅有雄花的称为雄株。杨树和柳树就是雌雄异株植物,只有雌株才能产生种子,也就是飞絮。

25. 雪松属于哪类植物?

A. 常绿乔木;　　B. 常绿灌木;　　C. 落叶乔木;　　D. 落叶灌木

答案:A。常绿植物是指一种全年保持叶片的植物,叶子可以在枝干上存在 12 个月或更多时间。大多数松、柏科植物都属于常绿树。比如雪松,就是松科雪松属植物,常绿乔木,树冠尖塔形,大枝平展,小枝略下垂。

26. 荷花能够长期在水中生长,主要是因为体内含有发达的?

A. 通气组织;　　B. 输导组织;　　C. 保护组织;　　D. 机械组织

答案:A。荷花的整个通气组织通过气孔直接与外界的空气进行交流,可保证植株的水下部分能有足够的氧气。

27. 夜间的低温条件,对于植物而言有什么作用?

A. 制造营养物质;　　　　　　　B. 增加营养物质消耗;

C. 有利于光合作用　　　　　　　D. 抑制呼吸作用

答案:D。光合作用是植物制造营养物质,呼吸作用则是消耗营养物质,因此白天温度高有利于光合作用产生营养物质,夜间温度低则能抑制呼吸作用,有利于植物营养物质的积累。

28. 人们喜欢吃的草莓主要是植物的哪一部分?

A. 果托;　　　　B. 果肉;　　　　C. 种子;　　　　D. 花托

答案:D。草莓的果实为聚合瘦果,由肥大的圆锥形花托和上面着生的多数瘦果形成,表面为深红或红色。在花托上面像是芝麻一样的黑子是果实,也就是说通常所吃的草莓主要是植物的花托。

29. 下列植物属于双子叶的是?

A. 竹子;　　　　B. 花生;　　　　C. 玉米;　　　　D. 芦苇

答案:B。双子叶植物是指种子具有两片子叶的植物,单子叶植物是指只有一片子叶的植物。花生是双子叶植物,竹子、玉米、芦苇属于单子叶植物。

30. 下列植物一生只开一次花的是?

A. 牡丹;　　　　B. 夹竹桃;　　　　C. 竹子;　　　　D. 无花果

答案:C。竹子是多年生植物,但一生只开一次花,开花后便完成了其生命。竹子什么时候开花与环境变化、自身年龄都有着密切的联系。

31. 下列属于多肉植物的是?

A. 大丽花;　　　　B. 仙人指;　　　　C. 郁金香;　　　　D. 美人蕉

答案:B。多肉植物是指植物的茎叶变短变厚,呈现肥厚而多浆状,是长期适应环境发生的变态。各选项中,只有仙人指具备这些特征,它属于多肉植物。

32. 树木冬季休眠是由于什么原因引起的?

A. 短日照;　　　　B. 缺肥;　　　　C. 缺水;　　　　D. 低温

答案:A。对大多数植物来说,短日照是休眠诱导因子,而休眠的解除需要经历冬季的低温。

33. 植物根系吸水主要在根尖,吸水能力最大的是?

A. 根冠;　　　　B. 根毛区;　　　　C. 伸长区;　　　　D. 分生区

答案:B。根毛区是植物吸收水、肥的主要部分。根毛深入到土壤颗粒的间隙中,增加了根的吸收面积。

34. 植物叶片的作用是?

A. 固定作用、支撑作用;　　　　　　B. 繁殖作用、吸收作用;

C. 光合作用、蒸腾作用;　　　　　　D. 固定作用、吸收作用

答案:C。植物叶片的主要作用是进行光合作用和蒸腾作用,光合作用能够制造有机物,而蒸腾作用则是将根从土壤里吸收到植物体内的大部分水分(一小部分供给植物生活和光合作用制造有机物)变成水蒸气,通过叶片上的气孔蒸发到空气中。

35. 大多数种子的贮藏温度为?

A. −5 ℃~0 ℃;　B. 0 ℃~5 ℃;　　C. 5 ℃~10 ℃;　D. 8 ℃~15 ℃

答案:B。种子贮藏是在一定时间内保持种子的生命力,因此贮藏环境应干燥(空气湿度大,种子容易发芽)、低温(温度越高呼吸作用越强,低于 0 ℃则容易冻伤),一般 0 ℃~5 ℃的干燥环境最适宜。

36. 为了帮助裁判更准确地判断网球落地时在界内还是界外,从 2006 年起的网球比赛中采用了一种什么技术或产品?

A. 谷歌眼镜;　　　　　　　　　B. VR 技术;

C. "鹰眼"即时回放系统;　　　　D. 延时播放技术

答案:C。2006 年起在大型网球比赛中启用了挑战鹰眼规则,"鹰眼"的正式名称为"即时回放系统",这套系统由 10 台摄像机组成,摄像机追踪飞行的网球并将信息反馈到与之相连的计算机,后者则据此计算出模拟的轨迹。当有球员申请回放时,电视和场内的大屏幕上将同时显示这一由计算机模拟出来的轨迹。"鹰眼"从数据采集到结果演示的总耗时不超过 10 秒,而误差确保在 1‰以下。

37. 设立诺贝尔奖的诺贝尔本人是从事哪方面研究的科学家?

A. 物理学;　　B. 化学;　　　　C. 生物学;　　　　D. 数学

答案:B。1895 年 11 月 27 日,阿尔弗雷德·诺贝尔(Alfred Bernhard Nobel)签署了他最后的遗嘱,将财产中的最大一份设立了一个奖项,即诺贝尔奖。诺贝尔奖分设物理学、化学、生理学或医学、文学、和平和经济学六个奖项。

值得一提的是,诺贝尔本人就是一名化学家,在个人研究生涯中,化学是最重要的科学,其发明的研究进展都基于化学知识。

38. 到目前为止,唯一依靠在中国本土取得的科研成果而获得诺贝尔科学奖项的中国科学家是?

　　A. 莫言;　　　　　B. 赵忠贤;　　　　　C. 屠呦呦;　　　　　D. 高锟

答案:C。2015 年,中国本土科学家屠呦呦因开创性地从中草药中分离出青蒿素应用于疟疾治疗获得诺贝尔生理学或医学奖。她也是截至目前,唯一依靠在中国本土取得的科研成果获得诺贝尔科学奖项的中国科学家。

39. 爱因斯坦获得的 1921 年度诺贝尔物理学奖,主要表彰的是他哪方面的科学研究?

　　A. 广义相对论;　　B. 狭义相对论;　　C. 光电效应;　　　　D. 黑洞理论

答案:C。1905 年,爱因斯坦获苏黎世大学哲学博士学位,并提出光子假设,成功解释了光电效应,因此获得 1921 年度诺贝尔物理学奖。在获奖之前,科学界因其是否应以"相对论"获诺贝尔奖产生了争论,最后采取了折中方案,即以爱因斯坦的另一项重要科学发现——"光电效应"为理由,将 1921 年度的诺贝尔物理学奖颁发给了他。

40. 下列科技名词中,与"云计算"关系更为密切的是?

　　A. 大数据;　　　B. 纳米;　　　　C. 光年;　　　　　D. 蒸汽机

答案:A。云计算与大数据的关系相对其他选项更为密切。大数据的处理很多情况下都要依托云计算的分布式处理、分布式数据库、云存储和虚拟化技术。

41. 以下哪一个不是大数据的特征?

　　A. 无序化;　　　B. 大量化;　　　C. 多样化;　　　　D. 快速化

答案:A。大数据具有大量化、多样化、快速化和价值化的特征,也被称作"4V"。

42. 政府利用大数据进行分析,一个重要的优势在于?

　　A. 不花钱;　　　　　　　　　　　B. 提高政府应急处理能力;

　　C. 可以解决所有难题;　　　　　　D. 省掉一切人力

答案:B。政府利用大数据分析,可以实现对疾病暴发、失业率、气象数据和社会情绪等的预测,从而有效提高政府的应急处理能力和安全防范能力等。

43. 以下哪一个不是物联网的显著特征?

A. 智能处理;　　B. 全面感知;　　C. 可靠传递;　　D. 能量传递

答案:D。人与物体的沟通与对话,物体之间的沟通与对话,这种万物相连的方式被称为物联网。具有全面感知、可靠传递和智能处理三大显著特征。

44. 下列事项依靠大数据无法办到的是?

A. 预测交通拥堵状况;

B. 预测机票价格走势;

C. 预测一个饮食不规律的人几点几分吃饭;

D. 根据读者购买记录推荐兴趣书单

答案:C。大数据,就是人们用来描述和定义信息爆炸时代产生的海量数据,并命名与之相关的技术发展与创新。但是大数据能够预测的往往是一个范围、一种状态、一种走势,很难去精确到一个精准的数字,尤其是在个人的行为方面。因为在每个人的生活中,都会出现一些突发的不可抗力因素,这是大数据很难预知的。

45. 我国成功发射的世界首颗量子科学实验卫星被命名为?

A. 老子号;　　B. 庄子号;　　C. 孙子号;　　D. 墨子号

答案:D。2016 年 8 月 16 日凌晨 1 点 40 分,我国成功发射全球首颗量子科学实验卫星"墨子号"。量子是能量的最小单位,包括原子、电子、光子等微观粒子,具有不可分割、不可克隆的特点。相互独立的粒子完全纠缠在一起时,对其中一个粒子进行观测或改变,会影响到其他粒子,这被称为"量子纠缠",爱因斯坦称之为"幽灵般的超距作用"。而量子通信则是指利用光子等量子的状态叠加和纠缠等基本物理原理实现的信息传输。量子通信以具有量子态的物质作为密码,信息被截获或被测量时其自身状态立即改变,使截获者只能得到无效信息,这一特性被称为"量子密钥"。量子通信也是迄今为止唯一被严格证明是"无条件安全"的通信方式,可实现抵御任何窃听的密钥分发,进而保证用其加密的内容不可破译,从根本上解决国防、金融、政务、商业等领域的信息安全问题。我国量子卫星首席科学家潘建伟院士表示,此次发射的量子卫星之所以命名为"墨子号",主要在于墨子在两千多年前就发现了光线沿直线传播,并设计了小孔成像实验,奠定了光通信、量子通信的基础,以中国古代伟大科学先贤的名字来命名全球首颗量子卫星,将提升我国的文化自信。

46. 我国首次按照国际标准研制、拥有自主知识产权的大飞机代号是什么?

A. C919;　　　B. C909;　　　C. 歼 10;　　　D. 歼 20

答案:A。C919 是中国继运-10 后自主设计并且研制的第二种国产大型客机;是中国首款按照最新国际适航标准,与美、法等国企业合作研制组装的干线民用飞机,于 2008 年开始研制。而歼系列为我国的战斗机代号。

47. pH 值的另一个名称为?

A. 氢离子浓度指数;　　　　　B. 氧离子浓度指数;

C. 氮离子浓度指数;　　　　　D. 碳离子浓度指数

答案:A。氢离子浓度指数,也称 pH 值、酸碱值,是溶液中氢离子活度的一种标度,也就是通常意义上溶液酸碱程度的衡量标准。

48. 下列哪一项不是由于地质的外力作用导致的?

A. 侵蚀;　　　B. 搬运;　　　C. 沉积;　　　D. 变质作用

答案:D。地质作用就是形成和改变地球的物质组成,外部形态特征与内部构造的各种自然作用,外力地质作用指以太阳能以及日月引力能为能源并通过大气、水、生物等因素引起的地质作用,包括风化作用、剥蚀作用、搬运作用、沉积作用、固结成岩作用;而变质作用是由于地质的内力作用导致的。

49. 下列哪一地表形态不是由于地壳的水平运动导致的?

A. 岛弧;　　　B. 海沟;　　　C. 褶皱山系;　　　D. 海陆变迁

答案:D。地壳运动是由于地球内部原因引起的组成地球物质的机械运动,按运动方向可分为水平运动和垂直运动;水平运动指组成地壳的岩层,沿平行于地球表面方向的运动,也称造山运动或褶皱运动,该种运动常常可以形成巨大的褶皱山系,以及巨型凹陷、岛弧、海沟等;而海陆变迁是由于地壳的垂直运动形成的。

50. 下列哪一项不是由于板块张裂形成的?

A. 东非大裂谷;　　B. 大西洋;　　　C. 太平洋;　　　D. 山脉

答案:D。板块是板块构造学说所提出来的概念,板块构造学说认为,岩石圈并非整体一块,而是分裂成许多块,这些大块岩石称为板块,板块之间有三种相对运动方式:聚合、张裂与保守(错动)三种方式;在板块张裂地带常形成裂谷或海洋,如东非大裂谷、大西洋、太平洋等,而山脉是由于板块相撞挤压形成的。

51. 下列哪一项不是目前人类大量利用的淡水资源？

A. 河流水； 　　　B. 淡水湖泊水； 　　C. 浅层地下水； 　　D. 海洋水

答案：D。淡水资源就是我们通常所说的水资源，指陆地上的淡水资源，它是由江河及湖泊中的水、高山积雪、冰川以及地下水等组成的，通常包括河流水、淡水湖泊水、浅层地下水，而海洋水含盐度较高，不属于淡水，不适合人类直接利用。

52. 同种生物的所有个体形成什么？

A. 系统； 　　　B. 群落； 　　　C. 生物圈； 　　　D. 种群

答案：D。种群指在一定时间内占据一定空间的同种生物的所有个体。种群中的个体并不是机械地集合在一起，而是彼此可以交配，并通过繁殖将各自的基因传给后代。种群是进化的基本单位，同一种群的所有生物共用一个基因库。所有的种群组成一个群落。

53. 下列不属于还原糖的是？

A. 葡萄糖； 　　　B. 半乳糖； 　　　C. 乳糖； 　　　D. 蔗糖

答案：D。还原糖是指具有还原性的糖类。在糖类中，分子中含有游离醛基或酮基的单糖和含有游离醛基的二糖都具有还原性，还原性糖包括葡萄糖、果糖、半乳糖、乳糖、麦芽糖等，蔗糖属于非还原性糖。

54. 下列哪一项是蛋白质种类繁多的根本原因？

A. 氨基酸种类多； 　　　　　　B. 氨基酸数量多；

C. 肽链的空间结构多样； 　　　D. 基因的多样性和基因的选择性表达

答案：D。蛋白质种类繁多的直接原因是氨基酸种类、数量、排列顺序多样以及肽链的空间结构多样，但是究其根本原因依然是基因的多样性和基因的选择性表达导致的。

55. DNA 是一种什么物质？

A. 原子； 　　　B. 电子； 　　　C. 离子； 　　　D. 分子

答案：D。脱氧核糖核酸（Deoxyribo Nucleic Acid, DNA），又称去氧核糖核酸，是一种分子，双链结构，由脱氧核糖核苷酸（成分为脱氧核糖及四种含氮碱基）组成，可组成遗传指令，引导生物发育与生命机能运作。

56. 核酸的基本组成单位是？

A. 氨基酸； 　　　B. 分子； 　　　C. 细胞； 　　　D. 核苷酸

答案:D。核酸是由许多核苷酸聚合成的生物大分子化合物,为生命的最基本物质之一。核酸广泛存在于所有动植物细胞、微生物体内,生物体内的核酸常与蛋白质结合形成核蛋白。核苷酸是核酸的基本组成单位,即组成核酸的单体。

57. 下列哪一项不属于病毒?

A. HIV;　　　　　　　　　　B. 流感病毒;

C. 烟草花叶病毒;　　　　　　D. 蘑菇

答案:D。病毒是由一个核酸分子(DNA 或 RNA)与蛋白质构成的非细胞形态,靠寄生生活的介于生命体及非生命体之间的有机物种,它既不是生物亦不是非生物,目前不把它归于五界(原核生物、原生生物、真菌、植物和动物)之中。蘑菇属于真菌,不属于病毒。

58. 细胞生命活动需要的主要能源物质是什么?

A. 蛋白质;　　B. 水;　　　　C. 脂肪;　　　　D. 糖类

答案:D。糖类是自然界中广泛分布的一类重要的有机化合物。日常食用的蔗糖、粮食中的淀粉、植物体中的纤维素、人体血液中的葡萄糖等均属糖类。糖类在生命活动过程中起着重要的作用,是一切生命体维持生命活动所需能量的主要来源。植物中最重要的糖是淀粉和纤维素,动物细胞中最重要的多糖是糖原。糖类是细胞生命活动需要的主要能源物质,常被形容为"生命的燃料"。

59. 下列哪一类不属于单糖?

A. 葡萄糖;　　B. 果糖;　　　　C. 半乳糖;　　　D. 蔗糖

答案:D。单糖就是不能再水解的糖类,是构成各种二糖和多糖的分子的基本单位。单糖中最重要的与人们关系最密切的是葡萄糖。常见的单糖还有果糖、半乳糖、核糖和脱氧核糖等。蔗糖由两分子单糖脱水缩合而成,属于二糖。

60. 构成细胞膜的主要大分子物质不包括?

A. 脂质;　　　B. 蛋白质;　　　C. 糖类;　　　　D. 纤维素

答案:D。细胞膜又称细胞质膜,是细胞表面的一层薄膜。有时称为细胞外膜或原生质膜。细胞膜的化学组成基本相同,主要由脂类、蛋白质和糖类组成。各成分含量分别约为50%、40%、2%～10%。其中,脂质的主要成分为磷脂和胆固醇。此外,细胞膜中还含有少量水分、无机盐与金属离子等。维生素是植物细胞壁的主要成分。

61. 将细胞与外界环境隔开的细胞结构是?

A. 细胞核；　　　B. 线粒体；　　　C. 细胞质；　　　D. 细胞膜

答案:D。细胞膜又称细胞质膜,是细胞表面的一层薄膜。有时称为细胞外膜或原生质膜。细胞膜是防止细胞外物质自由进入细胞的屏障,它保证了细胞内环境的相对稳定,使各种生化反应能够有序运行,保障了细胞内部环境。

62. 细胞进行有氧呼吸的主要场所是?

A. 叶绿体；　　　B. 细胞核；　　　C. 染色体；　　　D. 线粒体

答案:D。线粒体是一种存在于大多数细胞中的由两层膜包被的细胞器,细胞中制造能量的结构,细胞进行有氧呼吸的主要场所,被称为细胞的"动力站(power house)"。

63. 关于宇宙的起源,最具代表性、影响最大的理论是什么?

A. 能量守恒定律；B. 暗物质学说；　C. 大爆炸理论；　D. 黑洞理论

答案:C。大爆炸理论(Big Bang)是宇宙物理学关于宇宙起源的理论,它奠定了宇宙起源研究的基调。

64. 串联电路的特点不包括?

A. 电流处处相等；

B. 总电压等于各处电压之和；

C. 若有某处断开,整个电路仍然可以使用；

D. 等效电阻等于各电阻之和

答案:C。将电路元件逐个顺次首尾相连接组成的电路叫串联电路。特点有:电流处处相等,总电压等于各处电压之和,等效电阻等于各电阻之和,总功率等于各功率之和,串联电路中,除电流处处相等以外,其余各物理量之间均成正比,串联电路中,只要有某一处断开,整个电路就成为断路。

65. 并联电路的特点不包括?

A. 总电流等于各支路电流之和；　　　B. 总电压等于各支路电压；

C. 总电阻等于各电阻之和；　　　　　D. 总功率等于各支路功率之和

答案:C。并联电路是指在电路中,所有电阻(或其他电子元件)的输入端和输出端分别被连接在一起。它的特点有:总电流等于各支路电流之和,总电压等于各支路电压,总功率等于各支路功率之和,总电阻倒数等于各支路电阻倒数之和。

66. 集成电路是什么？

A. 带电的道路；   B. 微型电子器件或部件；

C. 电流；   D. 电压

答案：B。集成电路是一种微型电子器件或部件，采用一定的工艺，把一个电路中所需的晶体管、电阻、电容和电感等元件及布线互连一起，制作在一小块或几小块半导体晶片或介质基片上，然后封装在一个管壳内，成为具有所需电路功能的微型结构；其中所有元件在结构上已组成一个整体。

67. 集成电路的特点不包括？

A. 体积小；   B. 重量轻；

C. 寿命短；   D. 便于大规模生产

答案：C。集成电路具有体积小、重量轻、引出线和焊接点少、寿命长、可靠性高、性能好等优点，同时成本低，便于大规模生产。它不仅在工业、民用电子设备如电视机、计算机等方面得到广泛的应用，同时在军事通信等方面也应用广泛。

68. 将元器件和连线集成于同一半导体芯片上的数字逻辑电路是？

A. 数字集成电路；   B. 模拟集成电路；

C. 中规模集成电路；   D. 大规模集成电路

答案：A。按集成电路的功能可以将集成电路分为数字集成电路和模拟集成电路。数字集成电路是将元器件和连线集成于同一半导体芯片上而制成的数字逻辑电路或系统。

69. 用于管理和处理信息的各种技术的总称是？

A. 信息技术；   B. 物理技术；   C. 管理技术；   D. 化学技术

答案：A。信息技术（简称 IT），是主要用于管理和处理信息所采用的各种技术的总称。一切与信息的获取、加工、表达、交流、管理和评价等有关的技术都可以称之为信息技术。它主要是应用计算机科学和通信技术来设计、开发、安装和实施信息系统及应用软件。它也常被称为信息和通信技术，主要包括传感技术、计算机技术和通信技术。

70. "摆的等时性原理"是谁发现的？

A. 伽利略；   B. 牛顿；   C. 爱因斯坦；   D. 霍金

答案：A。伽利略是实验科学方法的奠基人之一，注重在探究实践中发现规律。伽利略因看到教堂中的吊灯来回摆动,不断思考、钻研,从而发现并总结出一般性结论:在摆动幅度很小的条件下,摆锤的摆动周期跟摆动幅度以及摆锤的质量没有关系,即"摆的等时性原理"。后来,人们利用这一原理发明了机械摆钟。

71. 当光从两种密度不同的物质中通过时,光的传播方向改变的现象称为?

　　A. 光的反射；　　　B. 光的折射；　　　C. 光的衍射；　　　D. 光的全反射

　　答案:B。当光从两种密度不同的物质中通过时,在两种物质交界处,光的传播方向会发生变化,称为光的折射。

72. 八大行星中与太阳距离最近的是?

　　A. 水星；　　　　　B. 金星；　　　　　C. 地球；　　　　　D. 海王星

　　答案:A。八大行星为地球、水星、金星、火星、木星、土星、天王星和海王星,其中距离太阳最近的是水星,最远的是海王星。将地球到太阳的平均距离规定为 1 AU,则水星到太阳的平均距离为 0.387 AU,海王星到太阳的平均距离为 30.13 AU。

73. 雷达测量距离是依靠什么?

　　A. 声呐；　　　　　B. 光波；　　　　　C. 电磁波；　　　　　D. 激光

　　答案:C。雷达用电磁波反射的原理测量飞机与航天站之间的距离。

74. 潜水艇在水下航行时常用什么来测量潜水艇与障碍物之间的距离?

　　A. 声呐；　　　　　B. 光波；　　　　　C. 电磁波；　　　　　D. 激光

　　答案:A。潜水艇在水下航行时常用声呐来测量潜水艇与障碍物之间的距离。

75. 激光测距仪用什么测物体之间的距离?

　　A. 声呐；　　　　　B. 光波；　　　　　C. 电磁波；　　　　　D. 激光

　　答案:D。激光测距仪用激光测物体之间的距离。

76. 电流的磁效应是由谁发现的?

　　A. 奥斯特；　　　　B. 法拉第；　　　　C. 安培；　　　　　D. 亚里士多德

　　答案:A。科学研究是从疑问开始的,一个小小的疑问都有可能引发科学的发现。奥斯特是在整理器材时偶然发现电流使磁针发生偏转的现象,从而进行持续研究,最终发现了电流的磁效应。

77. 家中常用温度计是利用液体的什么性质制成的?

　　A. 蒸发；　　　　　B. 冷凝；　　　　　C. 吸热；　　　　　D. 热胀冷缩

答案：D。家中常用的温度计是利用水银、酒精等液体热胀冷缩的性质制成的。以水银温度计为例，当温度计玻璃泡内的水银受热时，水银柱会上升，观察水银柱长度的变化就可以知道温度的高低。

78. 植物细胞具有一定形状，是细胞中的什么结构在起作用？

A. 细胞壁；　　　B. 叶绿体；　　　C. 细胞核；　　　D. 细胞质

答案：A。细胞壁能保护和支撑细胞，使植物细胞具有一定的形状；叶绿体是进行光合作用的场所；细胞质是进行生命活动的场所；细胞核是细胞生命活动的控制中心。细胞各个结构都有各自的功能。

79. 植物叶绿体的主要作用是？

A. 保护和支撑细胞；　　　　　　B. 进行光合作用的场所；

C. 进行生命活动的场所；　　　　D. 细胞生命活动的控制中心

答案：B。细胞壁能保护和支撑细胞，使植物细胞具有一定的形状；叶绿体含有叶绿素，叶绿素能吸收光能，通过光合作用将光能转变成化学能，因此叶绿体是进行光合作用的场所；细胞质是进行生命活动的场所；细胞核是细胞生命活动的控制中心。细胞各个结构都有各自的功能。

80. 在细胞中，进行生命活动的主要场所是？

A. 细胞壁；　　　B. 叶绿体；　　　C. 细胞核；　　　D. 细胞质

答案：D。细胞壁的主要功能是保护和支撑细胞，使植物细胞具有一定的形状；叶绿体是植物细胞进行光合作用的场所；细胞质是细胞进行生命活动的主要场所；细胞核含遗传物质，是真核细胞生命活动的控制中心。细胞的各个结构都有其功能。

81. 细胞生命活动的控制中心是？

A. 细胞壁；　　　B. 叶绿体；　　　C. 细胞核；　　　D. 细胞质

答案：C。细胞壁的主要功能是保护和支撑细胞，使植物细胞具有一定的形状；叶绿体是植物细胞进行光合作用的场所；细胞质是细胞进行生命活动的主要场所；细胞核含遗传物质，是真核细胞生命活动的控制中心。细胞的各个结构都有其功能。

82. 下列关于显微镜的使用，错误的是？

A. 将显微镜放在身体前方偏右的位置；

B. 观察前需要对光；

C. 对标本进行观察记录时,左眼观察显微镜,右眼保持睁开;

D. 观察前要调焦

答案:A。显微镜的使用一般包括安放、对光、放片、调焦和观察等步骤。安放时,显微镜要放在身体前方偏左的位置,镜筒在前,镜臂在后。对标本进行观察记录时,用左眼通过目镜观察,右眼必须睁开,以便及时记录观察结果。放片、调焦后才能进行观察。

83. 下列哪一项是未分化细胞?

A. 心肌细胞;　　　B. 干细胞;　　　C. 组织细胞;　　　D. 吞噬细胞

答案:B。干细胞是一类具有自我复制能力、在一定条件下可以分化成各种细胞的未分化的细胞。如果能控制干细胞的分化过程,人们就可以利用细胞培育人体组织和器官,修复病损的器官,许多不治之症就可以迎刃而解。而且,利用干细胞治疗疾病具有无毒性、无免疫反应的优点。

84. 下列细胞具有自我复制能力的是?

A. 干细胞;　　　B. 白细胞;　　　C. 血细胞;　　　D. 吞噬细胞

答案:A。干细胞是一类具有自我复制能力、在一定条件下可以分化成各种细胞的未分化的细胞。其他选项所列的细胞类型均全部或部分失去 DNA 复制和增殖的能力,比如白细胞中只有淋巴细胞等有有限的增殖能力。

85. 受精卵是一种什么细胞?

A. 植物细胞;　　　B. 干细胞;　　　C. 已分化细胞;　　　D. 吞噬细胞

答案:B。干细胞存在于所有的组织里。受精卵是一个全能干细胞,因为它能产生生物体需要的所有类型的细胞。如果能控制干细胞的分化过程,人们就可以利用细胞培育人体组织和器官,修复病损的器官,许多不治之症也有望迎刃而解。

86. 皮肤最外层的是?

A. 表皮;　　　B. 内皮;　　　C. 真皮;　　　D. 皮下组织

答案:A。皮肤由外到内可以分为表皮、真皮、皮下组织。其中表皮位于皮肤的外表,细胞排列紧密。

87. 皮肤组织中,脂肪主要在哪层?

A. 表皮;　　　B. 内皮;　　　C. 真皮;　　　D. 皮下组织

答案:D。皮下组织主要是脂肪,能缓冲撞击、储藏能量。

88. 皮肤组织中,能防止细菌入侵的是哪一层?

A. 表皮;   B. 上皮组织;   C. 真皮;   D. 皮下组织

答案:A。表皮主要起到保护身体、防止细菌入侵的作用。

89. 动物比植物多哪一个生命层次?

A. 细胞;   B. 组织;   C. 器官;   D. 系统

答案:D。通过对生物体构成的分析,可以发现生物体在结构上具有明显的层次性。动物是细胞到组织再到器官再到系统再到个体;而植物是由细胞到组织再到器官再到个体,没有系统层次,或者说植物体整体为一个系统。这是动物与植物层次性的显著差别。

90. 动物与植物在结构上的最低层次是?

A. 细胞;   B. 组织;   C. 器官;   D. 系统

答案:A。

91. 动物与植物在结构上的最高层次是?

A. 细胞;   B. 组织;   C. 器官;   D. 个体

答案:D。

92. 下列对生物的分类中,哪一项差异最大?

A. 界;   B. 门;   C. 目;   D. 属

答案:A。对于生物的分类,科学的方法是以生物的形态结构、生活习性以及生物之间的亲缘关系为依据进行,并根据它们之间的差异大小,由大到小依次以界、门、纲、目、科、属、种构成分类的七个等级。一个“界”含有若干个“门”,一个“门”含有若干个“纲”,以此类推。

93. 下列对生物的分类中,哪一项差异最小?

A. 界;   B. 门;   C. 种;   D. 属

答案:C。

94. 下列哪一项属于无脊椎动物?

A. 鱼;   B. 乌贼;   C. 兔;   D. 鸟

答案:B。根据动物体内有无脊椎,可以将动物分为脊椎动物和无脊椎动物两大类。像是鱼、蛙、鸟、兔等动物,它们的身体背部都有一条脊柱,脊柱由许多块脊椎骨组成,称为脊椎动物。身体上没有脊椎骨的动物称为无脊椎动物,比如乌贼。

95. 身体上没有脊椎骨的动物称为?

A. 高等动物;　　　B. 无脊椎动物;　　C. 两栖动物;　　　D. 爬行动物

答案:B。

96. 青蛙属于以下哪一类动物?

A. 鱼类;　　　　B. 两栖类;　　　C. 爬行类;　　　D. 鸟类

答案:B。脊椎动物是动物界中最高等的动物,根据它们的形态不同又可以分为鱼类、两栖类、爬行类、鸟类、哺乳类等几大类。青蛙的幼体和鱼有些相似,生活在水中,有尾有四肢,用鳃呼吸。它的成体生活在陆地或水中,无尾有四肢,主要用肺呼吸。像青蛙这样的动物称为两栖动物。

97. 水中的幼年青蛙(蝌蚪)主要用什么呼吸?

A. 鳃;　　　　　B. 肺;　　　　　C. 嘴巴;　　　　D. 尾巴

答案:A。

98. 动物界中功能最完善的是哪一类?

A. 鱼类;　　　　B. 鸟类;　　　　C. 哺乳类;　　　D. 爬行类

答案:C。最早的哺乳动物大约出现在两亿年前,目前它们是动物界中分布最广泛、功能最完善的动物。哺乳动物全身被毛,体温恒定、胎生、哺乳。哺乳动物有四腔心脏、专用的齿、特化的肢和发达的脑。

99. 种子外面有果皮包被的植物被称为?

A. 被子植物;　　B. 裸子植物;　　C. 苔藓植物;　　D. 藻类植物

答案:A。像苹果、豌豆那样,种子外面有果皮包被的植物被称为被子植物。像红松那样,种子裸露,无果皮包被的植物称为裸子植物。

100. 种子裸露,无果皮包被的植物称为?

A. 被子植物;　　B. 裸子植物;　　C. 苔藓植物;　　D. 藻类植物

答案:B。裸子植物分布很广,其中大多数种类植株高大,根系发达,抗寒能力强。马尾松、黑松、水杉、银杏、苏铁、侧柏等都是常见的裸子植物。

101. 下列属于孢子植物的是?

A 蕨;　　　　　B. 郁金香;　　　C. 玉兰;　　　　D. 睡莲

答案:A。孢子植物是指能够产生孢子,用孢子繁殖的植物,包括藻类植物、菌类植物、地衣植物、苔藓植物和蕨类植物五类。孢子植物不开花,主要依靠叶的背面孢子囊里的孢子进行繁殖。而郁金香、玉兰和睡莲都属于被子植物。

102. 用环球航行证明地球是球形的人是?

A. 毕达哥拉斯; B. 亚里士多德; C. 麦哲伦; D. 拿破仑

答案:C。公元前6世纪,古希腊数学家毕达哥拉斯首先提出了大地是球形的设想。过了两世纪,亚里士多德多次观察月食时发现,大地投射到月球上的影子是弧形的,由此推断地球是个球体。这是人类对地球认识的第一次飞跃。1519年,葡萄牙航海家麦哲伦率领船队,经过长达3年的环球航行,用亲身实践证明了地球是球形的。

103. 地球由内向外分为3部分,位于地球最内部的是?

A. 地壳; B. 地幔; C. 外地核; D. 内地核

答案:D。地球由外向内可以分为地壳、地幔和地核,其中地幔分为上地幔和下地幔,地核分为内地核和外地核。内地核位于最内层。外地核呈液态或熔融状态,内地核呈固态。

104. 由暴雨引发的携带有大量泥沙的特殊洪流称为?

A. 地震; B. 泥石流; C. 洪灾; D. 旱灾

答案:B。泥石流是指在山区因为暴雨或其他原因引发的携带有大量泥沙以及石块的特殊洪流。泥石流形成的自然原因有很多,但随着人类活动对环境的影响逐渐增强,泥石流的发生频率和分布范围都在不断增大。

105. 对出生4到6个月的孩子,最好的食物是?

A. 牛奶; B. 羊奶; C. 豆乳; D. 母乳

答案:D。母乳是所有哺乳类奶汁中乳糖含量最高的,提供了一种与新生儿酶相协调的、易被利用的能量来源。出生4到6个月的孩子,最好的食物就是母乳。

106. 什么的发明促使人类进入了工业时代?

A. 蒸汽机; B. 汽车; C. 计算机; D. 飞机

答案:A。科学的发展改变着人们对自然界各种事物的认识,人类的技术水平和生产能力逐渐提高。蒸汽机的发明标志着人类进入工业时代;电磁学的创立使人类进入电气时代;计算机技术的发明使人类跨入了发达的信息时代;现代航天技术使人类能够探索宇宙奥秘。

107. 电磁学的创立使人类进入了什么时代?

A. 工业时代; B. 电气时代; C. 信息时代; D. 航空时代

答案:B。

108. 计算机技术的发明使人类跨入了什么时代?

A. 工业时代; B. 电气时代; C. 信息时代; D. 航空时代

答案:C。

109. 什么的发明促使人类能够探索宇宙奥秘?

A. 蒸汽机; B. 汽车; C. 计算机; D. 航天技术

答案:D。

110. 水和酒精混合后,总体积会怎么变化?

A. 增大; B. 减小; C. 不变; D. 都有可能

答案:B。物质都是由分子构成的,分子是一种极小的粒子。构成物质的分子之间都是存在间隙的。当水和酒精混合时,水分子和酒精分子彼此进入对方的空隙中互溶,所以总体积会减少。

111. 温度越高,分子运动有什么变化?

A. 越剧烈; B. 越和缓;

C. 没有变化; D. 与温度没有关系

答案:A。物理学中,扩散现象表明构成物质的分子都在不停地做无规则运动。温度越高,分子无规则运动越剧烈。由于分子的无规则运动与温度有关,所以把分子永不停息的无规则运动叫作热运动。

112. 分子无规则运动的主要影响因素是?

A. 温度; B. 压强; C. 受力; D. 体积

答案:A。

113. 下列物质形态中,分子间距最大的是?

A. 气体; B. 液体; C. 固体; D. 非常体

答案:A。虽然物质是由大量极其微小的、做无规则运动的分子构成,但在固态、液态和气态物质中,分子的排列和运动情况并不相同。固体分子的间距很小,且呈规则排列;液体分子的间距通常比固体大,不呈规则排列;气体分子的间距很大,分子在空间到处自由运动。

114. 冰融化成水,一定不会改变的是?

A. 密度; B. 体积; C. 温度; D. 质量

答案:D。质量是物体的固有属性,它不随物体的位置、形状、温度和状态改

变而改变。例如:一块冰温度升高,直到融化成水后,其温度和状态变了,但它所含有的物质多少没有变,质量也不会变。

115. 下列哪项是非晶体与晶体的明显区别?

A. 有无固定的熔点;　　　　　　B. 有无运动的分子;

C. 有无一定的体积;　　　　　　D. 有无一定的间隙

答案:A。像是明矾、水晶、石膏这种晶体,在熔化时有一定的熔点;而像玻璃这种非晶体,在熔化时没有固定的熔点,温度逐渐上升,它是逐渐变软又变稀的过程。像这种非晶体还有橡胶、松香、塑料等。

116. 关于蒸发,下列说法错误的是?

A. 液体表面积越大,蒸发越快;　　B. 温度越高,蒸发越快;

C. 空气流动越快,蒸发越快;　　　D. 空气流动越慢,蒸发越快

答案:D。大量实验表明,液体蒸发的快慢跟液体的表面积、温度,以及液体表面空气的流动性等因素有关。液体表面积越大,温度越高,液体表面空气流动越快,液体蒸发也就越快。

117. 下列不会明显影响液体蒸发快慢的因素是?

A. 液体的表面积;　　　　　　　B. 液体的温度;

C. 空气流动速度;　　　　　　　D. 液体的密度

答案:D。大量实验表明,液体蒸发的快慢跟液体的表面积、温度,以及液体表面空气的流动性等因素有关。液体表面积越大,温度越高,液体表面空气流动越快,液体蒸发也就越快。

118. 液体蒸发时,液体周围温度怎么变化?

A. 升高;　　　B. 降低;　　　C. 不变;　　　D. 没有关联

答案:B。实验表明,液体蒸发时,会从周围的物体吸收热量,从而导致周围的物体温度降低。例如,湿的身体,风一吹会感到特别冷。人在出汗后容易着凉,就是这个道理。在胳膊上擦一些酒精,酒精蒸发时,皮肤有凉爽的感觉。

119. 衣柜中的樟脑丸变小,是因为?

A. 蒸发;　　　B. 气化;　　　C. 升华;　　　D. 扩散

答案:C。物体直接从固态变成气态的过程叫作升华,从气态直接变为固态的过程叫作凝华。用分子运动的观点看,升华是固态物质表面的分子克服其他

分子对它的引力进入空气中的过程;而凝华则是气体分子碰到固态物质的表面,并被固态物质分子的引力所束缚的过程。

120. 气体分子碰到固态物质的表面,并被固态物质分子的引力所束缚的过程称为?

A. 蒸发;   B. 气化;   C. 升华;   D. 凝华

答案:D。

121. 下列过程需要吸收热量的是?

A. 凝华;   B. 液化;   C. 扩散;   D. 升华

答案:D。物质升华需要吸收热量,液化和凝华则是放出热量的过程,扩散的温度变化要根据具体情况来确定。人们常利用升华吸热的特性来降低物体的温度。利用干冰的升华吸热,还可以使运输中的食品保持较低的温度,从而延长保存时间。

122. 物理变化与化学变化最本质的区别是?

A. 有无新物质生成;   B. 有无发生形态变化;

C. 有无发生温度变化;   D. 有无发生颜色变化

答案:A。如果物质只发生形状、温度、颜色、状态的变化,而没有产生新的物质,这种变化叫作物理变化;如果物质在发生变化前后有新的物质产生,这种变化叫作化学变化。铁生锈等化学变化,除了有新物质生成外,物质的颜色和状态也会发生变化,大量实验表明,化学变化通常都伴随着物理变化,但物理变化不见得会有化学变化。

123. 物质只发生形状、温度、颜色、状态的变化,而没有产生新的物质,这种变化叫作?

A. 物理变化;   B. 化学变化;   C. 生物变化;   D. 数学变化

答案:A。

124. 下列不属于物理性质的是?

A. 延展性;   B. 密度;   C. 沸点;   D. 氧化性

答案:D。在物质的多种性质中,颜色、状态、气味、熔点、沸点、硬度、延展性等性质,是物质不需要发生化学变化就能表现出来的性质,这些性质叫作物理性质;物质的有些性质,像是氧化还原性等,需要在化学反应中才能表现出来,叫作化学性质。

125. 人体中最大的细胞是?

A. 卵细胞;　　　B. 干细胞;　　　C. 肌细胞;　　　D. 血细胞

答案:A。婴儿是从一个受精卵发育而来,一个受精卵是由精子与卵细胞相互结合而产生的。卵细胞是人体最大的细胞,细胞质中含有较丰富的营养物质。精子比卵细胞小得多,有尾,能游动。精子和卵细胞的细胞核内均携带有遗传信息,这些信息决定着新生命的主要特征。

126. 精子和卵细胞相比,共同点是?

A. 体积一样大;　　　　　　　　B. 都有尾巴;

C. 都能游动;　　　　　　　　　D. 细胞核内均携带有遗传信息

答案:D。

127. 人的第一次快速生长时期是哪一时期?

A. 婴幼儿时期;　　B. 少年期;　　　C. 青春期;　　　D. 成年期

答案:A。人的一生大致要经历婴幼儿时期、少年期、青春期、成年期、老年期等时期,每个人具体生长的情况会有所不同。婴儿出生后的前三年,会表现出生理协调性和大脑发育等的巨大变化,是人的第一次快速生长时期,出生后第五个月,体重会加倍,出生后一年,体重会达到出生时的三倍。

128. 人的第二次快速生长时期是哪一时期?

A. 少年期;　　　B. 青春期;　　　C. 成年期;　　　D. 老年期

答案:B。

129. 不属于生命终结主要特征的是?

A. 心脏停止活动;B. 肺停止活动;　C. 大脑停止活动;D. 手臂停止运动

答案:D。随着年龄的增长,人的衰老会越来越严重。衰老的最终结果是死亡,死亡是生命的终止。心脏、肺和大脑停止活动是生命终结的主要特征。

130. 下列生物中进行无性生殖的是?

A. 狮子;　　　B. 青蛙;　　　C. 虎;　　　　D. 变形虫

答案:D。生殖一般分为有性生殖和无性生殖两大类,其中以有性生殖为主。像变形虫分裂生殖和水螅出芽生殖那样,不需要两性生殖细胞的结合,直接由一个母体产生新个体的生殖方式,叫作无性生殖。选项中,狮子、青蛙、虎都是有性生殖的动物。

131. 不需要两性生殖细胞的结合,直接由一个母体产生新个体的生殖方式叫作?

A. 有性生殖;　　　B. 无性生殖;　　　C. 体内受精;　　　D. 体外受精

答案:B。

132. 克隆技术是利用什么方法培育哺乳动物的?

A. 有性生殖;　　　B. 无性生殖;　　　C. 体内受精;　　　D. 体外受精

答案:B。以前,只有像变形虫、水螅等低等动物才能用无性生殖的方法来繁殖后代,而高等动物尤其是哺乳动物只能用有性生殖的方法来繁殖。现在,科学家们已经可以用克隆技术用无性生殖的方法培育哺乳动物。

133. 酒后不能驾车,酒精主要影响的是驾驶人员的?

A. 体力;　　　B. 重力;　　　C. 操作熟练度;　　　D. 反应时间

答案:D。人在喝酒后,人的感觉会受到酒精、药物等的影响。酒精会影响人们的反应时间,有些药物会影响人们的神经系统尤其是大脑。我国规定,车辆驾驶人员血液中的酒精含量大于或者等于 20 毫克/100 毫升,小于 80 毫克/100毫升的为"酒后驾车";大于 80 毫克/100 毫升,则为"醉酒驾车"。

134. 声音是由什么产生的?

A. 声带;　　　B. 空气;　　　C. 结构;　　　D. 震动

答案:D。声音是由物体振动产生的。说话时,声带在震动;树叶沙沙响,树叶在震动;琴声瑟瑟,琴弦在震动。我们把正在发声的物体叫作声源。固体、液体、气体都能发声,都可以作为声源。

135. 人体的听觉系统除了听声还有什么作用?

A. 保持身体平衡;　　　　　B. 调节体温;

C. 影响智力;　　　　　　　D. 感知色彩

答案:A。耳朵除了众所周知的听声的功能外,还有保持身体平衡的作用,因为耳中有感受头部位置变动的感受器。感受器过于敏感的人,在受到过长或过强的刺激时,会出现头晕、恶心、呕吐、出汗、流涎等症状,这就是通常所说的晕车、晕船和空调病。

136. 下列哪一项不属于光的三原色?

A. 红;　　　B. 绿;　　　C. 蓝;　　　D. 紫

答案:D。人们发现,红、绿、蓝三种色光混合能够产生各种色彩,因此,把红、绿、蓝三种色光叫作光的三原色。彩色电视机的画面上丰富的色彩就是由光

的三原色混合而成的。

137. 根据政府规定,居住区夜间噪声不能超过多少分贝?

A. 50分贝;   B. 40分贝;   C. 60分贝;   D. 100分贝

答案:B。从环境保护的角度来看,凡是影响人们正常工作、生活和休息的声音都是噪声。噪声妨碍人们的生活、工作和学习,有害健康,被列为国际公害。世界上许多国家都通过立法颁布了噪声污染标准。我国政府规定,工厂和工地的噪声不能超过85—90分贝,居民住宅区的夜间噪声不能超过40分贝。

138. 婴儿一天热能主要来自奶中的?

A. 乳糖;   B. 脂肪;   C. 蛋白质;   D. 矿物质

答案:A。母乳是所有哺乳类奶汁中乳糖含量最高的,提供了一种与新生儿酶相协调的、易被利用的能量来源。

139. 银河系中央超大质量的是?

A. 银心;   B. 银核;   C. 黑洞;   D. 银湖

答案:C。银河系的中央是超大质量的黑洞(人马座A),自内向外分别由银心、银核、银盘、银晕和银冕组成。银河系中央区域多数为老年恒星(以白矮星为主),外围区域多数为新生和年轻的恒星。周围几十万光年的区域分布着十几个卫星星系,其中较大的有大麦哲伦星云和小麦哲伦星云。银河系通过缓慢吞噬周边的矮星系使自身不断壮大。

140. 下列哪种不是维生素A缺乏症的主要表现?

A. 夜盲;   B. 头发过早变白;

C. 毛发干枯;   D. 皮肤损伤

答案:B。人体维生素A缺乏,易导致夜盲、毛发干枯、皮肤损伤等。而头发过早变白是缺乏维生素B6所致。

141. 自然界的金属大多以什么状态存在?

A. 气态;   B. 液态;   C. 单质;   D. 化合态

答案:D。在自然界中,绝大多数金属以化合态存在,少数金属例如金、银、铂、铋以游离态存在。金属矿物多数是氧化物及硫化物,其他存在形式有氯化物、硫酸盐、碳酸盐及硅酸盐。

142. 金属能够导电是什么微粒的作用?

A. 自由电子;   B. 金属单质;   C. 金属化合物;   D. 碳原子

答案:A。在固态金属导体内,有很多可移动的自由电子。虽然这些电子并不束缚于任何特定原子,但都束缚于金属的晶格内;甚至于在没有外电场作用下,因为热能,这些电子仍旧会随机地移动。

143. 光在哪里的传播速度最快?

A. 真空;　　　　B. 水;　　　　C. 空气;　　　　D. 土壤

答案:A。光可以在真空、空气、水等透明的介质中传播。真空中的光速是目前宇宙中已知最快的速度,在物理学中用 c 表示。

144. 空气中含量最多的是哪种气体?

A. 氧气;　　　　B. 二氧化碳;　　C. 氮气;　　　　D. 稀有气体

答案:C。空气是指地球大气层中的气体混合,为此,空气属于混合物。其中氮气的体积分数约为 78%,氧气的体积分数约为 21%,稀有气体(氦、氖、氩、氪、氙、氡)的体积分数约为 0.934%,二氧化碳的体积分数约为 0.04%,其他物质(如水蒸气、杂质等)的体积分数约为 0.002%。空气的成分不是固定的,随着高度的改变、气压的改变,空气的组成比例也会改变。

145. 大气层的最外层是?

A. 电离层;　　　B. 磁力层;　　　C. 对流层;　　　D. 中间层

答案:B。在离地面 500 千米以上的叫外大气层,也叫磁力层,它是大气层的最外层,是大气层向星际空间过渡的区域,外面没有什么明显的边界。在通常情况下,上部界限在地磁极附近较低,近磁赤道上空在向太阳一侧,约有 9—10 个地球半径高,换句话说,大约有 6.5 万千米高。这里空气极其稀薄。

146. 液态空气是什么颜色的?

A. 白色;　　　　B. 无色;　　　　C. 淡黄色;　　　D. 淡蓝色

答案:C。常温下的空气是无色无味的气体,液态空气则是一种易流动的浅黄色液体。一般当空气被液化时二氧化碳已经清除掉,因而液态空气的组成是 20.95% 的氧,78.12% 的氮和 0.93% 的氩,其他组分含量甚微,可以略而不计。

147. 下列哪项不是水的特性?

A. 含氢元素;　　B. 含氧元素;　　C. 含氢气;　　　D. 无色无味

答案:C。水(化学式:H_2O)是由氢、氧两种元素组成的无机物,无毒。在常温常压下为无色无味的透明液体,被称为人类生命的源泉。水是地球上最常见的物质之一,是所有生命生存的重要资源,也是生物体最重要的组成部分。水在

生命演化中起到了重要作用。

148. 水的密度为什么会变化？

A. 水分子的排列；　　　　　　　B. 水的流动性；

C. 水是混合物；　　　　　　　　D. 水具有不稳定性

答案：A。水的密度主要由分子排列决定，也可以说由氢键导致。由于水分子有很强的极性，能通过氢键结合成缔合分子。水温降到 0 ℃时，水结成冰，水结冰时几乎全部分子缔合在一起成为一个巨大的缔合分子，在冰中水分子的排布是每一个氧原子有四个氢原子为近邻，两个氢键。这种排布导致形成了敞开结构，冰的结构中有较大的空隙，所以冰的密度反比同温度的水小。

149. 通常所说的迷信，主要指？

A. "科学地相信"和"有选择地相信"；

B. "盲目地相信"和"不理解地相信"；

C. "理性地相信"和"不理解地相信"；

D. "盲目地相信"和"科学地相信"

答案：B。通常所说的迷信，主要指"盲目地相信"和"不理解地相信"。那些害怕未知东西的人，还有那些不愿意进行科学思考的人，往往会不自觉地接受迷信，排斥理性判断和科学常识。比如，面对激烈的竞争，有的人更容易产生不安全感，对前途感到恐惧焦虑，对自己的未来没有信心，转而参与迷信活动。再比如，有的人对于科学的奥秘一无所知，这就容易把生活中的巧合当作"命运"，遇到健康问题的时候，宁愿把求神拜佛当成"救命稻草"，也不相信医学的规律和力量。

150. 智慧城市的"神经"的是？

A. 物联网；　　　B. 移动互联网；　　C. 云计算；　　　　D. 大数据

答案：B。随着人口大量涌入，交通拥挤、住房困难、环境恶化、资源紧张的"病痛"，让不堪重负的城市面临严重危机。20 世纪 90 年代，"智慧城市"理念开始出现，试图通过智能化提升整个城市的效率。比如，水、电、油、气、交通等公共服务资源信息，通过互联网有机连接起来，快速响应人们的学习、生活、工作和医疗需求，促使城市环境变得更加友善。智慧城市就像一个充满活力的"聪明人"。移动互联网是"神经"，为城市提供无处不在的网络；物联网是"血管"，使得城市可以互联互通；云计算是城市的"心脏"，为城市各种智能化应用提供平台；大数据则是城市的"大脑"，发动着城市高效运转的智慧引擎。